导弹、火箭弹是具有超强进攻性和强大威慑力的武器，它们是现代高科技的结晶，其中一些也是维持战略平衡的支柱。本书介绍了美国、英国、德国、俄罗斯等国的导弹及火箭弹的性能、研发历史、技术参数等内容。作者通过450幅精心绘制的剖面图、一看就懂的原理结构图、精挑细选的实景照片，让读者能更直观地了解这些武器装备的结构及实战应用方法。全书内容严谨翔实，图片精美丰富，适合广大军事爱好者阅读和收藏，也适合作为青少年学生的课外科普读物，寓教于乐，对普及国防军事知识有很大的帮助。

Saikyou Sekai no Missile Rocket Zukan
© ONE PUBLISHING
First published in Japan 2015 by Gakken Plus Co., Ltd., Tokyo
Simplified Chinese translation rights arranged with ONE PUBLISHING Co., Ltd. through Gakken Inc. and Shanghai To-Asia Culture Communication Co., Ltd.

此版本仅限在中国大陆地区（不包括香港、澳门特别行政区及台湾地区）销售。未经出版者书面许可，不得以任何方式抄袭、复制或节录本书中的任何部分。

北京市版权局著作权合同登记　图字：01-2020-4861号。

图书在版编目（CIP）数据

世界导弹、火箭弹图鉴 /（日）坂本明著；陈鸢译.
北京：机械工业出版社，2024.12. -- ISBN 978-7-111-76944-6

Ⅰ.E927-64

中国国家版本馆CIP数据核字第2024CK2947号

机械工业出版社（北京市百万庄大街22号　邮政编码100037）
策划编辑：苏　洋　韩伟喆　　责任编辑：苏　洋　韩伟喆
责任校对：陈　越　李　婷　　责任印制：任维东
北京宝隆世纪印刷有限公司印刷
2025年6月第1版第1次印刷
145mm×210mm・6.375印张・3插页・226千字
标准书号：ISBN 978-7-111-76944-6
定价：68.00元

电话服务　　　　　　　　　网络服务
客服电话：010-88361066　　机　工　官　网：www.cmpbook.com
　　　　　010-88379833　　机　工　官　博：weibo.com/cmp1952
　　　　　010-68326294　　金　书　网：www.golden-book.com
封底无防伪标均为盗版　　　机工教育服务网：www.cmpedu.com

前言

第二次世界大战后，导弹和火箭弹的疾速发展，改变了战争形态。

东西方长时间冷战使导弹与核武器相结合，成为冷战中的主要武器，其代表是洲际弹道导弹（ICBM）和潜射弹道导弹（SLBM），前者屡次被用作政治道具，后者甚至改变了潜艇存在的意义。这种威慑力至今也仍在持续。

另外，导弹和火箭弹的发展几乎使战斗机在遭遇战中用机炮、机枪互射的空战形式退出历史舞台。在陆地上，坦克和飞行器对于地面的步兵来说是巨大的威胁，而导弹和火箭弹的发展则使步兵拥有了与之对抗的能力。二战后出现了直升机，直升机装备上它们之后，也成了陆战中的巨大战力。

不断更新迭代的导弹和火箭弹延长了双方的交战距离，实现了用兵者梦寐以求的跨区域攻击（从敌人的有效射程范围外进行单方面攻击）。同时，原本就是主要武器的飞行器和舰艇，渐渐演变成了搭载导弹的平台。现代战争的"真正主角"就是导弹和火箭弹，这并非言过其实。

本书由五个章节构成，由于导弹和火箭弹种类繁多，也有同一导弹陆海空各军种都在使用的例子，很难进行严格区分。因此，按章进行的分类较为笼统。另外，文中列举的导弹也可能因研究方法的差异，内容上可能会有所偏颇，敬请谅解。需要预先声明的是，本书无法网罗现实中迄今为止已研发、配备过的所有相关武器。

如果本书能够加深您对导弹和火箭弹的理解的话，我将深感荣幸。

坂本明

目 录 CONTENTS

前 言

第 1 章 单兵携带武器   CHAPTER 1 Portable Weapons

- 01　便携式反坦克武器　　火箭弹与导弹的优点与缺点……………………………… 10
- 02　便携式反坦克火箭弹（1）　反坦克武器不可或缺的空心装药弹……… 12
- 03　便携式反坦克火箭弹（2）　反坦克武器是步兵可靠的伙伴……………… 14
- 04　便携式多用途火箭筒　美国海军陆战队的火箭筒…………………………… 16
- 05　火箭与导弹的区别　既然原理和构造都相同，那么哪里不同呢？……… 18
- 06　便携式反坦克导弹（1）　有线制导式重型反坦克导弹 TOW……………… 20
- 07　便携式反坦克导弹（2）　反坦克导弹的代表 TOW 与 HOT ……………… 22
- 08　便携式反坦克导弹（3）　攻击坦克弱点的反坦克导弹…………………… 24
- 09　便携式反坦克导弹（4）　第 3 代反坦克导弹的特征 ……………………… 26
- 10　便携式反坦克导弹（5）　发射后不管式武器，无制导也能使用……… 28
- 11　便携式反坦克导弹（6）　以色列优秀的反坦克导弹……………………… 30
- 12　便携式地空导弹（1）　单兵操作的地空导弹………………………………… 32
- 13　便携式地空导弹（2）　谁是一流的便携式 SAM？…………………………… 34
- 14　便携式地空导弹（3）　毒刺导弹的结构和发射步骤………………………… 36
- 15　便携式地空导弹（4）　英军便携式 SAM 的制导方式……………………… 38
- 16　便携式地空导弹（5）　激光束制导的便携式 SAM ………………………… 40
- 17　便携式地空导弹（6）　进化版第 3 代便携式 SAM 的特征………………… 42
- 18　便携式地空导弹（7）　便携式 SAM 导弹发射车的诞生…………………… 44
- 19　多联装火箭弹发射装置（1）　火箭弹的优点与缺点……………………… 46
- 20　多联装火箭弹发射装置（2）　多联装火箭与火炮的区别………………… 48
- 21　多联装火箭弹发射装置（3）　弥补多联装火箭弱点的战斗方式………… 50
- 22　多联装火箭弹发射装置（4）　俄罗斯的大口径自行式多联装火箭……… 52

23	多联装火箭弹发射装置（5）	MLRS 发射的进化版火箭弹	54
24	多联装火箭弹发射装置（6）	HIMARS 是小型轻巧的廉价版 MLRS	56
25	多用途导弹搭载车	可在隐匿状态下攻击坦克和直升机的车辆	58

第 2 章　防空导弹
CHAPTER 2 Anti-Air Missiles

01	地空导弹（1）	防空导弹的重要性	62
02	地空导弹（2）	地空导弹进化成什么样了？	64
03	地空导弹（3）	可以对空也可以反坦克的导弹	66
04	地空导弹（4）	最常用的苏联地空导弹	68
05	地空导弹（5）	地空导弹的制导方式	70
06	防空导弹系统（1）	俄罗斯研究防空导弹的原因	72
07	防空导弹系统（2）	大规模中高空防空系统	74
08	舰空导弹（1）	保护舰队不受空中力量的威胁	76
09	舰空导弹（2）	宙斯盾舰的防空导弹系统	78
10	舰载导弹	从舰艇发射的各式导弹	80
11	反弹道导弹（1）	用核导弹迎击核导弹	82
12	反弹道导弹（2）	爱国者防空导弹	84
13	反弹道导弹（3）	持续改良的爱国者导弹	86
14	反弹道导弹（4）	拦截更高弹道的弹道导弹	88
15	反弹道导弹（5）	末段高空防御导弹 THAAD	90

第 3 章　空射导弹
CHAPTER 3 Air-Launched Missiles

01	空空导弹	用于战斗机格斗的导弹	94
02	空空/空地导弹	战斗机投放的各式导弹	96
03	反舰导弹（1）	攻击舰艇并不简单	98
04	反舰导弹（2）	反舰导弹需要具备哪些能力？	100
05	巡航导弹（1）	与一般导弹不同的巡航导弹	102
06	巡航导弹（2）	巡航导弹的原型——V-1 导弹	104
07	巡航导弹（3）	可进行长距离精密制导的战斧巡航导弹	106

| 08 | 巡航导弹（4） | 战斧巡航导弹的多种导航系统 | 108 |
| 09 | 巡航导弹（5） | 巡航导弹的发展趋势 | 110 |

第4章　弹道导弹　　CHAPTER 4 Ballistic Missiles

01	最初的弹道导弹（1）	弹道导弹的原型是二战中德国研发的	114
02	最初的弹道导弹（2）	A4 的控制装置与现代导弹相同	116
03	弹道导弹的种类	根据射程分类的弹道导弹	118
04	圆概率误差	代表导弹等武器命中精度的指标	120
05	SRBM 的特征	野战部队使用的地地导弹	122
06	法国的 SRBM	一发就能给敌方地面部队巨大打击	124
07	俄罗斯的 SRBM（1）	风靡全世界的飞毛腿导弹	126
08	俄罗斯的 SRBM（2）	9K720 伊斯坎德尔导弹的实力	128
09	SRBM 与 MRBM	通过雷达制导来改变下落轨道	130
10	IRBM 的特征	射程短也能实现战略目的	132
11	ICBM 的技术（1）	想要命中大气层外的目标需要怎么做？	134
12	ICBM 的技术（2）	惯性制导是怎样的制导方式？	136
13	ICBM 的技术（3）	液体火箭和固体燃料火箭	138
14	ICBM 的技术（4）	ICBM 的各阶段飞行和弹头释放	140
15	ICBM 的技术（5）	ICBM 搭载核弹头方式的进化	142
16	美国的 ICBM（1）	为对抗苏联而紧急列装的导弹	144
17	美国的 ICBM（2）	新型导弹研究在冷战终结时取消	146
18	美国的 ICBM（3）	阿特拉斯导弹与发射井	148
19	美国的 ICBM（4）	拥有超强破坏力的泰坦导弹	150
20	美国的 ICBM（5）	ICBM 民兵导弹划时代的登场	152
21	美国的 ICBM（6）	由于条约而退役的和平卫士导弹	154
22	泰坦 Ⅱ 导弹的发射设备	指挥所和发射井相连的发射设备	156
23	民兵导弹的发射设施	将控制中心和地下发射井分开设置	158
24	导弹发射人员	在封闭空间内等待发射命令	160
25	苏联/俄罗斯的 ICBM（1）	苏联也采用二战德国的火箭作为原型	162

26	苏联/俄罗斯的 ICBM（2）	冷战结束后也没有放弃核导弹	164
27	朝鲜的弹道导弹	将飞毛腿导弹当作起点的弹道导弹	166
28	印度和巴基斯坦的弹道导弹	印巴两国都持有弹道导弹	168
29	ICBM 发射车	躲过敌人攻击并进行反击的方法	170
30	核武器（1）	原子弹的构造	172
31	核武器（2）	氢弹的威力比原子弹更大	174
32	核武器（3）	核爆炸的破坏力有多大呢？	176
33	核武器（4）	中子弹是怎样的核武器？	178
34	太空中的战斗	战略防御计划（SDI）改变形态继续存在	180
35	高超声速飞行器	PGS 能否超越 ICBM 呢？	182

第 5 章　潜射弹道导弹
CHAPTER 5 Submarine Launched Ballistic Missiles

01	潜射弹道导弹（1）	将潜艇当作发射平台	186
02	潜射弹道导弹（2）	配合 SLBM，美国核潜艇也逐渐大型化	188
03	潜射弹道导弹（3）	俄罗斯的 SLBM 中也有液体燃料导弹	190
04	发射 SLBM（1）	核潜艇接收紧急行动指令	192
05	发射 SLBM（2）	核潜艇进入发射准备状态	194
06	发射 SLBM（3）	核潜艇发射导弹	196
07	发射 SLBM（4）	导弹从核潜艇射出	198
08	发射 SLBM（5）	导弹飞出海面	200
09	发射 SLBM（6）	导弹朝着目标飞去	202

CHAPTER 1
Portable Weapons

第1章

单兵携带武器

历经两次世界大战发展起来的坦克与飞行器，使陆地上的步兵成了极为脆弱的存在。然而，火箭武器和导弹的出现，使步兵也变得能对抗坦克和飞行器了。本章将介绍单兵便携火箭弹/导弹及同样可用于地面作战的多联装火箭炮。

01 便携式反坦克武器

火箭弹与导弹的优点与缺点

从搭载在武装直升机上的反坦克导弹,到步兵用便携式反坦克火箭弹,反坦克武器可谓多种多样。它们的威力与射程,自然也是各有不同。

例如,步兵用反坦克导弹中就有陶式反坦克导弹(TOW)、霍特导弹(HOT)和米兰反坦克导弹等采用红外线有线制导方式的类型,即通过瞄准具的传感器检测出导弹在飞行过程中释放出的红外线,从导弹尾部释放导线以修正飞行过程中的偏差。这种制导方式于20世纪70—80年代成为第2代反坦克导弹的主流,大大提高了反坦克导弹的战力。然而,因为飞行速度慢,且射手在导弹命中目标前都不得不持续紧盯瞄准具捕捉目标,所以射手在导弹命中目标前有受到敌人反击的危险。坦克装甲的进化和机动力的提升,更令这种情况雪上加霜。

因此,就像 TOW 沿着 TOW、

演习中架起 M47 龙式反坦克导弹的美国海军陆战队队员。龙式导弹从 1973 年开始投入使用,使用者用支架支撑发射器,以坐姿发射。其特点在于导弹的侧面而非后端排列 60 个小火箭,分列点火以持续飞行。导弹直径 0.14 米,全长 1.1 米,总重量 14.6 千克,射程约 1000 米。如今,龙式导弹正被标枪导弹逐步取代。

Portable Weapons

ITOW[一]、TOW2、TOW2A、TOW2B 一路进化那样,第 2.5 代反坦克导弹为应对复合装甲和反应装甲及坦克的高机动化,缩短了飞行追踪时间,实现了可在夜间及恶劣天气全天候作战,拥有电子干扰、光学干扰的对抗技术,改进得更加先进。为应对坦克的反应装甲,研究人员对第 2.5 代反坦克导弹进行改良,研究出由小型和大型空心装药串联(前后串联)成两段结构的战斗部(串联装药战斗部),其原理是由小型(前部)装药部引爆反应装甲,在微弱时间差后由大型空心装药部(后部)爆炸并贯穿坦克的主装甲。

然而,因为无法做到发射后不管,第 2 代和第 2.5 代反坦克导弹依然有被反击的危险。到了 20 世纪 80 年代中期,终于研发出了性能更高、可发射后不管的第 3 代反坦克导弹,这就是标枪导弹及长钉导弹等现在已成为主流的导弹。这些导弹性能高但价格也贵,一枚标枪导弹的价格就高达 1000 万日元[二],如果能击毁价格是其数十倍的坦克,那就可以说是性价比十足了。

FGM-148 标枪反坦克导弹发射瞬间。

另外,反坦克火箭筒包括用以色列制火箭筒为原型经美国改良的 SMAW、德国狄那米特·诺贝尔公司研发的铁拳 3、瑞典的萨博博福斯动力公司生产的 AT-4 等。这些都是使用空心装药弹的肩射式反坦克火箭武器,都是二战中研发出的巴祖卡火箭筒的改进型(其构造实际上是无后坐力炮)。这些火箭筒使用的虽然是无制导火箭弹,但最大的优点是价格比导弹更低廉。

今天,战争形态已改变,比起正规军之间的战斗,正规军同恐怖分子及反政府武装组织等的战斗逐渐增多。与昂贵的导弹相比,花费更少且用途多样的火箭弹更受欢迎。

[一] ITOW:指 Improved TOW。
[二] 1 日元 ≈0.06 元人民币。

第 1 章 单兵携带武器 11

02 便携式反坦克火箭弹（1）

反坦克武器不可或缺的空心装药弹

步兵与坦克战斗时，最有效的武器之一就是空心装药弹。空心装药指的是弹药前端（发射方向）装有带圆锥形凹洞（参考右页下图中炸药部分的形状）的炸药，使用这种炸药作为战斗部的就是空心装药弹。空心装药的圆锥形凹洞上有金属药型罩（内衬），战斗部前端装有用于减少空气阻力的保护帽。

发射出的空心装药弹在碰到坦克装甲的瞬间，保护帽破裂，引爆炸药。由此产生的冲击波会集中至炸药的圆锥形凹洞的中心轴上。通过集中起来的冲击波的强压熔化药型罩，在前端形成细长的金属射流，高压金属射流以 6000 米/秒的超高速进行冲击，并侵入（贯穿）坦克的装甲。

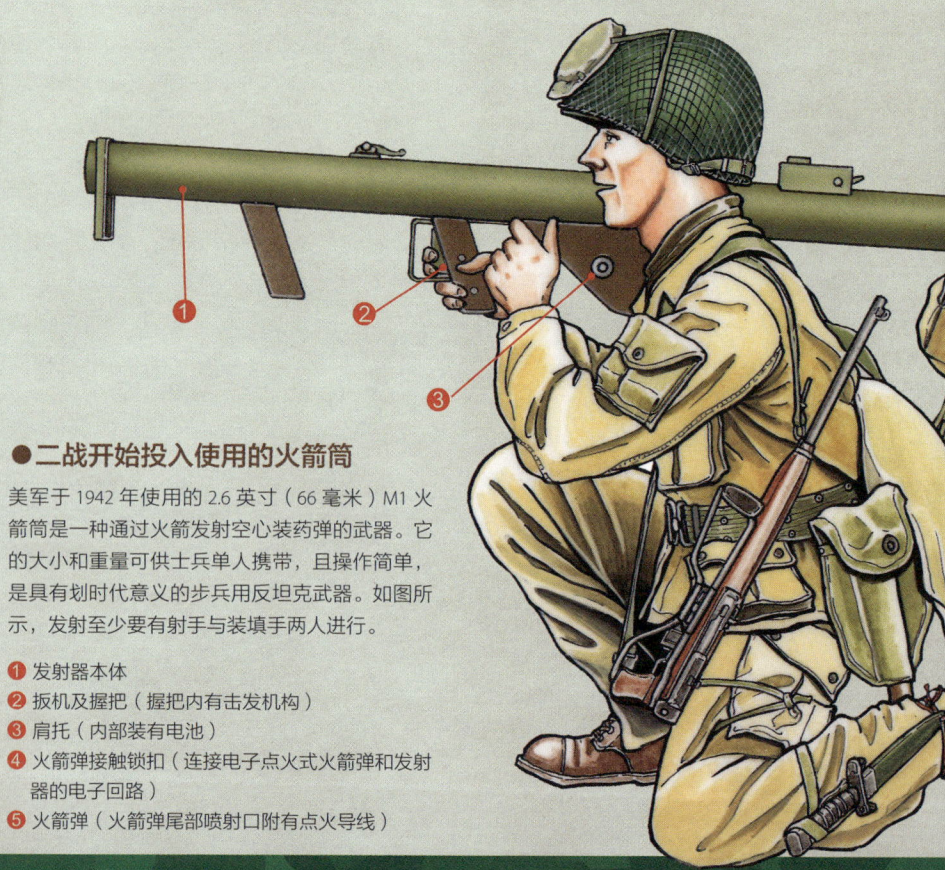

● 二战开始投入使用的火箭筒

美军于 1942 年使用的 2.6 英寸（66 毫米）M1 火箭筒是一种通过火箭发射空心装药弹的武器。它的大小和重量可供士兵单人携带，且操作简单，是具有划时代意义的步兵用反坦克武器。如图所示，发射至少要有射手与装填手两人进行。

① 发射器本体
② 扳机及握把（握把内有击发机构）
③ 肩托（内部装有电池）
④ 火箭弹接触锁扣（连接电子点火式火箭弹和发射器的电子回路）
⑤ 火箭弹（火箭弹尾部喷射口附有点火导线）

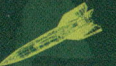

●RPG-7 与 RPG 系列

从 1961 年开始制造至今，RPG㊀-7 就一直被用于世界上几乎所有的战争或局部纠纷，是一种存在多种衍生型号的火箭武器。RPG-7 利用发射药发射火箭弹（因为火药燃气向后方喷射，所以没有后坐力），在火箭弹飞出约 10 米后，固体燃料火箭点火并开始飞行。插图中的 RPG-7 装备了反坦克战斗用空心装药弹。

RPG-7 ▶

▼ RPG-18

RPG 系列可分为以 RPG-7 为代表的可重复装填型火箭筒与 RPG-18 等一次性火箭筒。

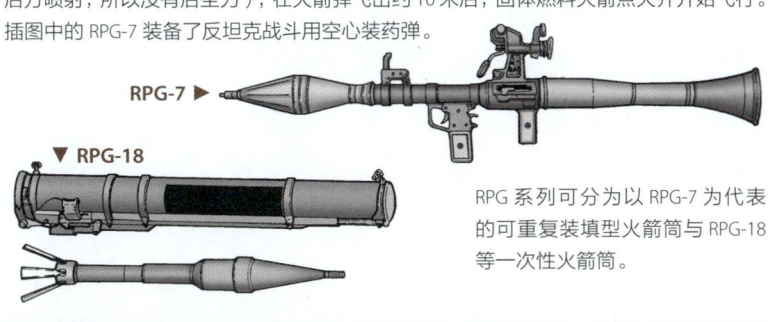

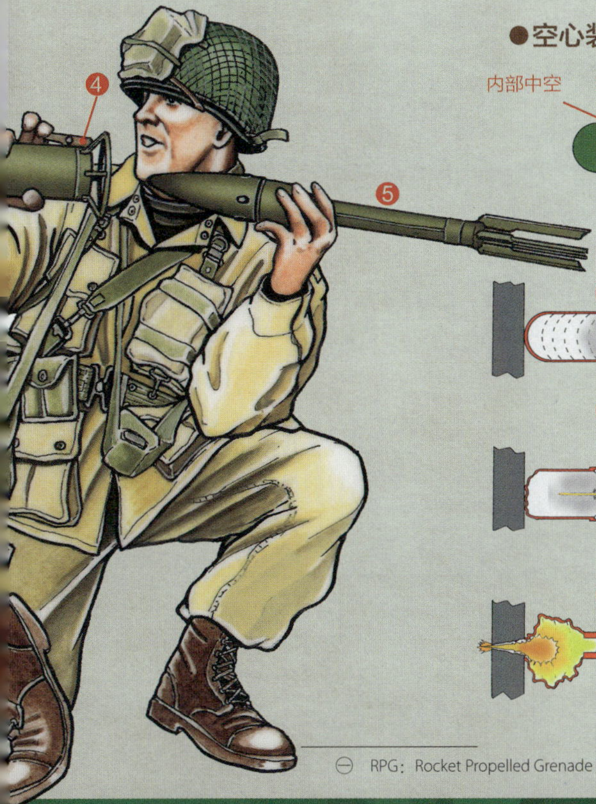

4
5

●空心装药型反坦克火箭弹

内部中空
金属药型罩
炸药
火箭发动机
保护帽
起爆药
战斗部
（1）命中目标，冲击引燃起爆药
（2）起爆药引爆炸药，冲击波熔化药型罩形成金属射流
（3）金属射流贯穿目标装甲

㊀ RPG：Rocket Propelled Grenade 的首字母缩写，意为便携式反坦克榴弹发射筒。

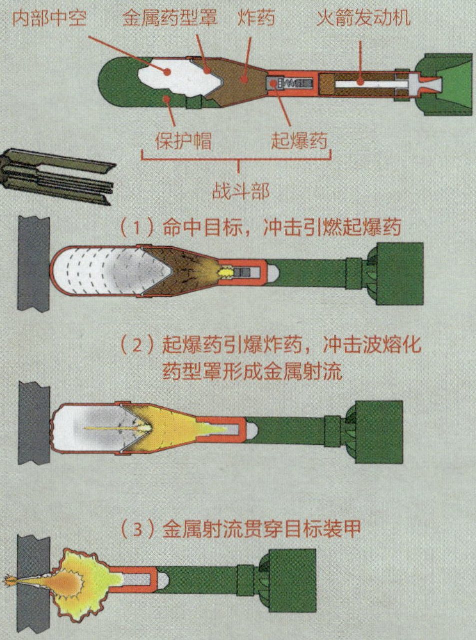

CHAPTER 1

03 便携式反坦克火箭弹（2）
反坦克武器是步兵可靠的伙伴

一战时出现的坦克是步兵最大的敌人，直到现在也是如此。二战中研发了多种反坦克武器，其中闻名遐迩的就是德军的铁拳火箭筒，一种使用空心装药弹的榴弹发射器。现代步兵使用的肩射式反坦克武器（虽然性能不同），用的也是空心装药弹。

●铁拳 3

铁拳 3 是步兵用反坦克无后坐力炮，弹药部分由战斗部与发射筒构成，一次性使用。发射筒中填充着配重块（后坐缓冲体）。握把部分将瞄准装置与发射装置合在一起，可重复使用。与 RPG-7 相同，铁拳 3 的战斗部在发射射出后点燃推进剂。发射同时朝后方抛出与战斗部质量相近的配重块，以此减轻后焰（后方喷射）。出于安全考虑，发射人员后方需要留出 10 米左右的空间。

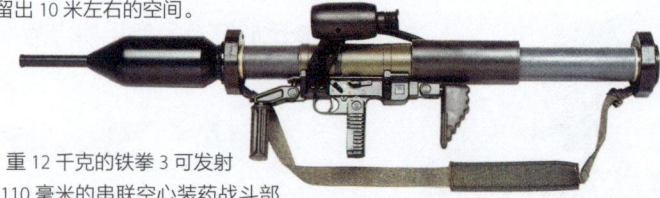

全长 1.2 米，重 12 千克的铁拳 3 可发射图中的口径 110 毫米的串联空心装药战斗部（也有其他种类战斗部备选）火箭弹，最大射程 300 米（移动目标），拥有最大 700 毫米以上的穿甲厚度。这款武器由德国狄那米特·诺贝尔公司所研发，并于 1992 年配备给德国联邦国防军，日本自卫队也采用这款武器。

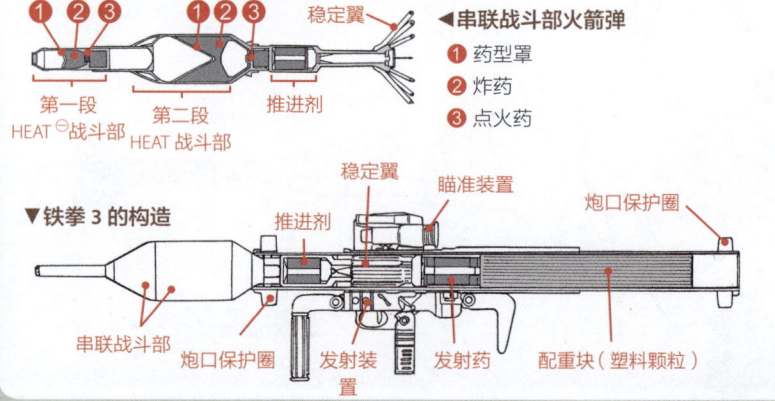

◀ 串联战斗部火箭弹
1. 药型罩
2. 炸药
3. 点火药

▼ 铁拳 3 的构造

⊖ HEAT：High Explosive Anti-Tank 的首字母缩写，意为破甲弹。

14

Portable Weapons

●AT-4

AT-4 是由瑞典萨博公司㊀研发制造的单兵便携式一次性反坦克武器。1985 年接替 M72LAW㊁成为美国陆军使用的反坦克武器。可使用的弹药有 HEAT（穿甲厚度为 420 毫米的空心装药破甲弹）、HEDP（可将引信设定为瞬发与延迟两个模式，在巷战中用于破坏障碍物）、HP（强化空心装药战斗部，用于装载了反应装甲的装甲车辆）等。武器口径 84 毫米，全长约 1 米，全重 6.7 千克，有效射程 300 米。

❶ 前端端盖　❷ 折叠式准星　❸ 准星保护盖　❹ 照门保护盖　❺ 折叠式照门（准星与照门组合瞄准）　❻ 折叠式枪栓　❼ 保险装置　❽ 后端端盖　❾ 发射筒（装填着火箭弹）　❿ 折叠式肩托　⓫ 扳机　⓬ 背带　⓭ 弹药（收起稳定翼，装在填满发射药的如同弹夹一样的容器里，出厂时装填在发射筒中）　⓮ 弹药（张开稳定翼的飞行状态）

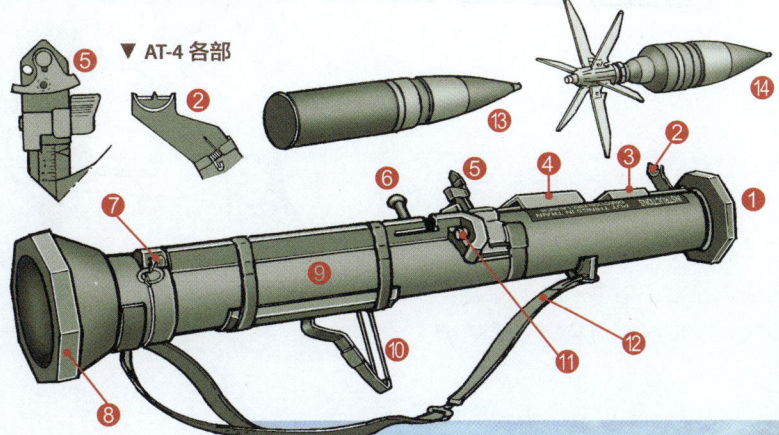

▼ AT-4 各部

因为 AT-4 是使用发射药射出空心装药弹的，所以会像无后坐力炮一样朝后方喷射出猛烈的后焰（射手和同伴有烧伤的危险）以减轻发射时的后坐力。AT-4CS 被设计用于巷战，就像铁拳 3 封入配重块那样，AT-4CS 也在发射筒后端封入盐水，发射时将其喷散向后方以减轻后坐力。

㊀ 萨博公司：现在由萨博博福斯动力公司进行制造和销售。
㊁ M72LAW：发射口径 66 毫米空心装药穿甲弹的一次性火箭筒。LAW 为 Light Anti-Tank Weapon 的缩写，后变更为 Light Anti-Armor Weapon。

04 便携式多用途火箭筒
美国海军陆战队的火箭筒

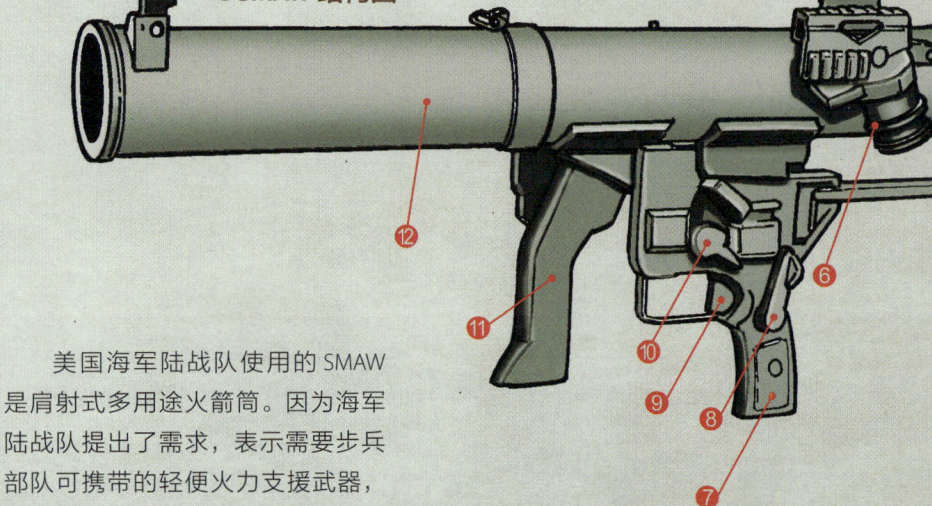

●SMAW 结构图

美国海军陆战队使用的 SMAW 是肩射式多用途火箭筒。因为海军陆战队提出了需求，表示需要步兵部队可携带的轻便火力支援武器，麦克唐纳·道格拉斯公司紧急将以色列 IMI 公司的 B300 反坦克火箭筒作为原型，进行了改良，从而研发出了这款武器。

从反坦克战斗到摧毁敌人据守的建筑物和障碍物，火箭筒用途广泛。火箭弹虽然没有制导功能，但比一枚高性能反坦克导弹要便宜得多。虽然火箭筒对于近年来拥有强力装甲的坦克来说也许威力不足，但作为步兵在战斗中频繁使用的武器，它更为便利。SMAW 就是这样的火箭筒，在近些年的反恐作战中大显身手。

下图为 SMAW 的右视图，火箭筒右侧设置有试射枪。被固定的试射枪与火箭弹弹道一致，发射火箭弹前可先试射确认射击距离和瞄准是否正对目标。

❶背带固定部 ❷照门 ❸光学瞄准镜 ❹准星 ❺试射枪枪身 ❻试射枪用装弹/抛壳部位 ❼试射枪用枪栓 ❽电池 ❾弹簧式试射枪用击发装置

第1章 单兵携带武器
第2章 防空导弹
第3章 空射导弹
第4章 弹道导弹
第5章 潜射弹道导弹

Portable Weapons

SMAW 由发射火箭弹的发射装置和装填了火箭弹的发射筒组成，发射筒为一次性使用型，但发射机只要更换发射筒即可多次使用。SMAW 的口径为 83 毫米，全长 1.357 米（发射筒装载状态），总重量 13.4 千克（火箭弹重 6.1 千克），有效射程 500 米，穿甲厚度为 600 毫米。SMAW 装备了弹着点观测枪（试射枪）以提高首发命中率。

❶ 准星　❷ 照门　❸ 发射筒（火箭弹包装筒）　❹ 发射筒前端端盖　❺ 折叠式肩托　❻ 光学瞄准镜　❼ 握把　❽ 发射锁　❾ 扳机　❿ 发射转换机构　⓫ 前手柄　⓬ 发射器　⓭ 反坦克用高性能弹　⓮ 对人/对装甲两用弹

CHAPTER 1

05 火箭与导弹的区别

既然原理和构造都相同，那么哪里不同呢？

① 火箭推进的原理是？

火箭推进的原理可以通过放飞膨胀的气球来说明。使气球前进的原因并非是从气球嘴喷出的气流推动了后方空气，而是因为气球内的空气将气球自身推向前方的力在起作用。气球将自身重量的一部分向后方喷射，通过反作用得到了前进的力（推力）。

火箭推进的原理也是如此。火箭点燃搭载着的燃料和氧化剂，将这种高温高压的火药燃气从喷口处喷向后方，通过反作用得到了推进力（因此在没有空气的太空中也能够推进）。火箭可定义为利用了推力的移动装置或动力装置。

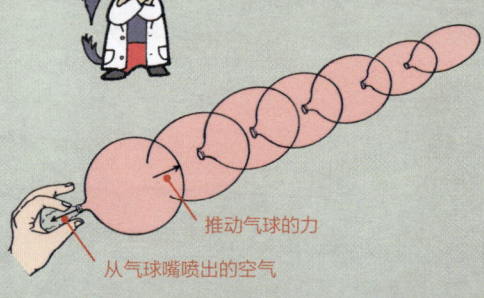

推动气球的力
从气球嘴喷出的空气

两者的推进动力是不同的。

② 飞机与火箭的推进

大气中的飞机在前进时利用了升力（由空气压力差产生的作用于机翼的力）才得以飞行，因此使机体前进的推力与机体重量（包括有效载荷在内的机体的全体重量）相同或比之更小也能够飞起来。喷气发动机巡航导弹的飞行原理与飞机相同，所以只能在大气层内飞行。

火箭因为没有能够提供升力的机翼，所以想要升空飞行的话，推力就必须超过火箭自身重量。又因为在大气层外飞行的火箭无法像飞机一样使用空气，所以携带着能使燃料燃烧的氧化剂，也能在太空中飞行。巡航导弹采用的飞行方式与飞机相同，自然是只能在大气层内飞行。

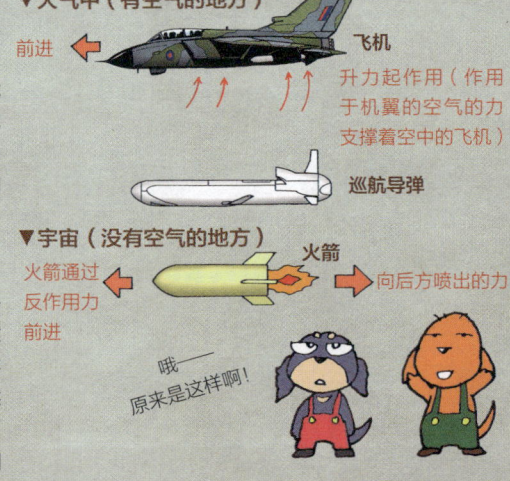

▼大气中（有空气的地方）
前进
飞机
升力起作用（作用于机翼的空气的力支撑着空中的飞机）

巡航导弹

▼宇宙（没有空气的地方）
火箭
火箭通过反作用力前进
向后方喷出的力

哦
原来是这样啊！

Portable Weapons

③ 导弹是什么？

那么导弹在动力方面使用的是火箭对吧？

导弹的定义又是什么？

- 自主飞行
- 惯性制导（导航）装置
- 有制导装置
- 弹头
- 搭载了武器

● 导弹的特征

如果说火箭是动力装置，那么被用来发射人造卫星的是火箭，被用来为导弹提供飞行动力的也是火箭。导弹和火箭都是使用固体燃料或液体燃料来进行自主飞行的，若想将火箭发射到大气层外并使其到达预定位置和高度的话，就需要有制导装置，导弹也需要有制导装置才能破坏既定目标（导弹必须正确命中目标，因此会搭载多个制导装置并建成系统）。从这个方面考虑，可以将导弹和火箭看成是一样的东西，决定性的不同在于导弹搭载了弹头。弹头种类多样，但内部都装有用于破坏目标的炸药及其他物质。而如今的多联装火箭系统搭载的武器虽然被称为火箭弹，因其可做到精确制导，所以几乎可以算是导弹了。美国陆军使用的搭载了 MLRS ⊖ 和 HIMARS ⊖ 的陆军战术导弹系统（ATACMS ⊜）就是导弹。

④ 导弹的构造

导弹有很多部件，大致构造如图所示。其中，各种传感器用于检测导弹飞行中的轨迹和状态、感知目标，制导装置（飞行控制系统或反应控制系统）使导弹在发射后可以正确地朝着目标飞行，攻向传感器感知到的目标，战斗部破坏目标，引信引爆战斗部，火箭发动机使导弹具有飞行能力。主操纵面控制导弹在大气中的飞行方向和轨迹，因为在大气层外飞行时无法使用主操纵面，所以利用可活动喷口变更喷射出的火药燃气的方向来操控导弹的运动方向。

导弹的构造是这样的。

- 主操纵面（起动后变更气流）
- 各种传感器
- 制导装置
- 引信
- 战斗部
- 火箭发动机
- 可动式喷口
- 稳定翼（固定无法移动）

哦~

⊖ MLRS：Multiple Launch Rocket System 的首字母缩写，意为多管火箭系统。
⊖ HIMARS：High Mobility Artillery Rocket System 的缩写，意为高机动火箭炮系统。
⊜ ATACMS：Army Tactical Missile System 的缩写。

06 便携式反坦克导弹（1）

有线制导式重型反坦克导弹 TOW

步兵便携式重型反坦克导弹TOW发射架可分解为回转体、制导装置部、发射筒、三脚架、瞄准具5个部位后转移。再加上导弹包装筒，只需要配备5名士兵就可以使用（需要车辆运送）。发射装置的分解和组装也可以在短时间内完成。

▼ TOW 的制导方式

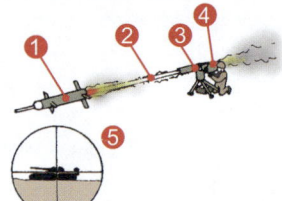

❶ TOW 的制导为有线式瞄准线半自动指令（SACLOS⊖）方式。瞄准装置的 ❸ 红外线传感器可探测到从导弹尾部释放的红外辐射，制导装置计算射手的 ❹ 瞄准具内的瞄准线与导弹的偏差，由导弹尾部拉出的 ❷ 导线传达修正量。射手只需要持续用 ❺ 瞄准线捕捉目标即可。

▼ TOW 发射装置（携带型）的构造

图为装备了基本光学瞄准具的步兵携带式 TOW 发射架（扳机部分现在使用的是握把式）。

❶ 瞄准具目镜
❷ 焦点控制旋钮
❸ 锁定杆（将 TOW 火箭筒固定在发射架上）
❹ 保险杆（保险装置） ❺ 瞄准具红外线传感器
❻ 发射筒 ❼ 发射筒俯仰角锁定 ❽ 扳机（握把式，兼有控制旋钮机能） ❾ 回转驱动部 ❿ 基座 ⓫ 控制旋钮（用于使瞄准线与目标重合） ⓬ 传感器开关 ⓭ 水准器（使发射架保持水平） ⓮ 支架脚 ⓯ 自我检测开关 ⓰ 电池 ⓱ 发射架连接线 ⓲ 盖子 ⓳ 温度表示 ⓴ 检测动作开关 ㉑ 制导装置 ㉒ TOW 弹药包装筒 ㉓ 连接器 ㉔ 弹种颜色表示（黄色为实弹，蓝色为训练弹） ㉕ 前盖 ㉖ 快速释放夹扣

⊖ SACLOS：Semi-Automatic Command to Line Of Sight 的缩写。

Portable Weapons

▼ TOW2 发射装置

TOW 的改进型 TOW2 分为 5 种，发射架本体基本没有变更，而是将制导装置电子化，并在瞄准具上增加了夜视装置和激光测距装置。图中的发射架装配了热成像夜视装置。

❶ 发射筒
❷ 光学瞄准镜
❸ 附加式增幅器
❹ AN/TAS-4A 红外热成像夜视装置
❺ 回转驱动部
❻ 增幅器电缆
❼ 三脚架
❽ 电缆
❾ 电子式制导装置

照片为装载了 M-41 SABER 瞄准系统的 TOW 发射架，SABER 也可用于搭载在车上的 TOW 发射架。

❶ GPS 天线
❷ PADS[⊖]（瞄准系统，整合了可进行监视 / 瞄准的红外线成像功能、照到眼睛也很安全的激光测距功能、目标跟踪功能等。可根据 GPS 准确知晓目标的位置坐标）
❸ 控制装置
❹ 握把式扳机
❺ 旋转驱动部
❻ 发射筒
❼ 控制握把（操作 SABER 系统的红外线成像等功能）

⊖ PADS：Precision Attitude Determination Subsystem 的首字母缩写。

第 1 章 单兵携带武器　21

07 便携式反坦克导弹（2）

反坦克导弹的代表 TOW 与 HOT

如果要说最具有代表性的第二代反坦克导弹，那么无疑是在世界上使用最广泛的 TOW 和 HOT 了。

HOT 的制导方式也是有线式瞄准线半自动指令方式，在原理上与 TOW 并无不同。

● **HOT 导弹**

HOT 被称为欧洲版 TOW 导弹，直径为 0.136 米，全长 1.2 米，射程 4000 米，穿甲能力高达 800 毫米。迄今为止已研发出了强化过战斗部的 HOT2 和在此基础上将战斗部设计成两段式的 HOT3。发射出的 HOT 会在飞行中从尾部释放红外辐射，并且可以被瞄准装置的红外线传感器检测到。射手通过用瞄准线持续捕捉目标来引导导弹。

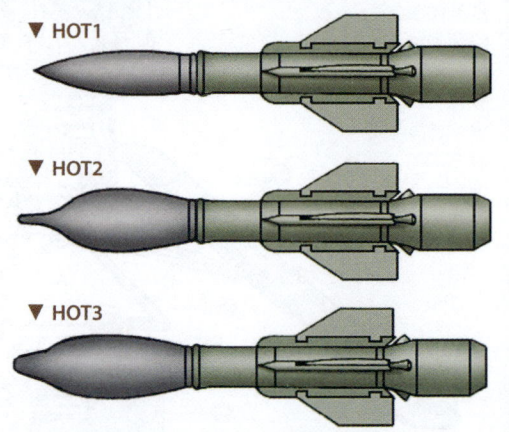

▼ HOT1
▼ HOT2
▼ HOT3

瞪羚直升机发射 HOT3 的瞬间。导弹利用固体燃料助推器从筒型发射器中射出，主火箭发动机点火。发动机燃烧时间为 17 秒，17 秒后利用惯性飞行。导弹由驾驶舱里的射手进行制导。

Portable Weapons

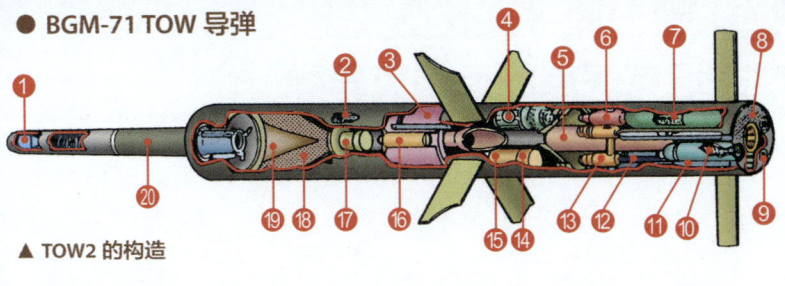

● BGM-71 TOW 导弹

▲ TOW2 的构造

① 触发引信 ② 电子单元 ③ 飞行用发动机 ④ 陀螺仪 ⑤ 发射用发动机 ⑥ 气瓶 ⑦ 信号电子单元 ⑧ 红外线信号源 ⑨ 氙信号源 ⑩ 放线缆 ⑪ 调整装置 ⑫ 控制弹簧 ⑬ 控制系统驱动装置 ⑭ C电池 ⑮ A电池 ⑯ 点火装置 ⑰ 保险装置 ⑱ 炸药 ⑲ 药型罩 ⑳ 延长探针

TOW 导弹的进化历程为 TOW、I TOW（改进型 TOW）、TOW2、TOW2A，目前发展到了 TOW2B Aero。为了保证确切的基准距离㊀，I TOW 装备了伸展式探针，并为应对坦克装甲的强化改良了战斗部的发射距离，以增大装甲穿透效果。TOW2 则通过制导系统电子化并在瞄准装置上安装红外热成像夜视装置，得以全天候使用。研究人员正在计划实现火箭发动机改良和战斗部的大型化。TOW2A 为应对坦克的爆破反应装甲㊁使用了串联战斗部，配有小型和大型

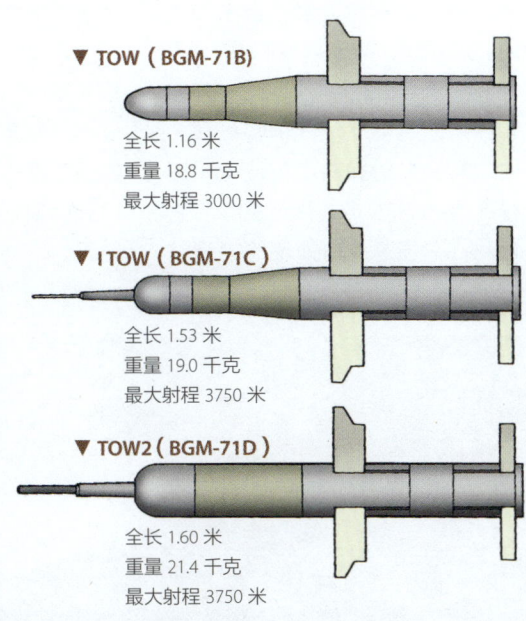

▼ TOW（BGM-71B）
全长 1.16 米
重量 18.8 千克
最大射程 3000 米

▼ I TOW（BGM-71C）
全长 1.53 米
重量 19.0 千克
最大射程 3750 米

▼ TOW2（BGM-71D）
全长 1.60 米
重量 21.4 千克
最大射程 3750 米

两段空心装药，小段爆破反应装甲，微弱时间差后大段战斗部爆炸，贯穿坦克主装甲（穿甲厚度可达 800 毫米）。另外，TOW2B 是顶部攻击型导弹，可攻击薄装甲坦克的顶面。在导弹即将通过坦克上空的瞬间，使安装在导弹上的 2 个空心装药向斜下方爆炸，因此探测坦克的传感器可能是红外线或电磁波探测式。除此之外，还有无线型 TOW2N、钻地型 TOW 掩体炸弹等正在研发中。

㊀ 基准距离：起爆时空心装药弹到装甲表面的最佳距离，距离若是把握不好，会导致空心装药弹效果减半。

㊁ 爆破反应装甲：坦克附加装甲的一种，被爆炸吹飞的金属板可阻止空心装药弹金属射流的形成。

第 1 章 单兵携带武器　23

08 便携式反坦克导弹（3）
攻击坦克弱点的反坦克导弹

瑞典博福斯公司研发的第 2 代反坦克导弹 RBS56 比尔可进行顶部攻击，即攻击坦克车体的顶面。

比尔导弹从博福斯反坦克导弹发射架射出，展开尾翼，点燃火箭发动机并开始飞行。飞行约 400 米后发动机停止燃烧，进入自由飞行阶段。这期间，射手以 SACLOS 方式控制有线制导式的比尔导弹。普通导弹飞行时会与瞄准线保持一致，但比尔导弹发射后的飞行位置比瞄准线高 75 厘米左右。接近目标后引信起动，在经过战车顶部的瞬间空心装药弹爆炸，朝着下方 30 度角释放出超高压射流。虽然坦克拥有结实的装甲，但车体顶部的装甲却是薄的。这是因为坦克如果想要拥有机动力的话，就无法使车体全体均匀地附上装甲。RBS56 比尔导弹就是瞄准了这个弱点而研制的导弹。

改良型比尔 2 导弹搭载了磁性传感器，导弹可自行检测出坦克的位置并释放出射流，从而实现精准的顶部攻击。导弹搭载了两枚弹头，可做到朝下方 30 度及垂直方向释放射流。

澳大利亚陆军演习中，步兵发射比尔 2 导弹的瞬间。导弹利用燃气发电机射出火箭筒后，主发动机点火。飞行加速至 250 米/秒，飞行至 400 米处发动机停止燃烧，开始自由飞行。导弹直径为 19 厘米，全长 0.9 米，有效射程 150~2200 米。

Portable Weapons

▼比尔反坦克导弹的特征

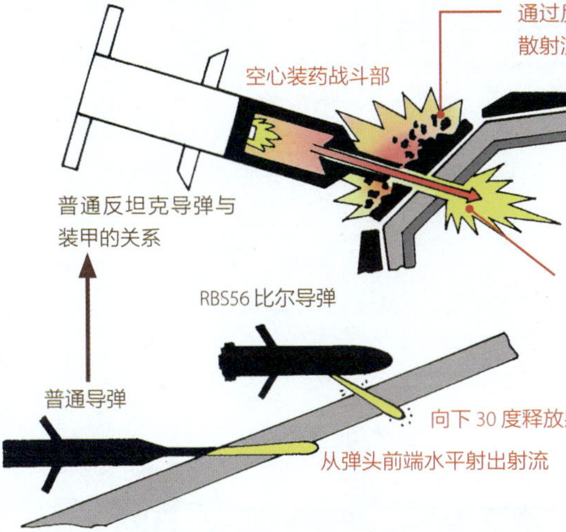

空心装药战斗部

通过反应装甲的爆炸分散射流

装甲（车辆自身的装甲）

普通反坦克导弹与装甲的关系

想让射流能够不受反应装甲爆炸妨碍地贯穿装甲，就必须要有串联战斗部

RBS56 比尔导弹

普通导弹

向下 30 度释放射流

从弹头前端水平射出射流

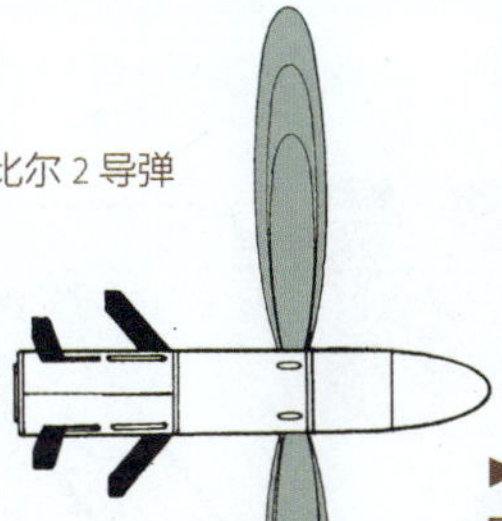

比尔 2 导弹

通过磁性传感器感知目标

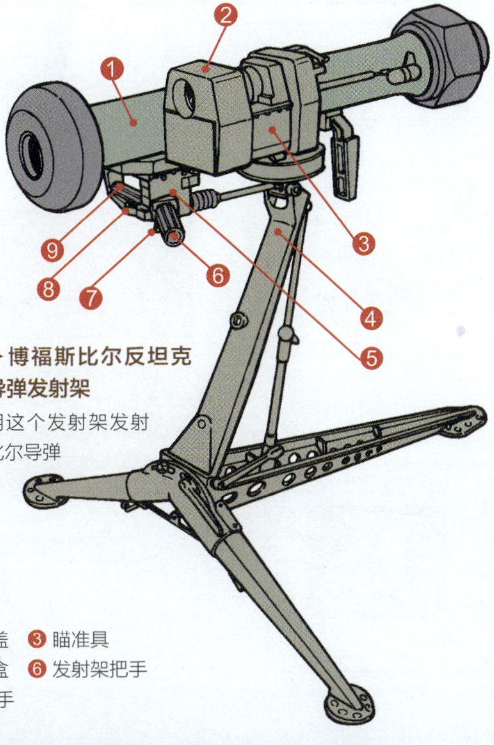

▶博福斯比尔反坦克导弹发射架

用这个发射架发射比尔导弹

① 导弹填装筒　② 瞄准具保护盖　③ 瞄准具
④ 支架　⑤ 瞄准上下调节齿轮盒　⑥ 发射架把手
⑦ 扳机　⑧ 击针杆　⑨ 瞄准把手

第 1 章 单兵携带武器　25

09 便携式反坦克导弹（4）

第 3 代反坦克导弹的特征

美国陆军和海军陆战队继龙式反坦克导弹之后使用的 FGM-148 标枪导弹是搭载了红外线成像导引头㊀的第 3 代反坦克导弹。

发射前射手利用夜视瞄准具锁定目标，导弹的导引头就会识别目标的红外线图像，并在发射后自动追踪并命中目标。因为这种导弹能够做到发射后不管，所以可以攻击装甲车辆、建筑物、低空飞行的直升机等各种目标。

▼标枪导弹的构造

战斗部
飞行稳定翼
推力方向控制喷口
飞行控制面
IR 导引头
飞行控制电子装置部
主战斗部
飞行用火箭发动机
发射用火箭发动机

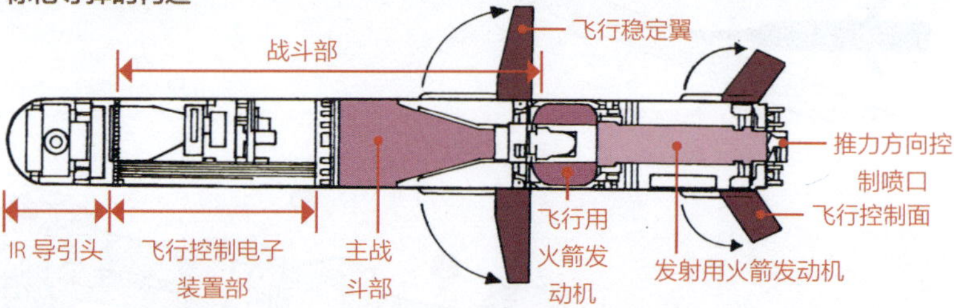

导弹全长约 1 米，直径 12.7 厘米，重 12 千克，战斗部为串联式空心装药结构，最大射程 2500 米。导弹的 IR 导引头从起动到冷却仅需 10 秒，从发现目标到瞄准、发射所需时间约 30 秒。这种导弹于 2003 年伊拉克战争中初次投入实战。

标枪导弹的 IR 导引头处于锁定状态的图像

DAY
WFOV
NFOV
SEEK
NIGHT
TOP
DIR
CLU
FLTR
BCU
HANG FIRE

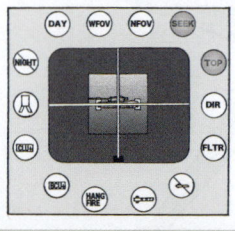

击顶模式　攻击装甲车辆时使用的模式。即从防护脆弱的顶部突入、击破装甲车辆。突入时的降落角度为俯冲 60 度以上。

即使目标移动，导弹也会追踪剪影或与已记录的IR图像一致的目标。导弹会一边自行修正轨道，一边接近目标，并从顶面突入
发射后不需要射手进行导弹飞行轨道的修正。拥有完全的发射后不管功能
导弹使用的是串联型空心装药战斗部，所以即使目标装备有反应装甲也可使其失效，并贯穿主装甲
直接攻击模式最大上升高度 60 米
攻击目标

▲标枪导弹命中目标前的动作片段

㊀　红外线成像导引头：可区分目标与其周围的红外线画像，只探知并识别目标的传感器。

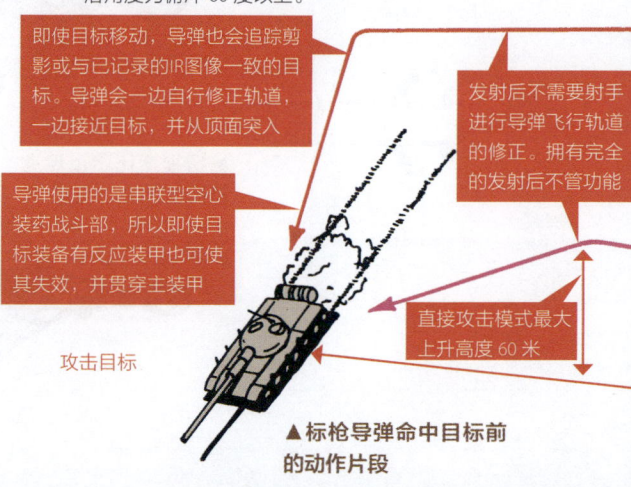

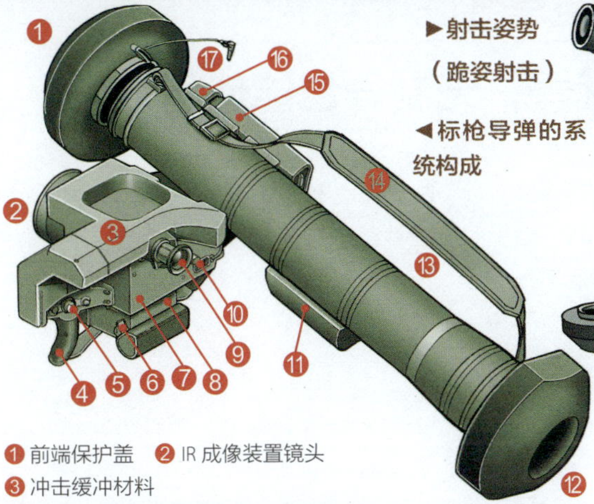

Portable Weapons

▶射击姿势
（跪姿射击）

◀标枪导弹的系统构成

① 前端保护盖　② IR 成像装置镜头
③ 冲击缓冲材料
④ 左握把（握把前端附有探测器触发器）
⑤ 左握把控制部　⑥ 能源开关及昼夜瞄准 / 观察模式切换开关
⑦ CLU 本体　⑧ 电池　⑨ 目镜　⑩ 警告灯　⑪ 肩托
⑫ 后端保护盖　⑬ 发射筒　⑭ 背带　⑮ BCU（电池冷却单元）
⑯ BCU 接口（BCU 连接部）
⑰ 前端保护盖拆卸保险插销

标枪导弹是由指挥 / 发射单元（CLU ⊖）与装着导弹的发射筒（LTA ⊖）两部分组成。LTA 全长 1.2 米，发射装置包含导弹的总重量为 22.3 千克，1 名士兵即可操作。

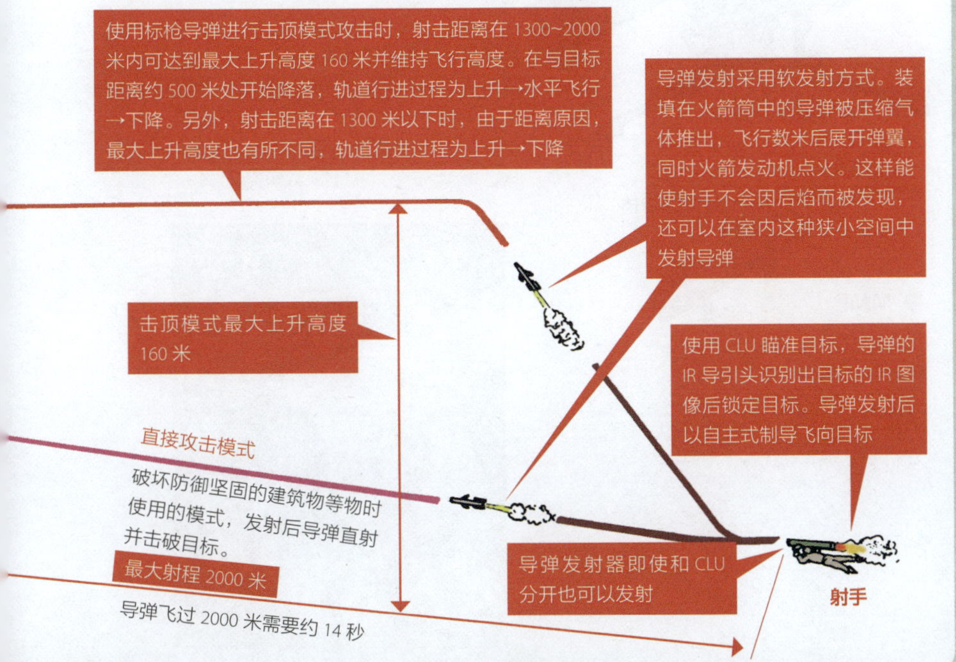

使用标枪导弹进行击顶模式攻击时，射击距离在 1300~2000 米内可达到最大上升高度 160 米并维持飞行高度。在与目标距离约 500 米处开始降落，轨道行进过程为上升→水平飞行→下降。另外，射击距离在 1300 米以下时，由于距离原因，最大上升高度也有所不同，轨道行进过程为上升→下降

导弹发射采用软发射方式。装填在火箭筒中的导弹被压缩气体推出，飞行数米后展开弹翼，同时火箭发动机点火。这样能使射手不会因后焰而被发现，还可以在室内这种狭小空间中发射导弹

击顶模式最大上升高度 160 米

使用 CLU 瞄准目标，导弹的 IR 导引头识别出目标的 IR 图像后锁定目标。导弹发射后以自主式制导飞向目标

直接攻击模式
破坏防御坚固的建筑物等物时使用的模式，发射后导弹直射并击破目标。

导弹发射器即使和 CLU 分开也可以发射

最大射程 2000 米

射手

导弹飞过 2000 米需要约 14 秒

⊖ CLU：Command Launch Unit 的首字母缩写。
⊖ LTA：Launch Tube Assembly 的首字母缩写。

10 便携式反坦克导弹（5）

发射后不管式武器，无制导也能使用

第 3 代反坦克导弹可自行探知、识别目标释放的红外线并自动飞行、命中目标，因此射手可发射后不管，无须进行制导。此外这种导弹还串联搭载了大型和小型 2 个空心装药战斗部，这是利用最先爆炸的小型战斗部破坏反应装甲等附加装甲后，再用大型战斗部攻击坦克装甲的结构。

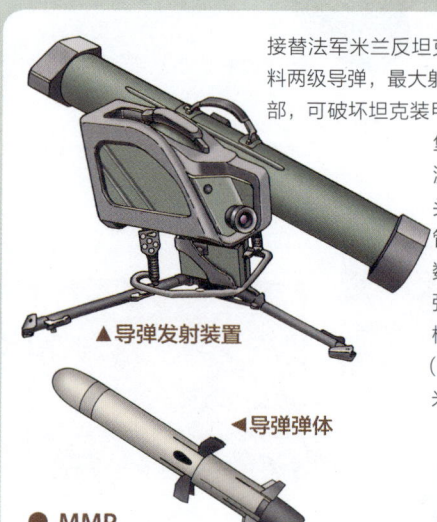

▲导弹发射装置

◀导弹弹体

● MMP

接替法军米兰反坦克导弹的中程导弹（MMP⊖）为固体燃料两级导弹，最大射程约为 4000 米。导弹装备有串联战斗部，可破坏坦克装甲，还可破坏厚度为 2 米的水泥加固碉堡。制导装置上搭载了 IR 图像与 TV 探测器，还有 GPS 和磁性罗盘，只要导引头辨认出目标即可做到完全的发射后不管。另外还可看着瞄准具图像，用光纤数据传输装置进行制导。MMP 由装了导弹的包装筒兼发射筒及瞄准装置、支架构成。MMP 的研发公司是欧洲导弹集团（MBDA），导弹直径为 140 厘米，全长 1.3 米，重 11 千克，总重量 26 千克。

艾利克斯是法国与加拿大共同研发的中程反坦克导弹。以 1994 年法军装备艾利克斯为起点，接着出口给挪威、巴西、马来西亚等国。因为是有线制导的 SACLOS 方式，所以需要通过射手将飞行中的导弹后端发出的红外信号固定在朝向目标的瞄准线内来制导。弹头是空心装药弹，因此哪怕是装备了反应装甲的坦克也可以在距离 50 米处击穿装甲。最大射程为 600 米，导弹直径 13.6 厘米，重 10.2 千克，全长 0.9 米，系统总重量 17.5 千克。目前由 MBDA 进行制造和销售。

⊖ MMP：Missile de Moyenne Portée（法语）的缩写，英语是 Medium Range Missile。

Portable Weapons

● 01 式轻型反坦克导弹

作为替代 84 毫米无后坐力炮，承担反坦克任务的主要武器，01 式轻型反坦克导弹于 1993 年开始研发，2001 年列装日本陆上自卫队。01 式轻型反坦克导弹是红外线成像制导方式的反坦克导弹。发射系统由装填了导弹的发射筒、进行瞄准及发射控制的发射架、用于夜战的夜间瞄准装置构成，一名射手即可使用。发射架和夜间瞄准装置可重复使用，每分钟可发射 4 发导弹，并且可以选择击顶模式或直击模式。导弹还搭载了串联空心装药战斗部，因此对反应装甲也有效。导弹直径 14 厘米，全长 0.97 米，重 11.4 千克，总重量 17.5 千克。

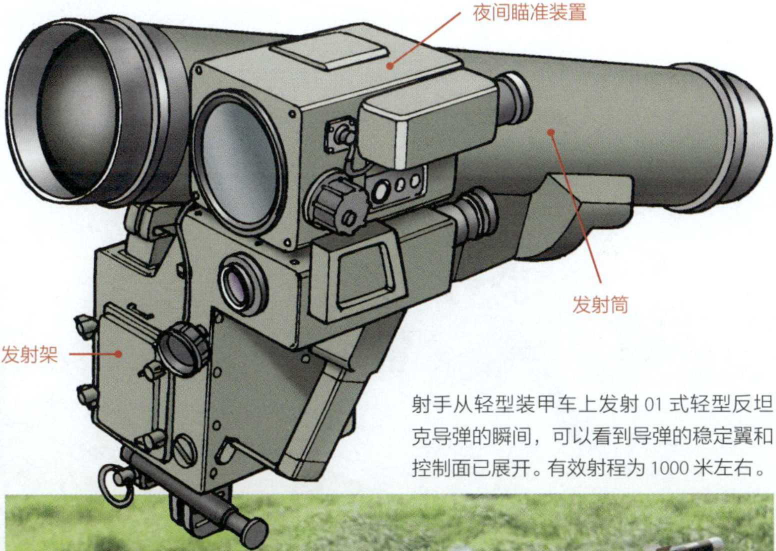

夜间瞄准装置

发射筒

发射架

射手从轻型装甲车上发射 01 式轻型反坦克导弹的瞬间，可以看到导弹的稳定翼和控制面已展开。有效射程为 1000 米左右。

第 1 章 单兵携带武器　29

CHAPTER 1

11 便携式反坦克导弹（6）
以色列优秀的反坦克导弹

以色列第 3 代反坦克导弹长钉，可做到完全发射后不管。制导方式有 CCD[⊖] 和利用红外线成像导引头的红外线（IR）寻的制导，可进行顶部攻击，因此命中精度非常高，不管白天黑夜都可以使用。

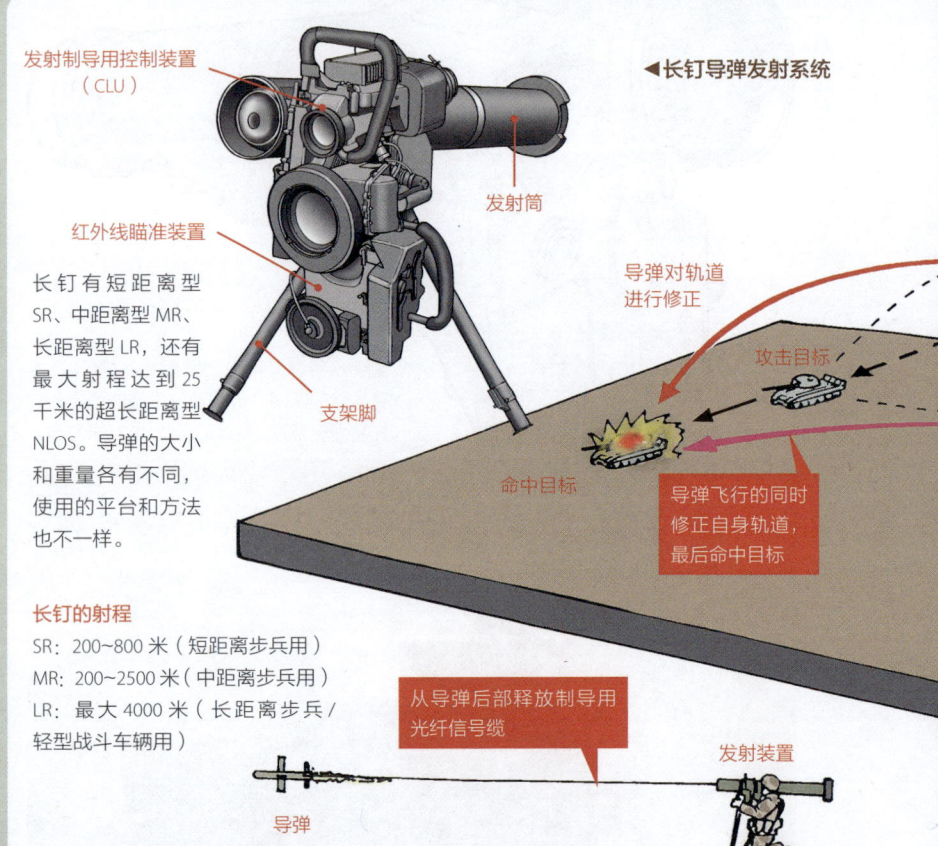

◀长钉导弹发射系统

- 发射制导用控制装置（CLU）
- 红外线瞄准装置
- 发射筒
- 支架脚
- 导弹对轨道进行修正
- 攻击目标
- 命中目标
- 导弹飞行的同时修正自身轨道，最后命中目标
- 从导弹后部释放制导用光纤信号缆
- 导弹
- 发射装置

长钉有短距离型 SR、中距离型 MR、长距离型 LR，还有最大射程达到 25 千米的超长距离型 NLOS。导弹的大小和重量各有不同，使用的平台和方法也不一样。

长钉的射程
SR：200~800 米（短距离步兵用）
MR：200~2500 米（中距离步兵用）
LR：最大 4000 米（长距离步兵/轻型战斗车辆用）

⊖ CCD：Charge Coupled Device 的首字母缩写，意为电荷耦合器件。

Portable Weapons

● 长钉导弹的构造

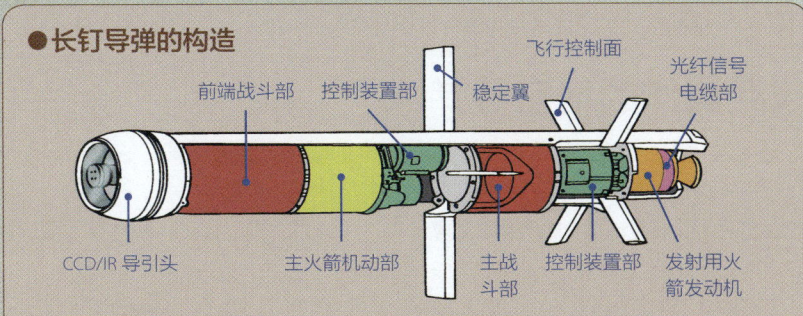

串联弹头设置了两个重叠空心装药战斗部，前端战斗部破坏反应装甲类的附加式装甲，主战斗部贯穿目标车辆的主装甲。图中是在步兵部队使用的中距离 MR 型，发射系统全体重量约 26 千克，可分解后由 3 名士兵徒步搬运或使用。

● 长钉导弹命中目标前的动作片段

长钉导弹使用软发射方式，即由压缩气体射出火箭筒，数米之后火箭发动机点火，因此后焰较小，可从狭窄场所发射。导弹的导引头是常温起动的焦平面阵列（红外线探测装置），因此发射前无须冷却，从发射系统组装到发射只需 30 秒，二次装填只需 15 秒左右。

利用瞄准装置捕捉攻击目标。导弹的 IR 导引头辨别记忆目标图像后发射导弹，发射后，导弹会在飞行中自行根据目标动向修正轨道，因此射手几乎不需要做什么操作。

飞行中导弹的 IR 导引头辨别出目标的红外线图像后对其进行锁定，导弹会自动根据目标动向进行修正并飞行命中，最远可捕捉 8 千米内的目标

捕捉攻击目标

辨认攻击目标并发射

在无法辨认攻击目标的状态下发射

发射时若射手处于无法辨认攻击目标的状态，导弹的 IR 导引头不对目标进行辨认也可以发射（最大射程 4000 米的 LR 型）。这是因为发射后导弹尾部会释放光纤信号缆，可通过信号缆控制导弹

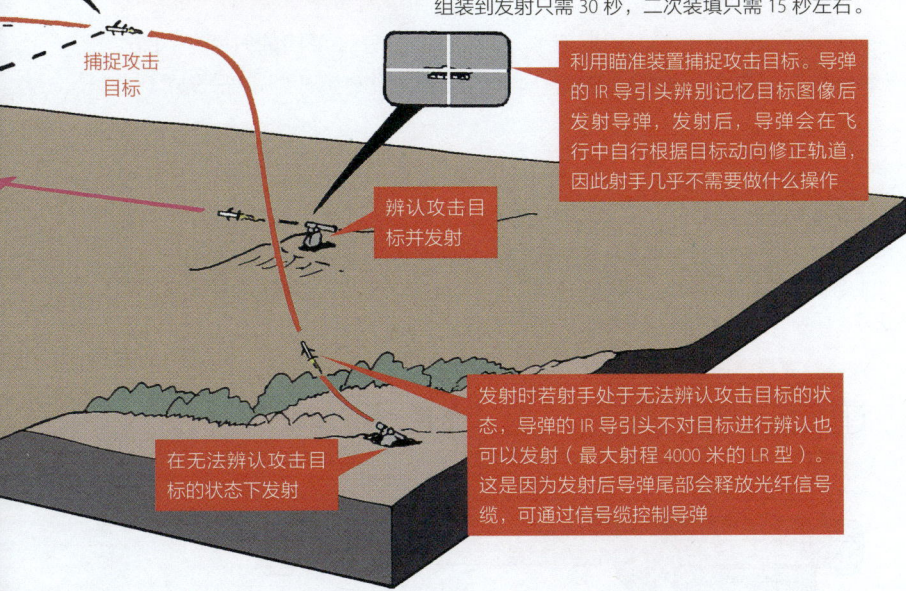

第 1 章 单兵携带武器　31

CHAPTER 1

12 便携式地空导弹（1）

单兵操作的地空导弹

有的地空导弹需要与雷达或射击系统等组合使用，与这种昂贵又复杂的导弹不同的是便携式地空导弹㊀（以下称为便携式SAM㊁），步兵单人即可轻松操作。虽然是叫作便携式SAM，但它绝不可小觑。便携式SAM可迅速展开、应对敌情，对于低空侵入的敌机来说是一种威胁。便携式SAM是单兵操作武器，因此包含导弹和发射架等重量为10~20千克，一般采用将发射架扛在肩上发射的肩射式。便携式SAM多为发射后不管式（fire and forget），即发射后无须特意引导也可以自动追踪、击落目标。

这是被称为红外线（IR）主动寻的制导方式，是一种使导弹的IR导引头感知到目标发出的红外线（飞机发动机释放热量的红外线）后追踪目标的方式。准确来说这个方式应该叫红外线被动寻的，它虽然可发射后不管，十分便利，但因为导弹会追逐热源，所以可能会朝着太阳而去。如果导弹追踪的飞机朝着太阳飞去，又突然改变方向的话，导弹会追逐太阳。

因此，导弹采用的方式是用氟利昂或二氧化碳冷却感知红外线的IR

● **FIM-43 红眼睛**

1965年开始列装的红眼睛导弹是美军使用的第一种便携式SAM，是划时代的肩射式红外线主动制导导弹。虽然红眼睛导弹可发射区域有限，也有容易被照明弹等欺骗的缺点，但仍被美国等19个国家使用，产量约为85000枚。

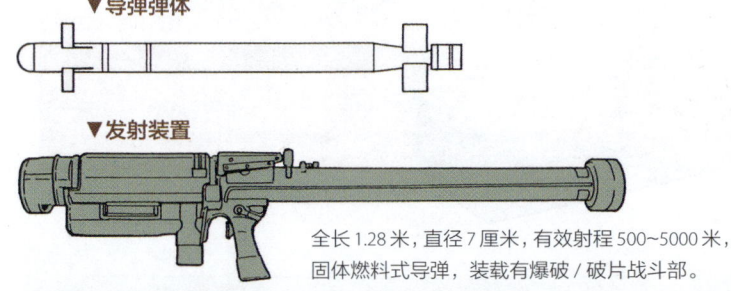

▼导弹弹体

▼发射装置

全长1.28米，直径7厘米，有效射程500~5000米，固体燃料式导弹，装载有爆破/破片战斗部。

㊀ 便携式地空导弹：也被称为 MANPADS（MAN Portable Air-Defense System 的缩写）。
㊁ SAM：Surface-to-Air Missile 的缩写。

Portable Weapons

导引头（传感器），提高感知灵敏度（安装在便携式 SAM 上的 BCU⊖就是为此设置的冷却装置）。IR 主动寻的式的便携式 SAM 虽然加强了可全方位射击等性能，但也有缺点，即目标释放照明弹或隐藏在云层中无法追踪。为了解决 IR 主动寻的式的缺点，研究人员也在研发图像主动寻的方式和激光驾束式的便携式 SAM。

近年来，便携式 SAM 瞄准兼制导装置加入了红外线监视装置（热成像装置），也出现了拥有夜间作战能力的种类。直升机装备了夜视装置，在夜间也可以发挥强大攻击力。便携式 SAM 的改进也可以说是为了应对这种升级而采取的措施。

不过，随着如此高级的制导方式而来的是价格上涨和发射装置或系统的大型化，便携式 SAM 失去了原本便宜又操作简单的优点。

右图是扛着 9K32 "箭-2" 导弹（也称为 SA-7 "圣杯"）准备射击的苏联士兵。导弹全长 1.44 米，直径 72 毫米，重 9.97 千克，有效射程 550~5500 米。箭（Strela）在俄语中意为 "箭矢"。苏联在 "箭" 导弹之后研发了 "针"（Igla），俄语中意为 "针"。下图是架起红眼睛准备射击的美国海军陆战队队员。导弹利用助推器从肩射式 M171 发射装置射出，飞离 6 米后火箭发动机点火。因为是第 1 代便携式 SAM，IR 导引头性能较弱，只能在飞离的敌机后方瞄准发射。

⊖ BCU：Battery Coolant Unit 的首字母缩写，意为电池冷却装置。

13 便携式地空导弹（2）

谁是一流的便携式 SAM？

作为红眼睛防空导弹后继者的 FIM-92 毒刺导弹是于 1967 年开始研发的，1981 开始列装的便携式 SAM，目前被 20 个国家使用。毒刺导弹虽然与红眼睛一样使用红外线主动寻的式制导，通过光学式瞄准器瞄准，导弹的 IR 导引头识别出目标发出的红外线后发射并追踪，但它还拥有敌我识别（IFF[-]）功能，可进行全方位发射[-]。此外毒刺导弹还拥有红外对抗（IRCM）功能，飞行速度也高于红眼睛导弹。

毒刺导弹拥有多种衍生型，如初期的 FIM-92A、装备了红外线及紫外线导引头的 FIM-92B、为对抗低空直升机而改良的 FIM-92C（RPM 型），还有车辆搭载或武装直升机搭载型的 FIM-92D Block I。

FIM-92C 发射的瞬间。导弹通过导弹尾部的助推器发射出发射筒，助推器在 0.5 秒内燃烧，射出 9 米左右与导弹分离，之后导弹火箭发动机点火飞行，最大速度为 2.2 马赫。

[-] IFF：Identification, Friend or Foe 的首字母缩写。
[-] 全方位发射：可拦截正面飞来的敌机。

Portable Weapons

● FIM-92B 毒刺导弹

毒刺导弹由装填了导弹弹体的发射器（包装筒兼发射装置）、瞄准具、发射装置、安装了 IFF 询问机的操作手柄、电池及冷却筒（BCU）等组成。发射后只需更换发射筒即可再次发射。

导弹全长为 1.52 米，导弹直径 7 厘米，发射重量 10.1 千克，有效射程 200~4000 米。

▼ 发射装置

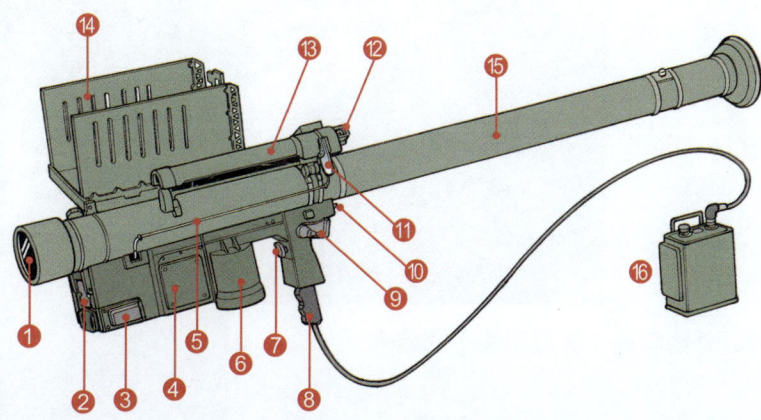

发射装置
① IR 风挡　② 操作手柄装卸零件　③ 释放开关　④ 操作手柄部位　⑦ IFF 电缆
⑥ BCU（电池及冷却筒）　⑦ 扳机　⑧ IFF 信号连接线　⑨ 保险装置
⑩ IFF 信号发送开关　⑪ 左眼保护板　⑫ 捕捉支持装置　⑬ 瞄准装置
⑭ IFF 天线　⑮ 发射筒（树脂制一次性使用型）　⑯ IFF 发信机

▼ 导弹本体

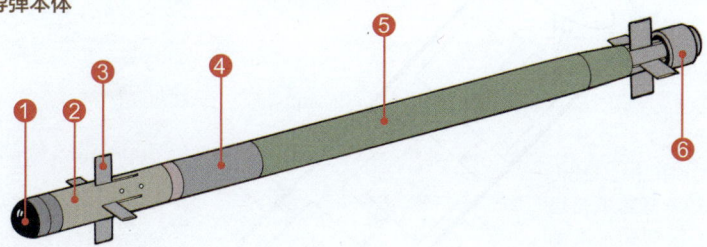

导弹本体
① IR 导引头　② 制导控制部　③ 舵翼
④ 战斗部（搭载 1 千克炸药）
⑤ 火箭发动机　⑥ 助推器

第 1 章　单兵携带武器　35

14 便携式地空导弹（3）
毒刺导弹的结构和发射步骤

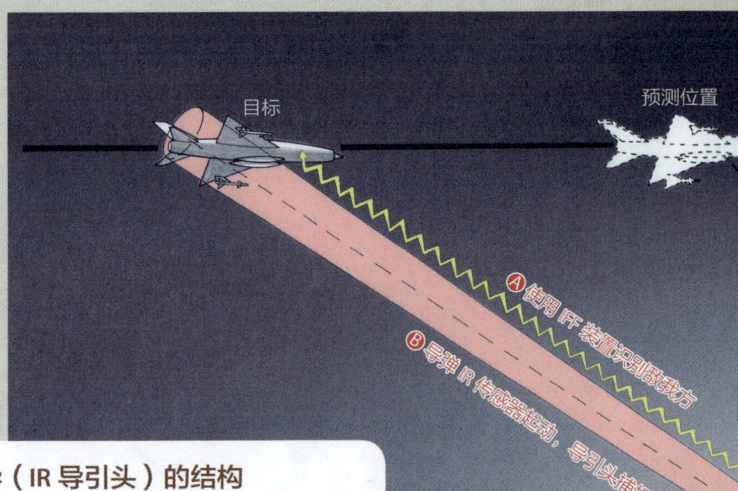

Ⓐ 使用 IFF 装置识别敌我
Ⓑ 导弹 IR 传感器启动，导引头捕捉目标

●红外线制导（IR 导引头）的结构

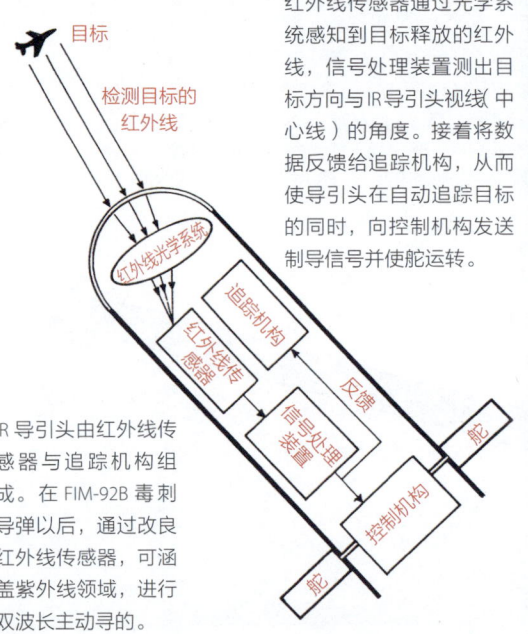

红外线传感器通过光学系统感知到目标释放的红外线，信号处理装置测出目标方向与 IR 导引头视线（中心线）的角度。接着将数据反馈给追踪机构，从而使导引头在自动追踪目标的同时，向控制机构发送制导信号并使舵运转。

IR 导引头由红外线传感器与追踪机构组成。在 FIM-92B 毒刺导弹以后，通过改良红外线传感器，可涵盖紫外线领域，进行双波长主动寻的。

毒刺发射步骤：
❶ 射手确定目标飞机后，使用瞄准装置对准目标。
❷ 瞄准目标后按 IFF 发信开关，IFF 发信机发出电波进行敌我识别。
❸ 解除保险装置，起动 BCU，按释放开关。导弹的陀螺仪和传感器

Portable Weapons

● FIM-92 毒刺导弹的发射步骤

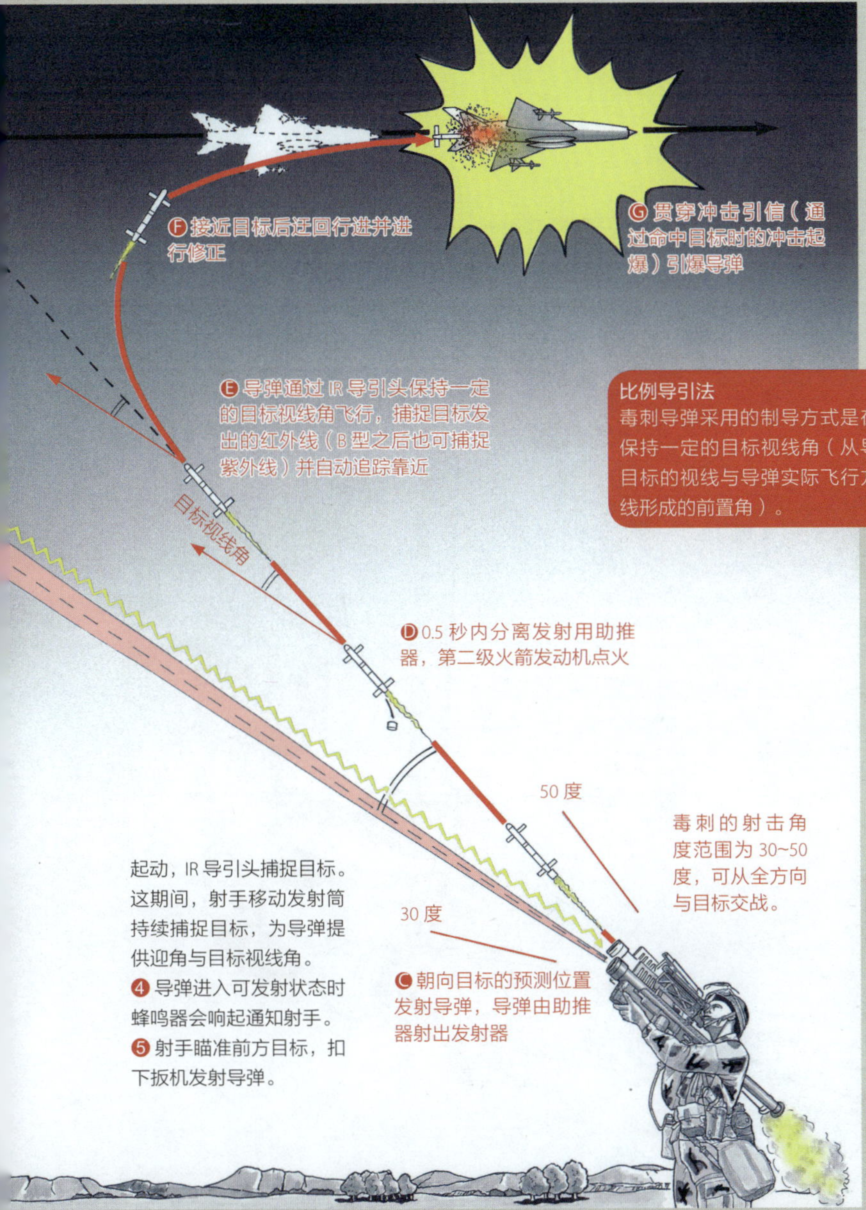

Ⓕ 接近目标后迂回行进并进行修正

Ⓖ 贯穿冲击引信（通过命中目标时的冲击起爆）引爆导弹

Ⓔ 导弹通过IR导引头保持一定的目标视线角飞行，捕捉目标发出的红外线（B型之后也可捕捉紫外线）并自动追踪靠近

比例导引法
毒刺导弹采用的制导方式是在飞行中保持一定的目标视线角（从导弹看向目标的视线与导弹实际飞行方向中心线形成的前置角）。

目标视线角

Ⓓ 0.5秒内分离发射用助推器，第二级火箭发动机点火

50度

30度

毒刺的射击角度范围为30~50度，可从全方向与目标交战。

起动，IR导引头捕捉目标。这期间，射手移动发射筒持续捕捉目标，为导弹提供迎角与目标视线角。
④ 导弹进入可发射状态时蜂鸣器会响起通知射手。
⑤ 射手瞄准前方目标，扣下扳机发射导弹。

Ⓒ 朝向目标的预测位置发射导弹，导弹由助推器射出发射器

第1章 单兵携带武器 37

15 便携式地空导弹（4）
英军便携式 SAM 的制导方式

英国的便携式防空导弹系统使用的并非红外线制导方式，而是瞄准线指令（CLOS[⊖]）。使用这种制导方式的导弹，有比红外线制导式导弹更难被欺骗的优点。现役的星光导弹使用的是与瑞典的 RBS70 同样的激光驾束式 SACLOS 制导方式。

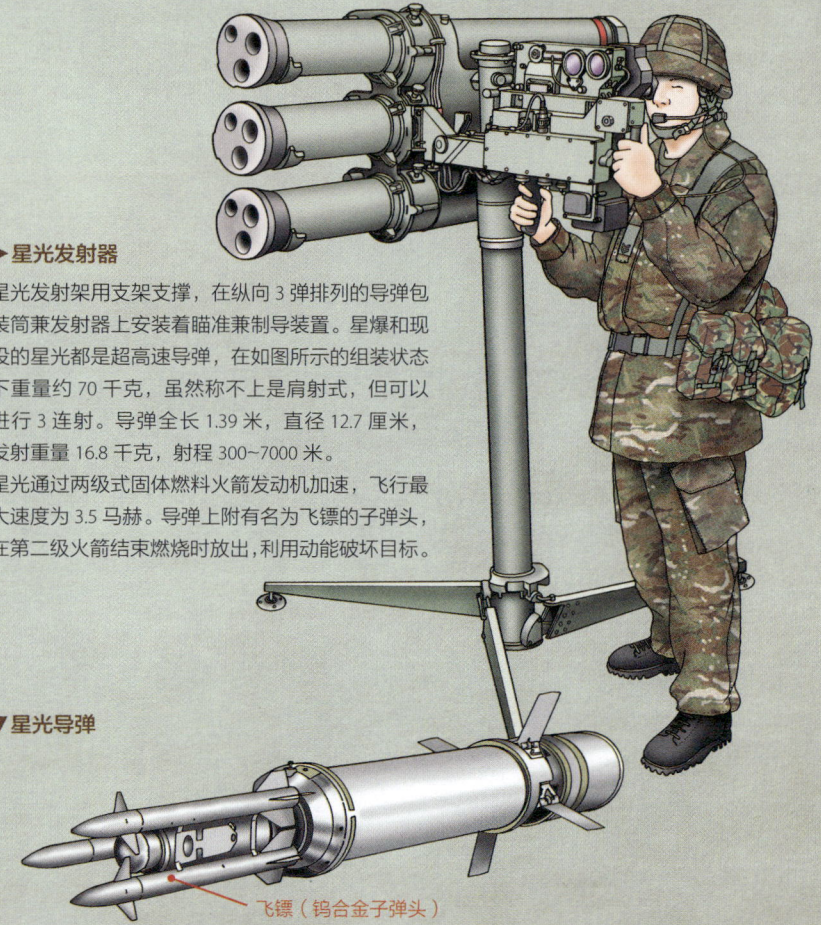

▶ 星光发射器

星光发射架用支架支撑，在纵向 3 弹排列的导弹包装筒兼发射器上安装着瞄准兼制导装置。星爆和现役的星光都是超高速弹，在如图所示的组装状态下重量约 70 千克，虽然称不上是肩射式，但可以进行 3 连射。导弹全长 1.39 米，直径 12.7 厘米，发射重量 16.8 千克，射程 300~7000 米。
星光通过两级式固体燃料火箭发动机加速，飞行最大速度为 3.5 马赫。导弹上附有名为飞镖的子弹头，在第二级火箭结束燃烧时放出，利用动能破坏目标。

▼ 星光导弹

飞镖（钨合金子弹头）

⊖ CLOS：Command to Line of Sight 的缩写。

Portable Weapons

● 英国便携式 SAM

▼ 吹管

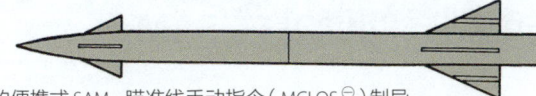

英国陆军最早装备的便携式 SAM，瞄准线手动指令（MCLOS ⊖）制导。全长 1.39 米，直径 7.6 厘米，发射重量约 11 千克，射程 700~4500 米。

▼ 标枪

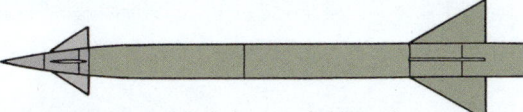

第 2 代便携式 SAM，无线式瞄准线半自动指令（SACLOS）制导。全长 1.39 米，直径 7.6 厘米，发射重量 11.1 千克，射程 300~5500 米。

▼ 星爆

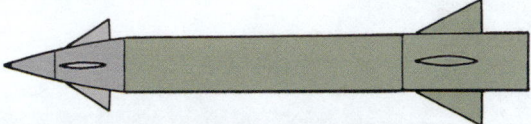

将制导系统改良为激光驾束式 SACLOS 制导。全长 1.39 米，直径 19.7 厘米，发射重量 15.2 千克，射程 500~4000 米。

▼ 星爆的发射器

瞄准具兼制导装置

包装筒兼发射器
（导弹的前端稳定翼无法折叠，因此发射管的前半部分较粗）

星爆的发射器由装填了导弹的包装筒兼发射筒、瞄准兼制导装置组成，还安装了用于夜间发射的红外线夜视系统。星爆除了肩射式，还有车载型、舰载型等衍生型。

⊖ MCLOS：Manual Command to Line of Sight 的缩写。

第 1 章 单兵携带武器　39

16 便携式地空导弹（5）

激光束制导的便携式 SAM

在大多数便携式 SAM 都采用了红外线制导的情况下，博福斯公司研发了激光驾束式 SACLOS 制导导弹。这就是 RBS-70 导弹。这款导弹自 1977 年被瑞典陆军使用以来，目前已被 20 多个国家使用。

RBS-70 重量超过 80 千克，因此需要 3 名操作员进行组装及发射，从组装到发射需要一分钟左右。战斗部为高性能炸药及破片效果式。导弹有初期型、Mk.1、Mk.2、BOLIDE 各种型号。最新型 BOLIDE 拥有最大射程 8000 米，有效高度 5000 米，命中破坏精度为 90% 以上。

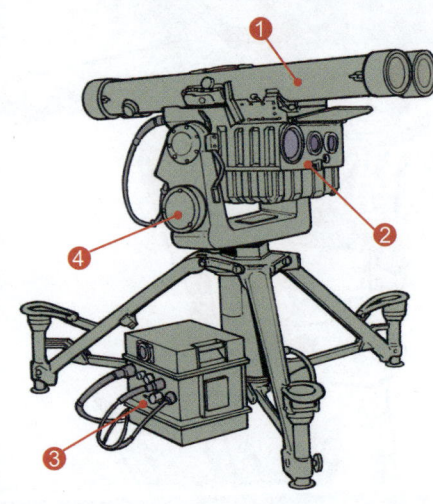

● RBS-90

20 世纪 90 年代初登场的 RBS-90 的导弹大小与 RBS-70 相同，都是全长 1.32 米，直径 10.5 厘米，但重量从 15 千克增加到了 17 千克，是全天候型导弹，射程为 7000 米，有效高度 4000 米，飞行速度 1 马赫。操作员可以直接使用发射器的瞄准兼制导装置发射和制导，通常将多个发射器与雷达组合起来进行火控。

❶ 包装筒兼发射管
❷ 瞄准兼制导装置
（附有夜视追踪功能）
❸ 电源/操作单元
❹ 支持架（附有远程操作功能）

Portable Weapons

●激光驾束式 SACLOS 制导

红外线制导的缺点是不擅长应对目标释放的照明弹或恶劣天气⊖。研究人员研发出了激光驾束式 SACLOS 制导作为解决方法,即朝着目标连续照射激光束(二氧化碳/激光),发射出的导弹沿着照射向目标的光束飞行并命中目标。射手需要在命中高速移动的空中目标前持续用瞄准具捕捉目标。因此这种武器不是谁都可以轻松驾驭的,但其却有着不受敌人干扰的巨大好处。目前,这种制导方式的导弹对于战斗机来说是一种巨大的威胁。

▼激光驾束式 SACLOS 制导的 RBS-70 的操作

导弹沿着激光束以 1.6 马赫的高速飞行

激光束

使瞄准线紧跟目标并照射激光束

瞄准兼制导装置带有红外线夜视功能,夜间也可射击

将目标保持在瞄准具内,按下照射按钮用激光束照射目标,并发射导弹。导弹检测到从瞄准装置照射出的激光束,便会在激光束持续照射期间,沿着激光束被引导至目标处。

射手用瞄准具捕捉目标,持续按住照射激光束的按钮。

即使目标变更飞行路线,只要用瞄准具内的瞄准线捕捉目标并持续按住照射按钮,导弹就能自动修正前进方向。

导弹沿着制导光束跟踪目标,在靠近目标时,激光近炸引信起动引爆导弹。

⊖ 不擅长应对目标释放的照明弹或恶劣天气:第 3 代红外线制导式导弹虽然采取了红外线妨碍技术的对抗策略,但并非完全不受妨碍。

第 1 章 单兵携带武器　41

17 便携式地空导弹（6）

进化版第 3 代便携式 SAM 的特征

红外线主动寻的式便携式地空导弹系统的第 1 代导弹是 FIM-43 红眼睛和 9K32 箭-2 的初期型号，第 2 代则是 FIM-92 毒刺。

而相当于第 3 代的是法国的西北风防空导弹和日本的 91 式便携地对空导弹。第 3 代导弹的特征是采用了应对红外线干扰的策略。

西北风并非肩射式，而是用支架支撑着发射管。导弹利用两级式固体火箭发动机飞行，通过 IR 导引头自动追击目标。攻击目标包括飞机、直升机、反舰导弹等，目前为止发射了 600 枚以上的西北风导弹，据说命中率超过 92%。西北风至此已被 25 个国家所使用。法军中还配备了改良型 M2。

●西北风导弹

导弹全长 1.8 米，直径 9 厘米（弹翼展开时为 18 厘米），发射重量 18 千克，飞行速度 2.5 马赫，射程 5000 米（对直升机的有效射程为 4000 米），装备高性能炸药及破片式战斗部（炸药爆炸时内置的钨合金钢珠会四射）。

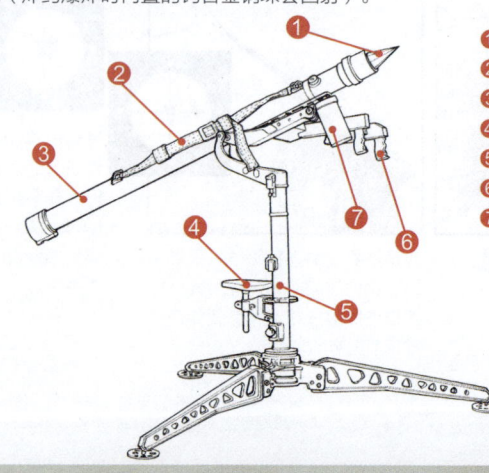

1. 导弹（IR 导引头）
2. 携带用背带
3. 包装兼发射管
4. 射手用椅
5. 支架
6. 操作握把及瞄准装置
7. BCU（电池及冷却装置）

Portable Weapons

为了弥补红外线自动寻的式的缺点,日本研发出了图像主动寻的制导式的 91 式便携地对空导弹（SAM-2）。导弹前端装载使用了 CCD 的图像识别装置,可使 IR 导引头记忆并跟踪目标。这是日本引以为傲的图像追踪制导式导弹,还同时使用了红外线主动制导功能。导弹全长 1.43 米,直径 8 厘米,发射重量 11.5 千克,射程约 5000 米。日本于 2007 年开始筹备 SAM-2B,对低空目标攻击和夜间作战能力进行提高。

● 91 式便携地空导弹

操作与毒刺基本相同。按下释放开关后,导弹的 IR 导引头起动,射手用瞄准装置捕捉并追踪目标,IR 导引头辨认并锁定目标。在通知锁定完毕的蜂鸣器响起后,射手扣下扳机进行发射。导弹由助推器射出,在到达射手安全距离之后,火箭发动机点火开始飞行。最大速度为 1.9 马赫,引信为触发引信。

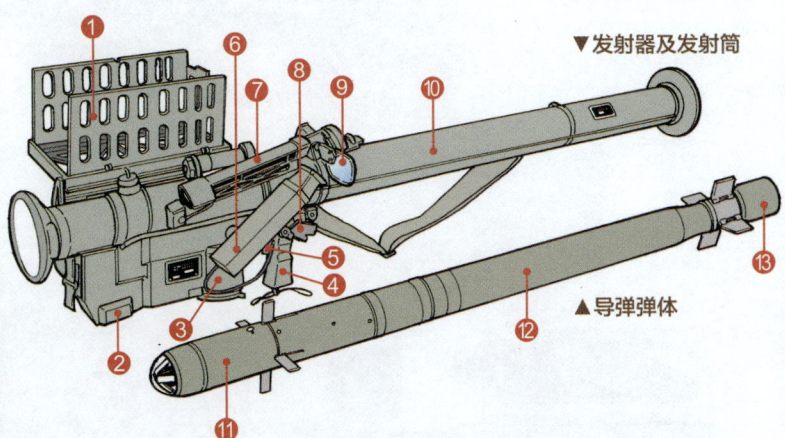

▼发射器及发射筒
▲导弹弹体

① IFF 天线　② 释放开关（激活开关,起动导弹电力供给和 IR 导引头的冷却气体供给,同时起动陀螺仪）　③ BCU　④ 握把　⑤ 扳机　⑥ 图像标识装置（进行可见光图像主动制导时使用的瞄准装置,可见光图像制导即记住被可见光 CCD 捕捉到的目标的可见光图像并追踪）　⑦ 瞄准装置（进行 IR 主动寻的制导时使用）　⑧ 保险装置　⑨ 左眼保护板　⑩ 发射筒（包装筒兼发射管）　⑪ 运转控制部　⑫ 火箭发动机　⑬ 助推器（发射用）

第 1 章 单兵携带武器　43

18 便携式地空导弹（7）
便携式 SAM 导弹发射车的诞生

20世纪80年代出现了低空入侵能力较强的武装直升机之后，当时的野战防空系统（野战部队跟随型的机动防空系统）就变得无力抵挡。因此研究人员研发出了搭载便携式 SAM 毒刺的美国陆军的复仇者防空车，以及日本陆上自卫队的93式近距离地空导弹车等导弹发射车。这是追求机动性和适应性而非射程的结果。

在英国阿尔维斯公司的风暴装甲车上装载星光地空导弹的英国陆军的导弹车（SP HMV）。

将改造了车体的高机动车和91式便携地空导弹车载式8连装发射装置组合起来的日本陆上自卫队93式近程地对空导弹。导弹发射后立即分离发射用助推器。

Portable Weapons

●复仇者野战防空系统

复仇者是美国陆军为在后方没有野战防空和重装备的前线空降部队研制的防空武器，因此选择了在 M998 悍马通用车上搭载回旋式转台，转台上装备有两具四连装毒刺导弹。车辆上虽然没有包上装甲，但机动能力强。战斗基本单位的防空小队由 6 辆复仇者和 1 辆指挥车组成。

复仇者发射毒刺导弹的瞬间。外表虽然与日本陆上自卫队的 93 式近程地空导弹相近，但是在 93 式的内部，操作员的座位并不在发射装置内。

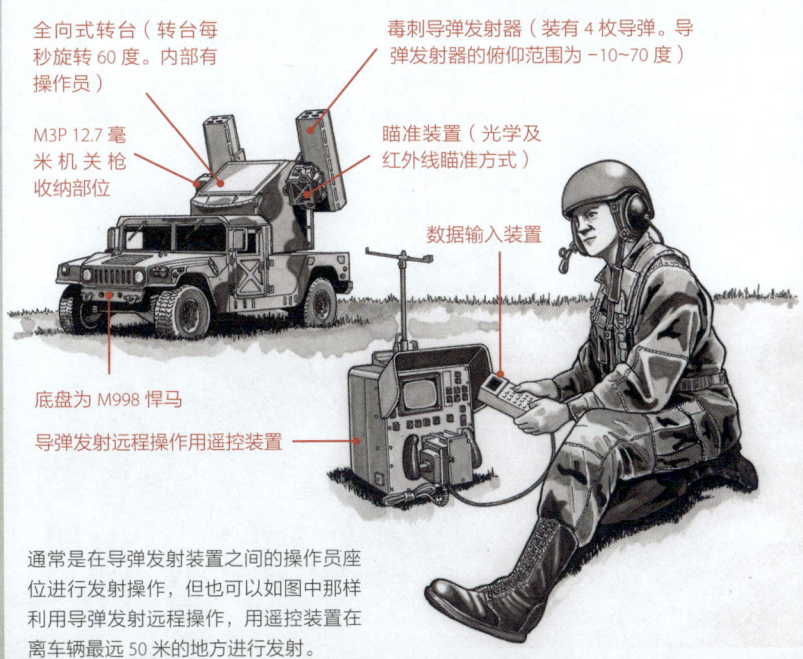

- 全向式转台（转台每秒旋转 60 度。内部有操作员）
- M3P 12.7 毫米机关枪收纳部位
- 毒刺导弹发射器（装有 4 枚导弹。导弹发射器的俯仰范围为 −10~70 度）
- 瞄准装置（光学及红外线瞄准方式）
- 数据输入装置
- 底盘为 M998 悍马
- 导弹发射远程操作用遥控装置

通常是在导弹发射装置之间的操作员座位进行发射操作，但也可以如图中那样利用导弹发射远程操作，用遥控装置在离车辆最远 50 米的地方进行发射。

第 1 章 单兵携带武器　45

19 多联装火箭弹发射装置（1）

火箭弹的优点与缺点

作为野战炮兵武器体系的一员，现代多联装火箭系统拥有近年来自行炮2倍以上的射程与破坏力。自从多联装火箭系统（MLRS）在1991年的海湾战争中大显身手以来，就备受瞩目，如今俄罗斯甚至研发出了9A52-2龙卷风（BM-30）这种300毫米口径的大家伙。

多联装火箭系统拥有为发射出的火箭弹提供自主飞行推进力的火箭发动机。火箭发动机是金属制筒状容器，装了燃料与氧化剂混合后的固体推进剂。而在火箭发动机前端加上战斗部的就是火箭弹。为了能够高效燃烧推进剂并产生推进力，容器后端还设计了释放火药燃气的孔洞和喷射口。

火箭弹是通过自身火箭发动机的燃烧产生推力来飞行的，因此不像火炮那样会在发射时产生强大的反作用力，发射装置不需要像火炮那么结实。只要能在发射时支撑火箭弹，为弹体提供发射方向，哪怕是用钢轨、金属制筒都没有问题。而火炮却不能这样，它必须为炮弹提供在炮身中点燃发射药的动能。因此炮身需要制作坚固以承受强烈的爆炸，导致火炮变得

照片中是波兰自行多联装火箭弹发射装置 WR-40 兰古斯塔。它是俄罗斯的火箭炮 BM-21 的衍生型号，在波兰产六轮卡车上搭载了 122 毫米 40 连装发射装置和火控系统。BM-21 是在世界范围内广泛使用的多联装火箭炮，各国造出了大量衍生型号。

Portable Weapons

笨重而复杂。

多联装火箭的构造比火炮更简单,可以制造更大口径(直径)的火箭弹(火箭弹变大的话战斗部的重量也会提高,破坏力也更大),而且生产费用也很便宜。

但是,这种多联装火箭(也包含其他火箭炮)的优缺点互为表里。发射出的火箭弹相对于火炮的炮弹,其发射速度和飞行速度更慢。换句话说,就是它的命中精度比火炮低。火炮为提高命中精度,需要进行复杂的射击计算(射击前为调整火炮而进行的诸元数据计算),而多联装火箭哪怕按照与火炮相同的复杂顺序来进行瞄准,也不能指望效果有多好。

另外,除 MLRS 这种特殊的多联装火箭系统以外,一般来说多联装火箭的射程比火炮要短。如果说火炮最大射程为 30 千米,那么多联装火箭最多就 20 千米,换成有效射程则是 10 千米左右。

美国陆军研发的 MLRS 被世界各国所采用,日本陆上自卫队也于 1992 年开始配备 MLRS。发射装置的车辆在日本特许进行生产,火箭从美国购入。MLRS 的全长为 7.6 米,宽 2.97 米,高 32.6 米,重 24756 千克,最高速度为 64 千米/时。

发射 227 毫米火箭弹的美军 M270 MLRS。

第 1 章 单兵携带武器　47

CHAPTER 1

20 多联装火箭弹发射装置（2）

多联装火箭与火炮的区别

多联装火箭的最大优点在于可以在短时间内集中大量投弹。这里所说的投弹量指的是可向作为攻击目标的一定区域内投射多少弹药，表示的是"弹头重量 × 连装发射数量"或"单位时间内约几吨"的量，火炮也是一样的表示，用火炮举例，155 毫米级的野炮每分钟大约可发射 7 发，而多

●多联装火箭与火炮有什么不同？

如果说火炮的使用目的是高命中精度和为远距离提供稳定火力的话，多联装火箭的使用目的就是在短时间内向一定区域投射大量炮弹。图中是 150 毫米 sFH18 重型榴弹炮和 150 毫米 NbW41[⊖]多联装火箭弹发射装置的对比，前者是二战时期，德国野战炮兵的主力。

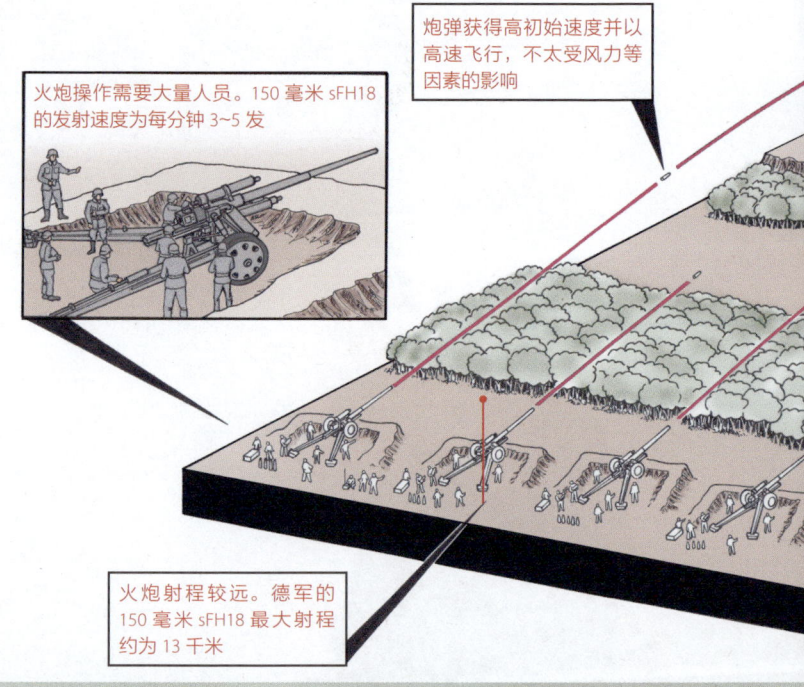

炮弹获得高初始速度并以高速飞行，不太受风力等因素的影响

火炮操作需要大量人员。150 毫米 sFH18 的发射速度为每分钟 3~5 发

火炮射程较远。德军的 150 毫米 sFH18 最大射程约为 13 千米

⊖ NbW41：以 Nebelwerfer 为名研发并列装了多种类型。

48

Portable Weapons

联装火箭这边，哪怕是 40 连装的发射装置也可以进行齐射⊖，发射所有弹药只需要不到 1 分钟。

但多联装火箭的弹道不稳定，发射出的火箭弹会出现一定范围内的射弹散布。因此多联装火箭并不像火炮那样活用弹着点的准确性，而是投入大量火箭发射装置，在一定区域内散布大量火箭弹以实施大面积压制。

如果说火炮拥有高命中精度，可以用于提供稳定的战场压制的话，那么多联装火箭负责的就是辅助性攻击，在短时间内向一定区域投射大量弹药，高效应对敌方反攻部队或准备攻击的部队。可以说，多联装火箭的任务就是在需要紧急应对的战况中短时间内投射大量弹药，对局部地区进行火力压制。

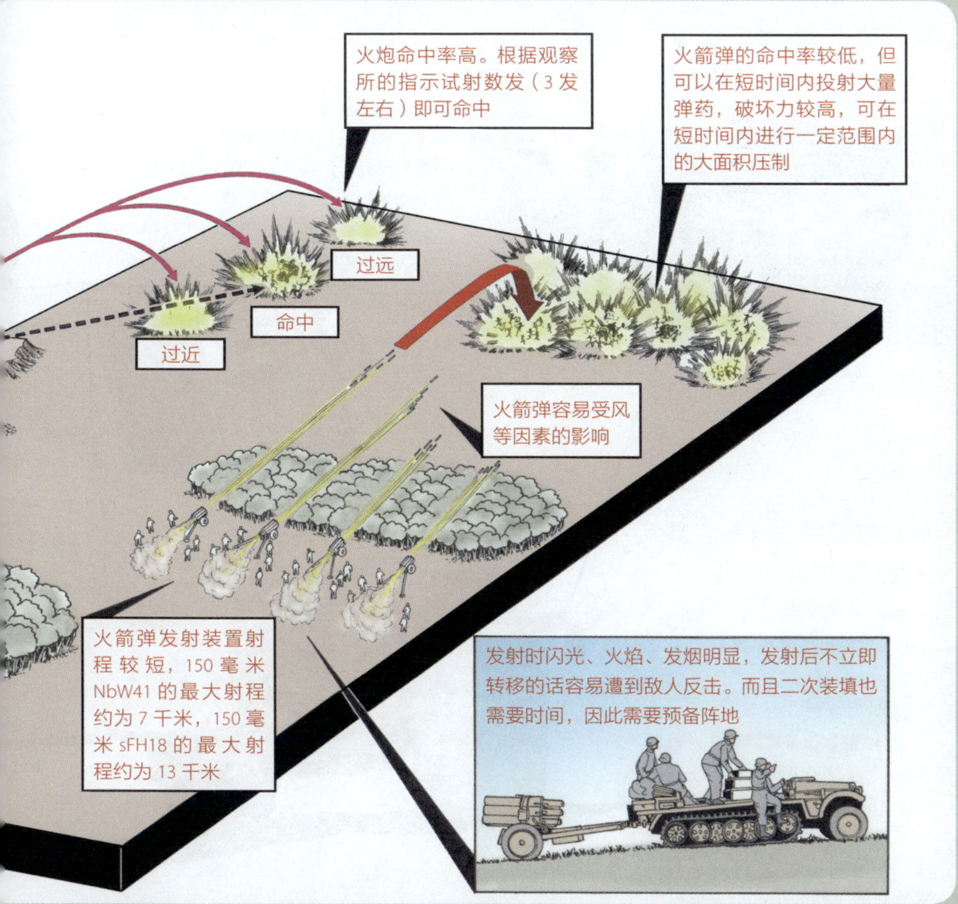

火炮命中率高。根据观察所的指示试射数发（3 发左右）即可命中

火箭弹的命中率较低，但可以在短时间内投射大量弹药，破坏力较高，可在短时间内进行一定范围内的大面积压制

过远

命中

过近

火箭弹容易受风等因素的影响

火箭弹发射装置射程较短，150 毫米 NbW41 的最大射程约为 7 千米，150 毫米 sFH18 的最大射程约为 13 千米

发射时闪光、火焰、发烟明显，发射后不立即转移的话容易遭到敌人反击。而且二次装填也需要时间，因此需要预备阵地

⊖ 齐射：并非将所有弹药同时发射，而是每弹间隔 0.2 秒或 0.5 秒进行的连续发射。所有弹药同时发射，火箭弹会相互干涉并扰乱弹道。

21 多联装火箭弹发射装置（3）

弥补多联装火箭弱点的战斗方式

即使多联装火箭可以在短时间内投射大量弹药，但也并非连续动作。在齐射中虽然可以将已装填的火箭弹全部射出，但两次发射之间需要一定的时间。以人力将火箭弹一枚枚装填进发射装置的情况自不必说，哪怕是装备了装填装置，下一次发射也需要等待数分钟以上的时间。

而且，火箭弹就算只发射一枚也会产生大量的发射烟雾。如果大量火

20世纪70年代捷克斯洛伐克研发的自行多联装火箭RM-70装载了122毫米火箭弹40连装发射装置，其特征是拥有再装填装置。驾驶室与发射装置之间堆积着预备的火箭弹，在第一次发射后，可以在2分钟内将预备弹装填完成并进行第二次发射。

●瓦尔基里自行多联装火箭弹发射装置

20世纪80年代南非研发的自行多联装火箭弹发射装置。6轮驱动的导弹车（车体下部为反地雷设计）上搭载了40连装火箭弹发射装置，拥有长时间连续作战能力。发射的127毫米火箭弹最大射程为22千米，其中装有8500个钢珠，一发可以覆盖1500平方米的范围。作战中会有运输再装填火箭弹的支援车辆同行。

Portable Weapons

箭弹一起发射，其产生的闪光、火焰和烟雾是非常严重的，这会暴露自己的位置，很快就会遭到敌人反击。因此，多联装火箭采取的使用方法是提前设置第二个射击阵地，火箭弹发射后立即移动到下一个阵地进行二次发射的装填与射击（或者进入其他地区）。这叫作一次射击任务一阵地。

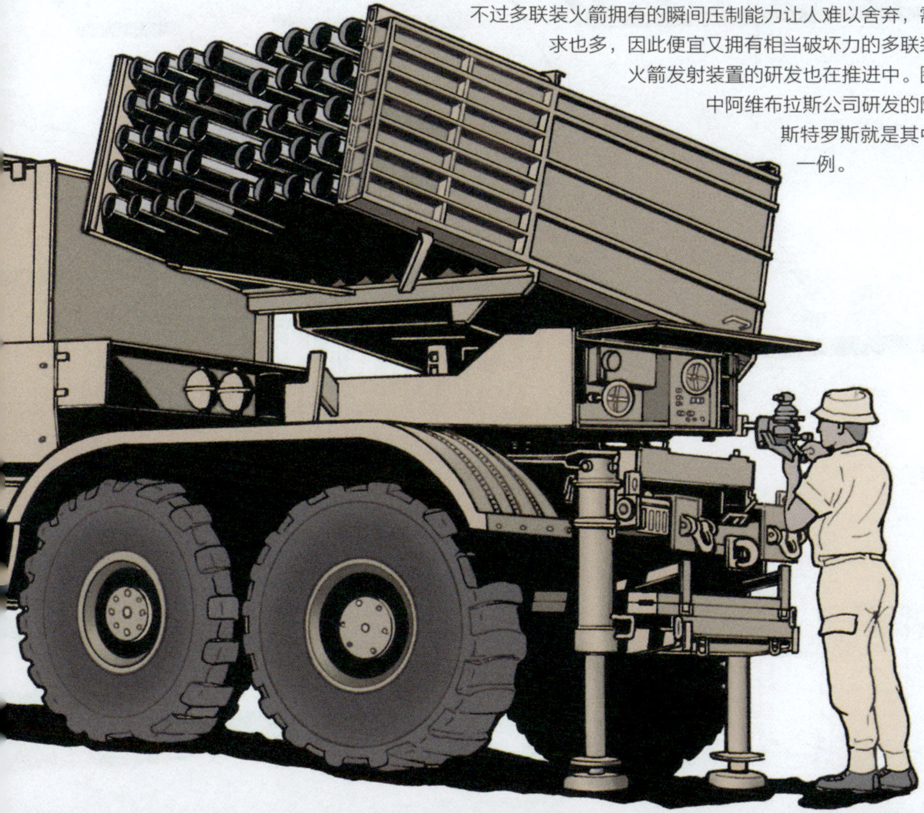

随着火箭弹能力的提高，赋予多联装火箭的任务也多样化了。同时火箭弹也渐渐失去了原有的长处，出现了价格上涨等情况。不过多联装火箭拥有的瞬间压制能力让人难以舍弃，需求也多，因此便宜又拥有相当破坏力的多联装火箭发射装置的研发也在推进中。图中阿维布拉斯公司研发的阿斯特罗斯就是其中一例。

第 1 章 单兵携带武器　51

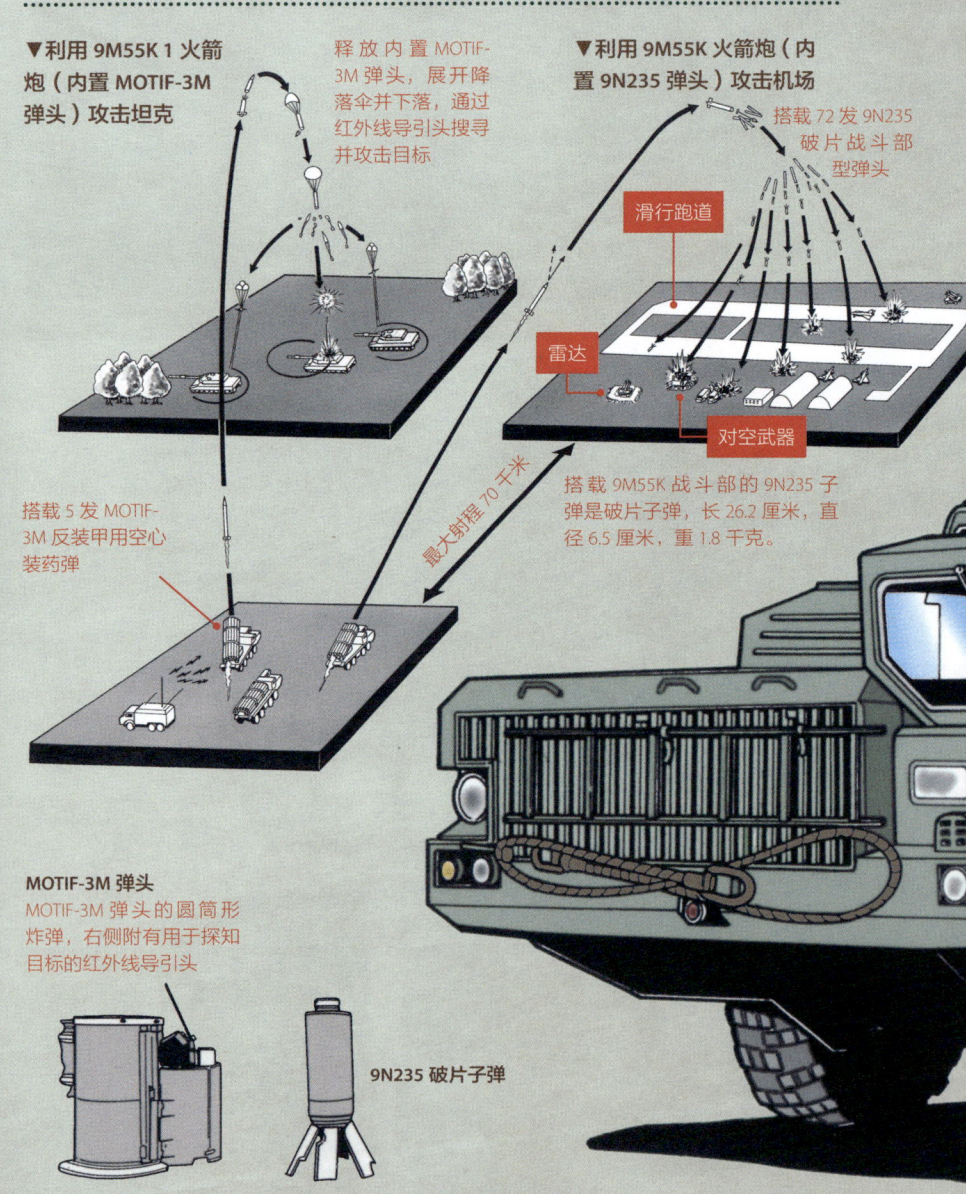

Portable Weapons

俄罗斯引以为豪的自行式多联装发射装置 9A52-2 龙卷风，其结构为 8 轮驱动 MAZ543A 卡车㊀搭载 12 发 300 毫米火箭弹的发射装置。通过内置式飞行控制系统㊁，9A52-2 发射装置发射的 9M55 火箭弹可以比以前的无制导火箭弹的弹着点更加集中，命中精度提高 3 倍。

火箭弹可装载 9M55K（非装甲目标用）、9M55KI（装甲目标用）、9M55F（轻装甲目标用）三种战斗部。3 种都附有发射后 2 分钟内自爆的限时装置。

▼ 9A52-2 龙卷风

龙卷风可在约 40 秒内齐射 12 发 9M55 火箭弹，火箭弹直径为 30 厘米，全长 7.6 米，重量为 800~810 千克。发射后的再装填由装备了起重机的再装填及运输专用车辆 9T234-2 进行，再装填作业需要花费 30 分钟以上的时间。MAZ543A 卡车全长 12.1 米，宽 3.05 米。搭载了输出功率为 525 马力（约 386 千瓦）的内燃机 D12A-525A。

㊀ MAZ543A 卡车：20 吨级大型卡车，也用于弹道导弹的移动平台等。
㊁ 飞行控制系统：稳定弹道采取的是使火箭弹旋转的旋转稳定方式，可通过气体喷射装置对助推器燃烧中的弹体纵向及横向的姿态进行控制，并修正火箭弹的轨道。

23 多联装火箭弹发射装置（5）

MLRS 发射的进化版火箭弹

多联装火箭的攻击对象是反攻部队或为攻击准备而集结起来的部队，而且主要是无装甲的部队或步兵部队。

然而，如果攻击目标拥有足够的装甲力量就不行了（如今即使是步兵也能利用装甲车辆移动）。为了给装甲部队造成高效打击，就需要装载反装甲战斗部，并寻求敌军火力力所不及的地方进行远射程攻击。因此多联装火箭弹发射装置使用的火箭弹搭载了大口径且有威力的战斗部，使火箭弹自身也增加了体型和重量。而这会导致到多联装火箭连装数的减少，这样一来就只能提高火箭弹自身的命中率，加强命中效果。

● 陆军战术导弹系统（ATACMS）

ATACMS 是以增强 MLRS 威力和提高射程为目的而研发出的导弹。Block Ⅰ A 射程为 165 千米，装备了惯性制导系统，而 Block Ⅱ A 的射程大幅提升，增加到了 300 千米，并为了防止命中率的降低而导入了 GPS。由于装备了制导系统，ATACMS 比起火箭弹，更像是导弹。Block Ⅰ A 的战斗部搭载了 950 个 M-74 子弹，一枚这样的导弹可以让 M-74 覆盖 500 平方米的区域。Block Ⅱ 搭载了无动力滑翔型制导子炸弹 BAT⊖（出色的反装甲子爆弹），用于攻击移动中的敌方坦克和装甲车辆（搭载了 13 发 BAT 子弹，最大射程 140 千米）。Block Ⅱ A 将此射程延长到最高 300 千米。

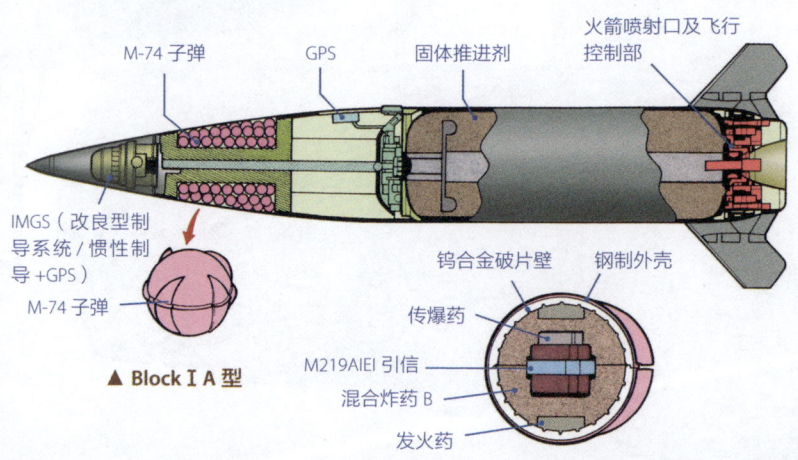

▲ Block Ⅰ A 型

⊖ BAT：Brilliant Anti-Tank 的首字母缩写。

PORTABLE Weapons

如果不指望火箭弹能有这样的命中率的话，就需要在战斗部下功夫，以求补上被精简的火箭弹的破坏力和命中率。比如在战斗部上装备大量拥有装甲贯穿力的子弹，使其在目标上空四射开来，这样一来，哪怕对方是装甲部队，也能用少量火箭弹覆盖大片地区。从这一构想中诞生的就是美军 M270 火箭炮。

M270 发射的火箭弹（导弹）威力惊人。

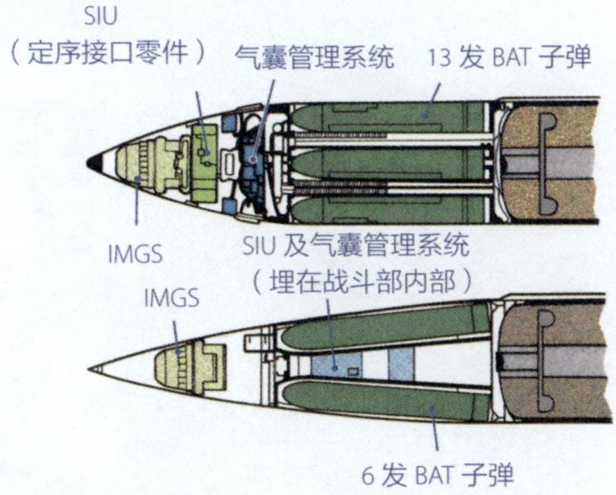

▼ Block Ⅱ 及 Block Ⅱ A 型

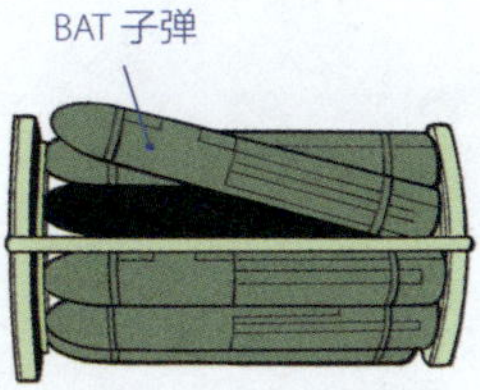

SIU（定序接口零件）
气囊管理系统
13 发 BAT 子弹
IMGS
SIU 及气囊管理系统（埋在战斗部内部）
IMGS
6 发 BAT 子弹
BAT 子弹

▼ BAT 子弹（弹翼展开时）

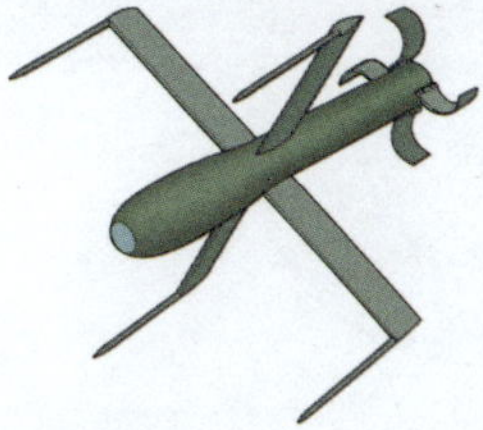

▼ BAT 子弹的构造

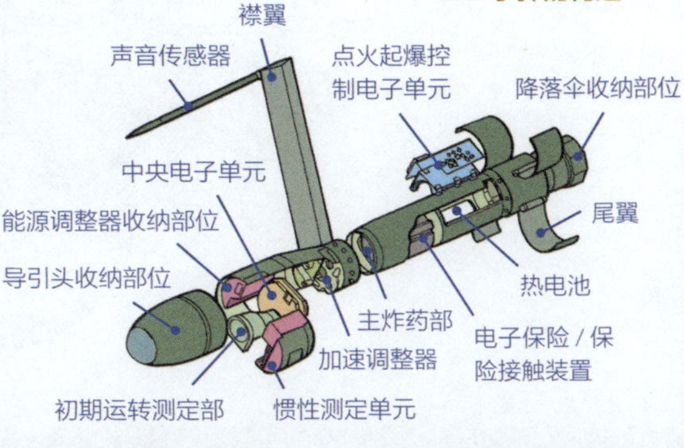

襟翼
声音传感器
点火起爆控制电子单元
降落伞收纳部位
中央电子单元
尾翼
能源调整器收纳部位
热电池
导引头收纳部位
电子保险 / 保险接触装置
主炸药部
加速调整器
初期运转测定部
惯性测定单元

第 1 章 单兵携带武器 55

CHAPTER 1

24 多联装火箭弹发射装置（6）
HIMARS 是小型轻巧的廉价版 MLRS

为了使快速反应部队㊀拥有像 MLRS 那样强有力的远程火力，高机动火箭炮系统（HIMARS）于 1998 年开始投入试用。这是为了给没有坦克等强机动火力的应急作战部队提供替代品。因此 HIMARS（海马斯）的设计是可搭载高通用性的 C-130 运输机㊁，能往世界上的任何地方部署。

美国陆军在 20 世纪 90 年代后半段采用了中型战术系列（FMTV㊂）的 5 吨级卡车，HIMARS 在这种卡车上搭载了发射装置。HIMARS 在拥有与 MLRS 等同的远程火力的同时，其生产成本和使用费也大幅下降，可以说 HIMARS 使多联装火箭回归了本来面貌的兵器。

● HIMARS 的内部配置

❶ 驾驶室（装有保护乘员的装甲） ⓐ射击手 ⓑ操作手 ⓒ车长 ⓓ无线电台及射击控制装置等电子装置
❷ 散热器 ❸ 卡特彼勒公司 3126 发动机（290 马力）
❹ 前悬架 ❺ 艾里逊 MD3070 变速箱 ❻ 分动箱 ❼ 空气滤清器及进气口（发动机吸气装置） ❽ 液压油箱 ❾ 储气罐 ❿ 收纳空间 ⓫ 中央传动轴 ⓬ 后悬架 ⓭ 差动齿轮 ⓮ 火箭发射器旋转台
⓯ 旋转用电动机 ⓰ ATACMS
⓱ 发射器起动装置 ⓲ 火箭发射器（可发射 MLRS 的 M-26 火箭弹和 ATACMS 等）

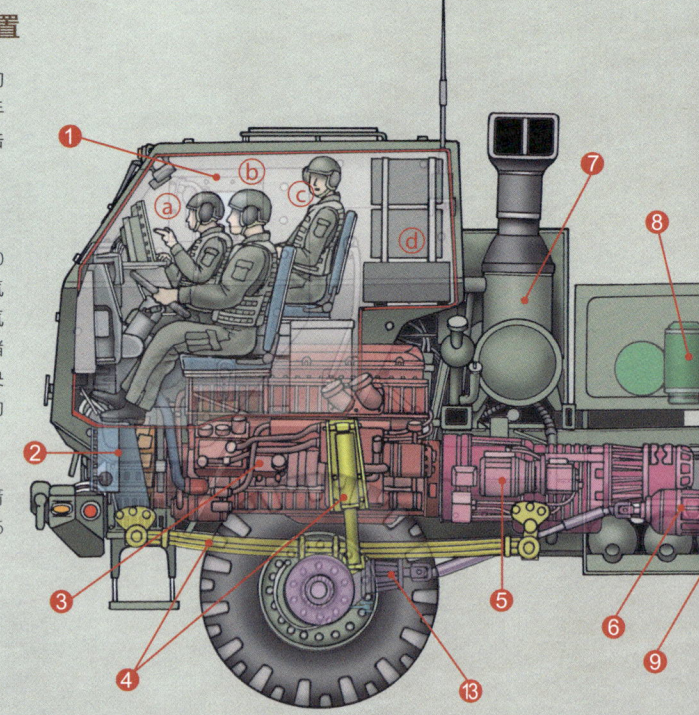

㊀ 快速反应部队：为海外纠纷或战争而紧急展开部署的空降师、轻步兵师、海军陆战队等部队。
㊁ C-130 运输机：C-130 无法搭载车体重量较大的 MLRS，需要使用大型运输机。
㊂ FMTV：Family of Medium Tactical Vehicle 的缩写。

Portable Weapons

▼ HIMARS

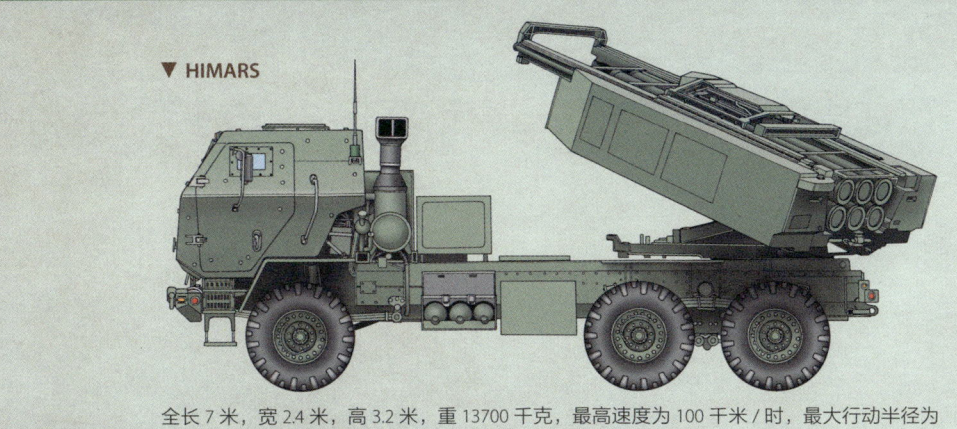

全长 7 米，宽 2.4 米，高 3.2 米，重 13700 千克，最高速度为 100 千米 / 时，最大行动半径为 480 千米。搭载的火箭发射器可发射所有 MLRS 可用的各种火箭和导弹（包括 ATACMS 在内的 MFOM ⊖ 武器系列），不过可搭载的火箭弹包装筒只有一个。为了隐匿射程，使用 M-26 火箭弹用包装筒，可以使敌人无法分清车上搭载的是 M-26 火箭弹还是 ATACMS。

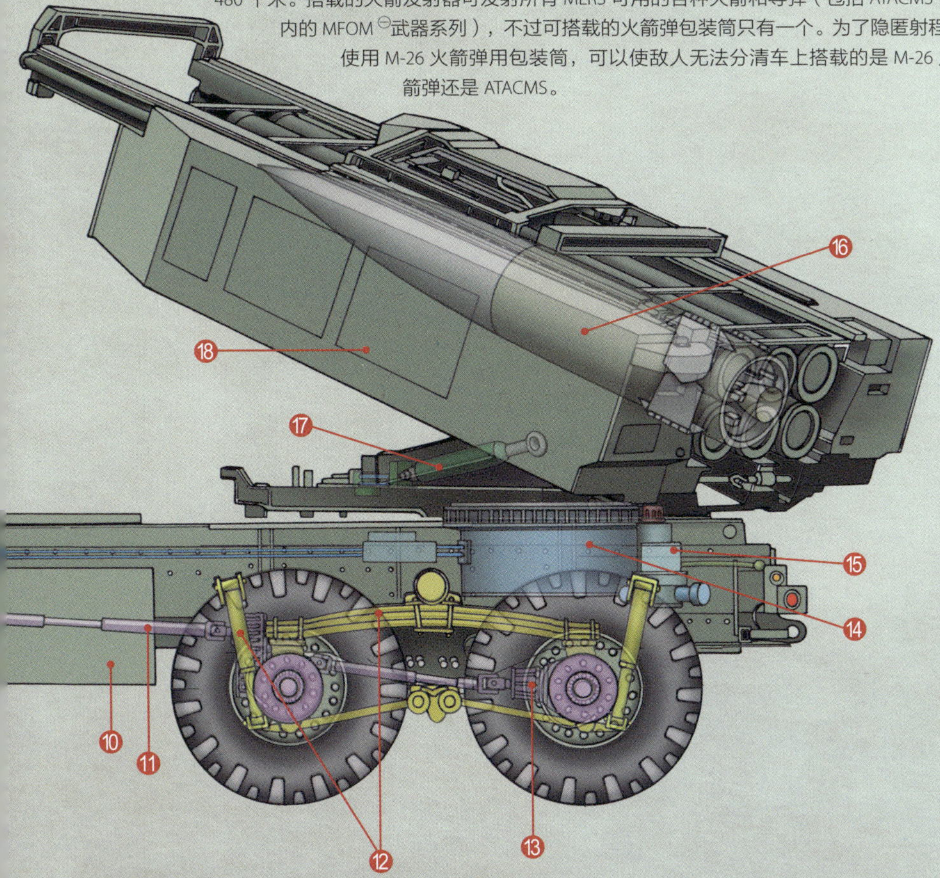

⊖ MFOM：MLRS Family of Munition 的缩写。

第 1 章 单兵携带武器　57

CHAPTER 1

25　多用途导弹搭载车
可在隐匿状态下攻击坦克和直升机的车辆

如果能够在不被察觉出发射地点的状态下攻击敌方机动装甲部队和直升机的话，这对陆战是非常有利的，导弹搭载车辆实现了这点。

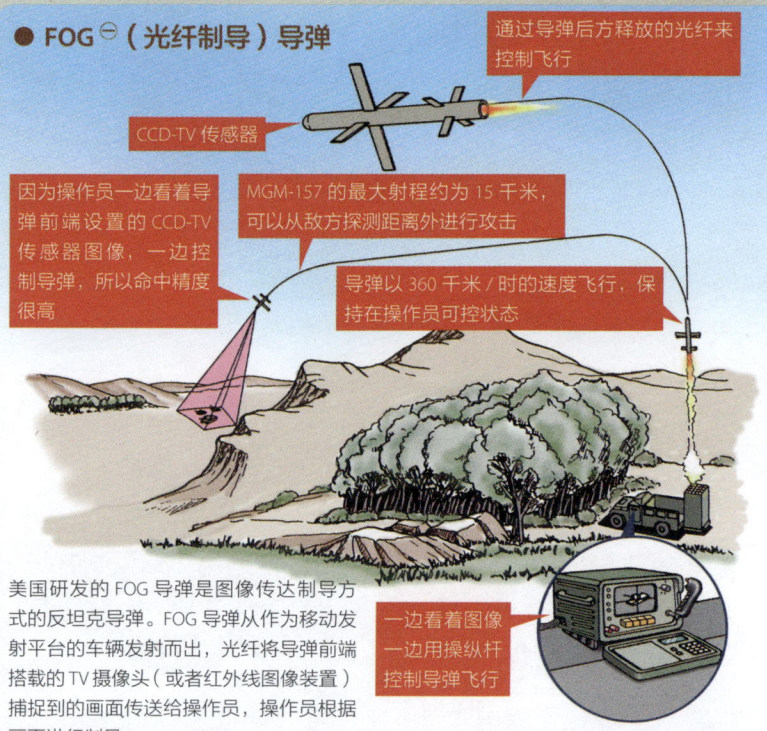

● FOG⊖（光纤制导）导弹

通过导弹后方释放的光纤来控制飞行

CCD-TV 传感器

因为操作员一边看着导弹前端设置的 CCD-TV 传感器图像，一边控制导弹，所以命中精度很高

MGM-157 的最大射程约为 15 千米，可以从敌方探测距离外进行攻击

导弹以 360 千米/时的速度飞行，保持在操作员可控状态

一边看着图像一边用操纵杆控制导弹飞行

美国研发的 FOG 导弹是图像传达制导方式的反坦克导弹。FOG 导弹从作为移动发射平台的车辆发射而出，光纤将导弹前端搭载的 TV 摄像头（或者红外线图像装置）捕捉到的画面传送给操作员，操作员根据画面进行制导。

通过这种制导方式，即使目标在山丘另一边导致无法用肉眼辨认（即敌人的视线范围之外）也能进行攻击，因此常被用于射程较远的反坦克导弹或反直升机导弹等的制导。美国陆军在 20 世纪 90 年代中后期将 MGM-157 导弹搭载在悍马车上，组成 EFOGM⊖并投入使用。照片中的日本陆上自卫队的 96 式多用途导弹制导系统也是这种方式的导弹。

⊖ FOG：Fiber Optic Guidance 的首字母缩写。
⊖ EFOGM：Enhanced Fiber Optic Guided Missile 的首字母缩写。

Portable Weapons

●反坦克 / 反武装直升机战车

照片为联邦德国陆军在 20 世纪 80 年代中期研发的反坦克 / 反武装直升机战车"长颈鹿（giraffe）"。豹 1 式战车的车体载有安装有 4 架导弹发射装置的升降机。它们的设计构想是使车体隐藏在树木等遮蔽物中，只将起重机微微伸出树顶，等敌人靠近后再发射导弹加以攻击。EPLA ⊖也是出于同样的构想而试做出来的，是在 8 轮卡车上搭载着安装了旋转转台的升降机。转台上搭载了 4 枚 HOT 导弹，还装备了与 Bo105/PAH-1 反坦克直升机相同的瞄准系统。

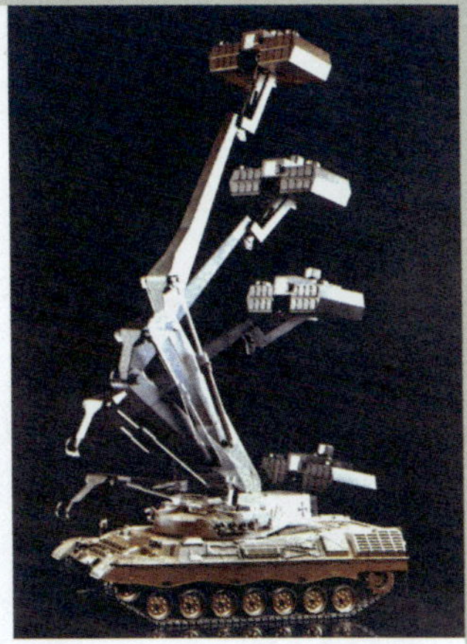

▼ EPLA 转台内部

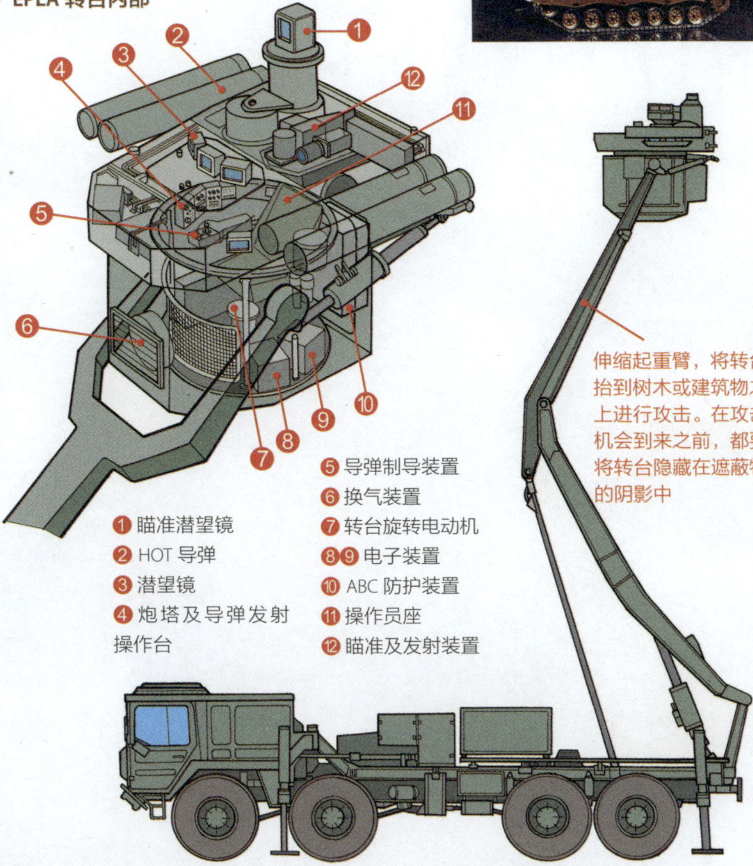

① 瞄准潜望镜
② HOT 导弹
③ 潜望镜
④ 炮塔及导弹发射操作台
⑤ 导弹制导装置
⑥ 换气装置
⑦ 转台旋转电动机
⑧⑨ 电子装置
⑩ ABC 防护装置
⑪ 操作员座
⑫ 瞄准及发射装置

伸缩起重臂，将转台抬到树木或建筑物之上进行攻击。在攻击机会到来之前，都要将转台隐藏在遮蔽物的阴影中

⊖ EPLA：Elevierbare kampfPLAttform 的缩写。

CHAPTER 2
Anti-Air Missiles

第2章

防空导弹

对于地面部队来说,最大的威胁就是战斗机,用枪炮很难击落在空中进行三维运动的战斗机,这点对舰艇来说也是一样的,所以防空导弹因此诞生,可以说它是切实打破了战斗机优越性的武器。本章将解说作为防空武器的导弹。

01 地空导弹（1）
防空导弹的重要性

对于地面部队来说，战斗机（包括导弹）是重大威胁⊖，这点在坦克和装甲车辆的机动力与防御力都有所提升的现代也是不变的。

当地面部队面对上从空中高速袭来的装备了具有破坏力武器的武

● SAM 的种类与职责

SAM 大致分为：①**便携式 SAM**（步兵单人即可操作的地空导弹）②**低空防空 SAM**（用于攻击逃过己方雷达探测从低空侵入的敌机的地空导弹。它的反应速度和命中精度要能够对抗在低空发挥高机动力的对地攻击机或武装直升机，而且机动力要能够保证导弹自身可以迅速出击）③**中高空防空 SAM**（负责填补截击机空缺的地空导弹，在己方截击机紧急出击前拦截从高空入侵的敌机。如今拦截战斗机的原本目的存在感弱化，而引人注目的是其可以拦截弹道导弹的这个功能）。右图为这些种类的使用区分示意图。

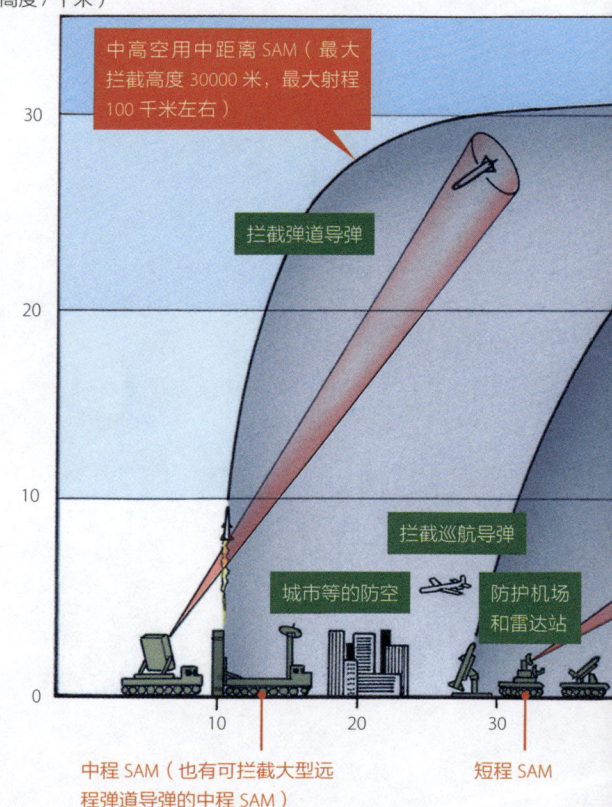

⊖ 重大威胁：虽然二战中战斗机的对地攻击也很有威胁，但现代对地攻击机和武装直升机的性能已经提高，兵器装备的命中精度和搭载量也明显进步，还确立了对地攻击的战术。

Anti-Air Missiles

装直升机或对地攻击机时简直不堪一击。当然，对于海上部队来说，战斗机或导弹也都是巨大威胁。

为了对抗敌方战斗机，军队决定组合防空雷达和地对空导弹（SAM）、对空武器（AAA⊖）等武器，建立强有力的防空系统。这个防空系统虽然包含了截击机（要对抗敌方战斗机，己方也使用战斗机的效果是最好的），但前线的野战部队却未必常常能得到截击机的支援⊖。因此，野战部队能够独立使用以 SAM 或 AAA 为中心的野战防空系统变得非常重要。

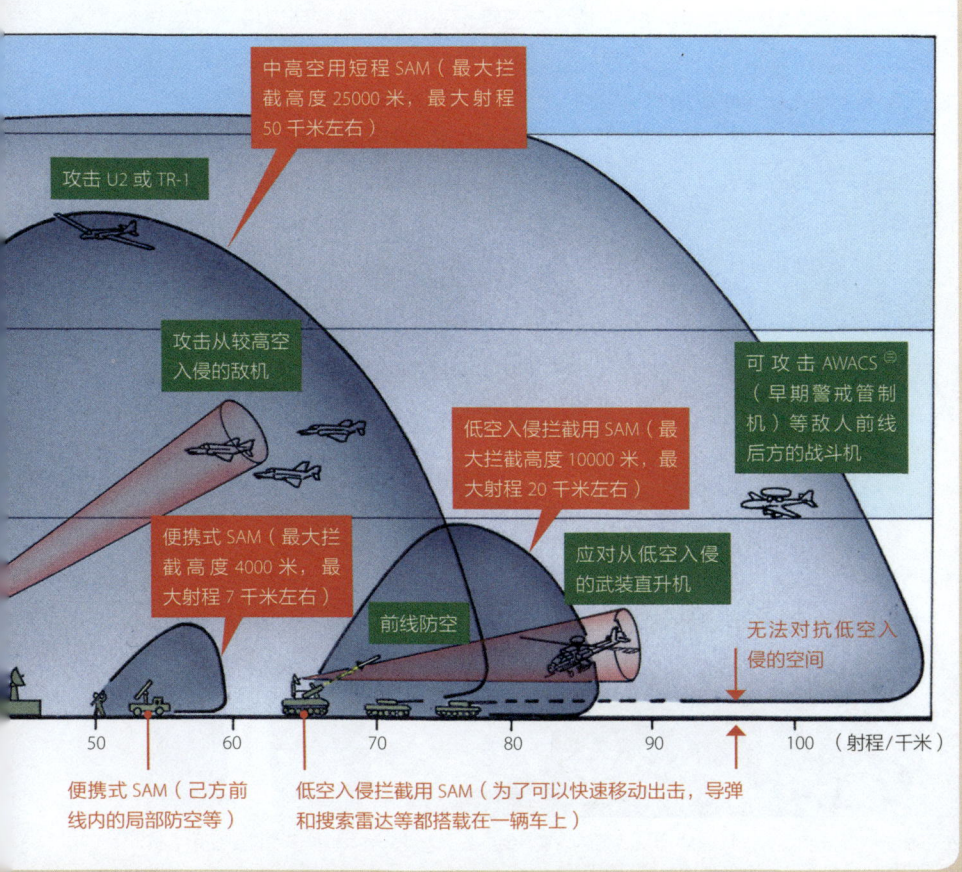

⊖ AAA：Anti-Aircraft Artillery 的首字母缩写。
⊖ 未必能得到截击机的支援：有可能截击机从后方基地飞来也来不及，或者即使在空中巡逻也不一定能将敌机全部击落。还有可能由于指挥权不同等问题导致无法得到支援。
⊖ AWACS：Airborne Warning and Control System 的缩写，意为机载空中警报控制系统。

第 2 章 防空导弹　63

02 地空导弹（2）

地空导弹进化成什么样了？

二战后，为了对抗发展迅猛的战机，地空导弹也迅速发展起来。20世纪60年代初，高射炮已无法截击从高空袭来而且搭载了核武器的轰炸机。想要击落它，就需要有射程和射高可以到达轰炸机所在高度的地空导弹，因此这种导弹只拥有定点防御功能。奈基导弹就是这种初期地空导弹的代表。

但是，因为战斗机只要飞到高空就会被雷达探测到并引来导弹，所以军方便开始倾向于在不易被探测到的低空高速飞行。为了应对这点，对空导弹也需要拥有移动部署的能力，除了导弹的自行化（或者被牵引移动）以外，雷达或指挥控制装置也必须是可移动的。另外，因为指令制导方式已经无法适应需求，所以导弹开始转为使用半自动制导的方式。霍克导弹就是这种导弹的代表。

奈基2型和霍克导弹是同时期研发的导弹，由于上述的原因，前者成了过去时，后者经过改良后到现在仍在使用。

左图为 MIM-23 霍克导弹。从 1960 年实战列装以来，经过数次改良，至今仍被多个国家使用。霍克指的是制导路径飞行弹（HAWK⊖），就如同它的名字一样，它是通过半主动制导方式来制导的低空用 SAM。导弹直径为 37 厘米，全长 5.08 米，宽 1.2 米，发射重量 638 千克，射高约 9000 米，射程 35 千米，属于固体燃料式导弹。右图为发射后的奈基 2 型导弹。

⊖ HAWK：Homing All the Way Killer 的缩写。

Anti-Air Missiles

● 美国最早期的地空导弹

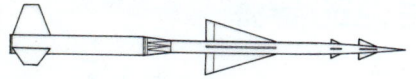

MIM-3 奈基 – 阿基克斯
导弹全长 10.61 米，发射重量 1114 千克，速度为 2.3 马赫，射高 21300 米，射程 48 千米。

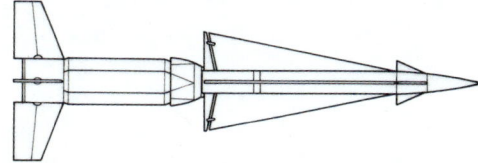

MIM-14 奈基 – 大力神
导弹全长 12.52 米，发射重量 4850 千克，速度 3.6 马赫，射高 45700 米，射程 140 千米，弹头为 T-45 及 W31 核弹头。

20 世纪 50—60 年代，用于负责美国防空的是奈基系列导弹。阿基克斯作为最早的地空导弹，被部署在美国的主要基地和大城市周边等 40 处，与防空雷达和指挥中心组成了半自动地面防空系统（SAGE ⊖）。然而，因为阿基克斯无法应对超声速战斗机，于是又研发了奈基 - 大力神导弹。

▼ 奈基 – 大力神的攻击方法

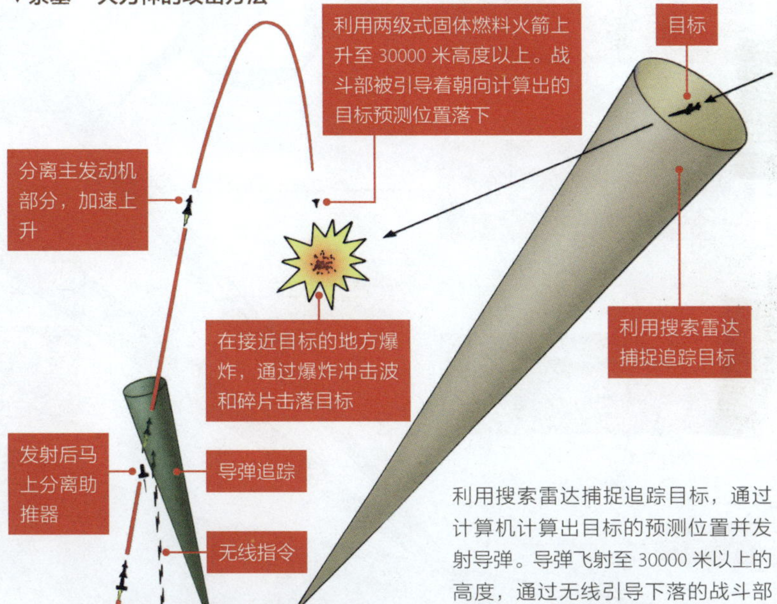

- 利用两级式固体燃料火箭上升至 30000 米高度以上。战斗部被引导着朝向计算出的目标预测位置落下
- 目标
- 分离主发动机部分，加速上升
- 在接近目标的地方爆炸，通过爆炸冲击波和碎片击落目标
- 利用搜索雷达捕捉追踪目标
- 发射后马上分离助推器
- 导弹追踪
- 无线指令

利用搜索雷达捕捉追踪目标，通过计算机计算出目标的预测位置并发射导弹。导弹飞射至 30000 米以上的高度，通过无线引导下落的战斗部攻击目标。当时的奈基 – 大力神是为了应对从高空入侵的大型轰炸机而设计的。导弹有固定在据点发射和拖车搭载移动发射这两种方式。

⊖ SAGE：Semi-Automatic Ground Environment 的首字母缩写。

03 地空导弹（3）
可以对空也可以反坦克的导弹

ADATS [一] 不像其他地空导弹那样只攻击战斗机，它还可以对坦克进行攻击。导弹通过雷达制导朝着目标以超过 3 马赫的高速飞行，过载可达到超过 60G，一般导弹在这种高机动下会折断。瑞士的厄利空公司

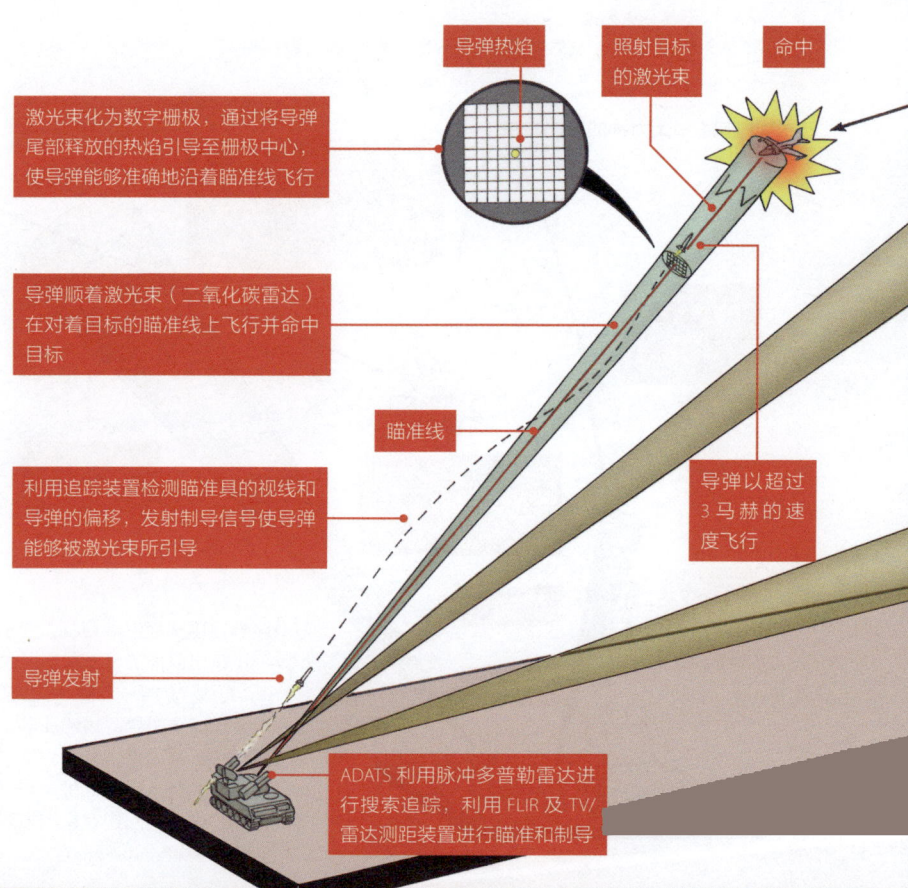

● ADATS 的战斗方法

- 激光束化为数字栅极，通过将导弹尾部释放的热焰引导至栅极中心，使导弹能够准确地沿着瞄准线飞行
- 导弹热焰
- 照射目标的激光束
- 命中
- 导弹顺着激光束（二氧化碳雷达）在对着目标的瞄准线上飞行并命中目标
- 瞄准线
- 导弹以超过 3 马赫的速度飞行
- 利用追踪装置检测瞄准具的视线和导弹的偏移，发射制导信号使导弹能够被激光束所引导
- 导弹发射
- ADATS 利用脉冲多普勒雷达进行搜索追踪，利用 FLIR 及 TV/雷达测距装置进行瞄准和制导

一 ADATS：Air-Defense Anti-Tank System 的首字母缩写。

Anti-Air Missiles

和美国马丁－玛丽埃塔公司联合研发出 ADATS，并在 1988 年作为低空防空系统（LLAD⊖）被加拿大军队引进。

搭载在 M113 兵员运送车上的加拿大军 ADATS。从目标的搜索和追踪到导弹的制导，总共仅需两名操作员执行。

目标（高速飞行的喷气战斗机）

最大可搜索高度为 6000 米

搜索用脉冲多普勒雷达可以进行 360 度全方位监视，可搜索追踪最远 25 千米的目标（最多可追踪 20 个目标）

也可搜索追踪利用地形从低空入侵的敌方武装直升机

▼ ADATS 发射装置

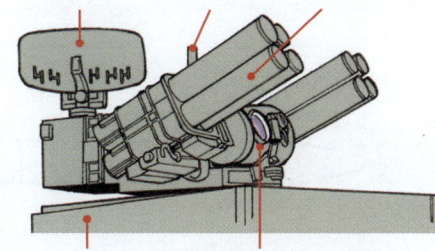

- 搜索用脉冲多普勒雷达
- 环境传感器
- 导弹包装筒（在内部密封了导弹）
- 火控系统箱体
- FLIR（红外线前方监视装置）、TV/雷达测距装置、二氧化碳雷达、导弹跟踪装置、稳定平台等

ADATS 由导弹发射筒、装备了电子光学装置和雷达装置的炮塔及火控系统箱体组成，可搭载在 M113 或布莱德利等装甲车上使用。这是为了能够跟随装甲部队，拦截对坦克威胁最大的武装直升机。

▼ ADATS 导弹

导弹全长 2.06 米，直径 15 厘米，发射重量 51.4 千克，射程 10 千米。与其他反坦克导弹相比射程较长，可贯穿 900 毫米厚的装甲，破坏力较大。导弹拥有足够威力，可以拦截武装直升机。

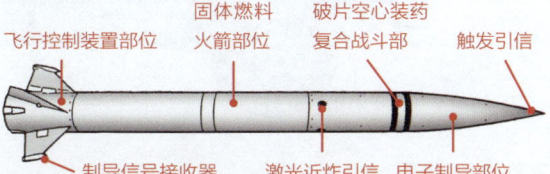

- 飞行控制装置部位
- 固体燃料火箭部位
- 破片空心装药复合战斗部
- 触发引信
- 制导信号接收器
- 激光近炸引信
- 电子制导部位

⊖ LLAD：Low Level Air-Defense 的首字母缩写。

04 地空导弹（4）

最常用的苏联地空导弹

SA-2 导线导弹（S-75[一]）是 20 世纪 60 年代苏联最具代表性的中高空地空导弹，也是列装最多的地空导弹。于 1953 年开始研发，1957 年列装，之后持续改进，生产了众多衍生型号。

SA-2 导线导弹还被出口到埃及等国，这些国家也制造出了众多衍生型号。1960 年 5 月发生的 U-2 侦察机击落事件[二]使 SA-2 名扬世界。它的另一件广为人知的事就是在越南战争中被北越军队使用，让美军战斗机吃尽苦头。

● R-113（SA-1 基尔特）

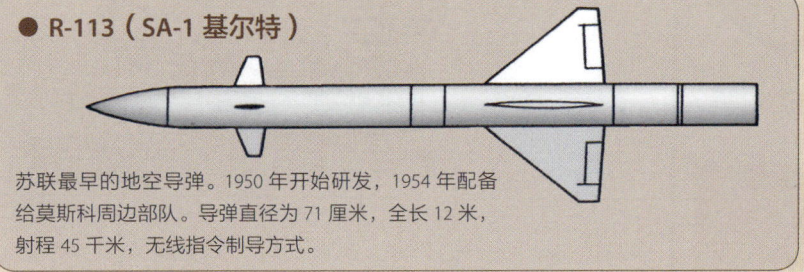

苏联最早的地空导弹。1950 年开始研发，1954 年配备给莫斯科周边部队。导弹直径为 71 厘米，全长 12 米，射程 45 千米，无线指令制导方式。

● SA-2 导线导弹（S-75）

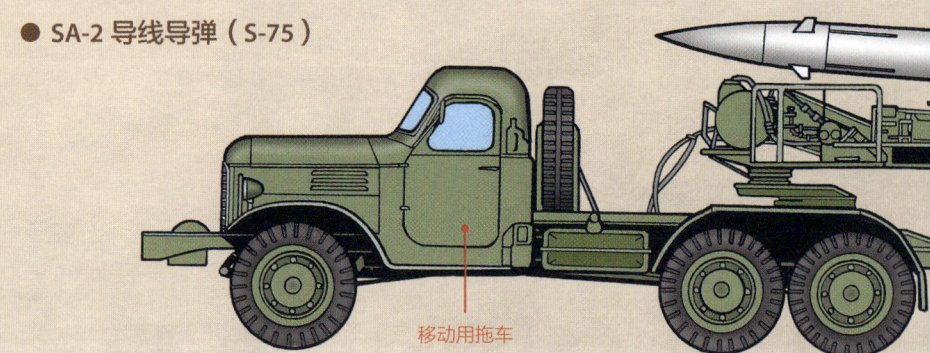

移动用拖车

[一] S-75：SA-2 导线为 NATO 代号，苏联的名称为 S-75 德维纳河。

[二] U-2 侦察机击落事件：1960 年 5 月 1 日，入侵苏联上空的美军 U-2 高空侦察机被苏军用 SA-2 击落。这个事件发展成国际问题，引起了巨大震荡，使得在巴黎举行的美苏首脑会谈被迫中止。

Anti-Air Missiles

● 导线导弹系统

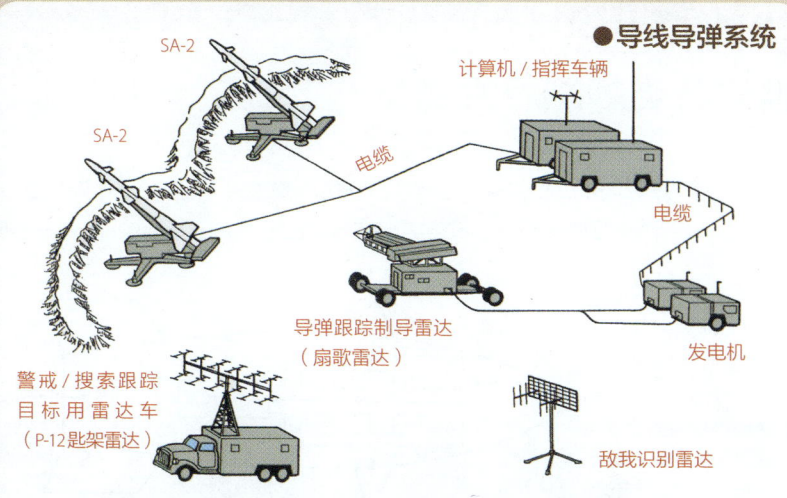

SA-2 导弹的制导方式是波束制导。用 P-12 匙架雷达（有效感知范围 275 千米）进行敌机搜索，感知到目标后将数据传送给扇歌雷达。扇歌雷达是导弹跟踪制导用的雷达（有效感知范围 60 千米），感知到目标后将数据传送给计算机/指挥车辆，并对着目标照射导弹制导用的波束（UHF）。计算机指挥车辆根据数据进行射击控制并发射导弹，发射出的导弹沿着扇歌雷达的波束飞行。导弹被引导飞向目标，在接近目标的地方爆炸，利用冲击波和破片效果击落目标。

SA-2 导线导弹是固体燃料助推器和液体燃料导弹弹体组成的两级式导弹，发射后 4.5 秒左右分离助推器。如图所示，导弹的移动方式是将导弹放到运输车上，并用卡车牵引运输车，但会使用专用的发射台发射导弹。导弹直径 50 厘米，全长 10.6 米（A）、10.8 米（B/C/D）、11.2 米（E）、10.8 米（F），射程 30 千米（A/F）、20 千米（B）、40 千米（C）、43 千米（D/E），最大射高 28000 米。

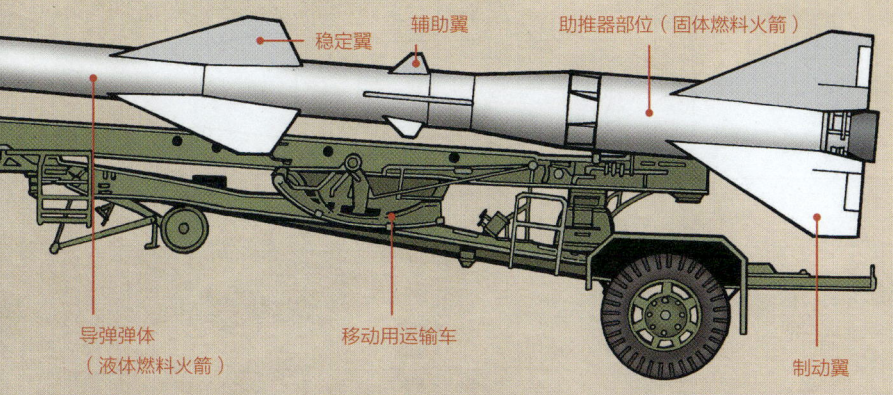

第 2 章 防空导弹

05 地空导弹（5）
地空导弹的制导方式

地空导弹（SAM）的制导方式大致分为：①指令制导式；②半主动寻的式；③被动寻的式；④波束式；⑤ SACLOS 式。

这种方式分为无线指令制导和雷达指令制导两种。两者基本都是分设感知、跟踪目标和跟踪发射出的导弹的两种不同的雷达。计算机统筹控制这两种雷达，并根据雷达传来的情报向导弹发送指令。导弹收到发送来的指令后自主控制飞行。无线指令制导利用无线指令进行修正，使导弹能够准确地向地面计算机计算出的位置（命中位置）飞去。雷达指令制导由导弹追踪雷达进行修正控制，因此不易受电波的干扰和欺骗。奈基－大力神导弹就是使用了这种制导方式。

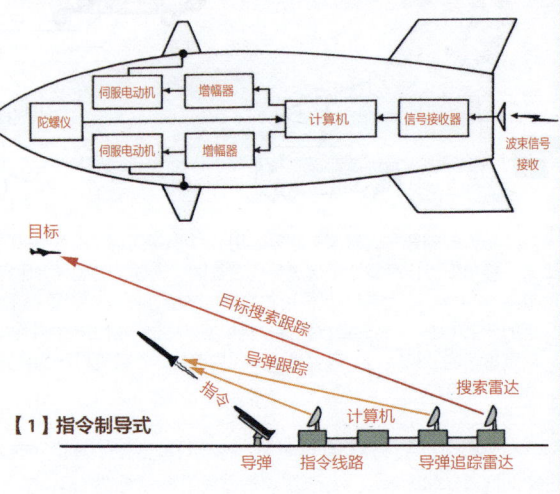

【1】指令制导式

从地面向目标发射雷达电波，导弹的导引头捕捉到目标传来的反射波后，使导弹向目标飞去的方式。

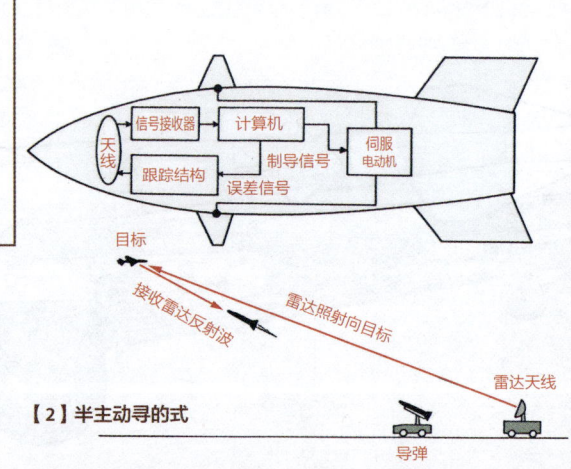

【2】半主动寻的式

Anti-Air Missiles

使导弹朝着目标发出的热量（红外线）或电磁波飞去的方式。

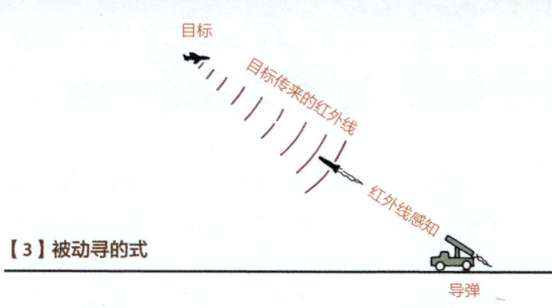

【3】被动寻的式

引导导弹沿着从地面发射向目标的电波或激光束朝向目标而去的方式。这种方式虽然与指令制导式相似，但波束式（架束式）制导只会告知导弹目标的方位，而不是像指令制导式那样发送如何转舵这样具体的制导指令（导弹自行判断飞行）。加拿大军队的 ADATS 等武器使用的就是波束式制导。

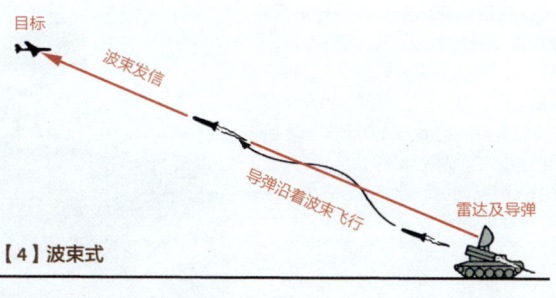

【4】波束式

也有 SAM 会采用反坦克导弹使用的 SACLOS（瞄准线半自动指令）制导方式。如标枪导弹⊖和星光导弹。与波束式制导方式很像，但 SACLOS 制导必须不停向导弹发送详细指令。

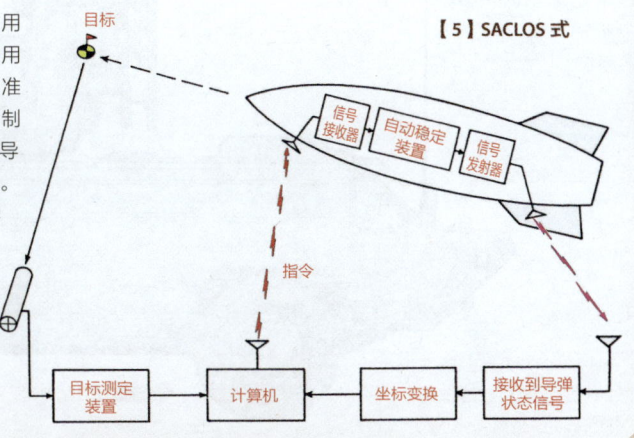

【5】SACLOS 式

⊖ 标枪导弹：虽然名字与美国 FGM-148 反坦克导弹相同，但此处指的是英国的地空导弹。

第 2 章 防空导弹　71

06 防空导弹系统（1）

俄罗斯研究防空导弹的原因

俄罗斯无法像美国那样确保绝对的制空权，于是投入大量力量研究了防空导弹系统。俄罗斯的研究特殊之处在于，他们研发并运用了大量与机械装甲部队等共同行动并负责防空的短距离导弹防空系统。这些防空系统大部分都被设计成高自主性的输送（运输）兼起竖式雷达装备发射车（TELAR⊖）。

9K330 道尔短程防空导弹系统虽然从 1991 年就开始服役，但配置却没有进步（SA-8 壁虎导弹仍是现役）。9K330 装着 2 套 8 枚 9M331 导弹，每套 4 枚。导弹以垂直发射的方式射出车外之后，利用前端的气体喷射装置选定方向并点燃火箭发动机。导弹射程约 13 千米，最大拦截高度 6000 米。

● SA-8 壁虎（9K33 黄蜂）

将 9L33 发射系统装载在高机动 6 轮驱动车上的俄罗斯短程防空导弹系统。

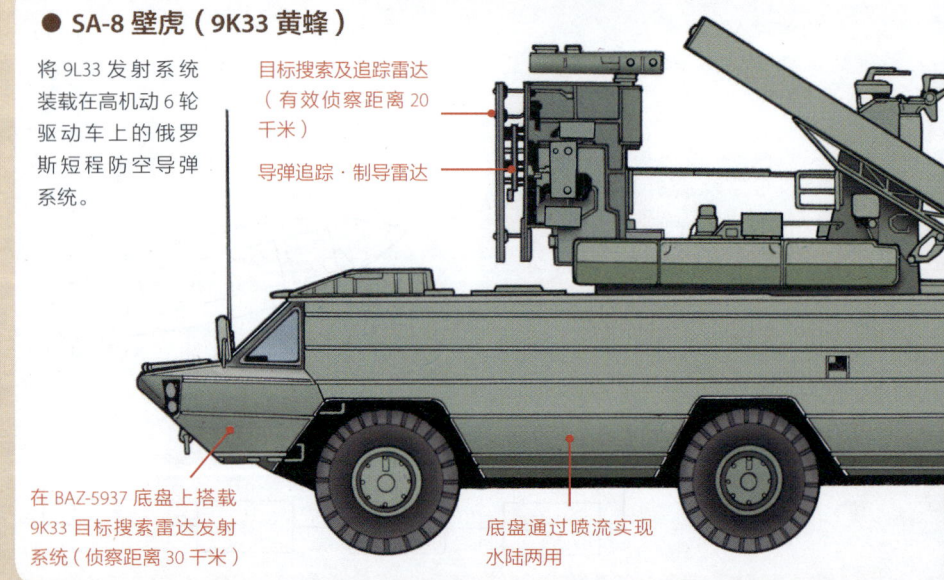

- 目标搜索及追踪雷达（有效侦察距离 20 千米）
- 导弹追踪·制导雷达
- 在 BAZ-5937 底盘上搭载 9K33 目标搜索雷达发射系统（侦察距离 30 千米）
- 底盘通过喷流实现水陆两用

⊖ TELAR：Transporter Erector Launcher and Radar 的缩写。

Anti-Air Missiles

● 2S6M1 通古斯卡防空系统

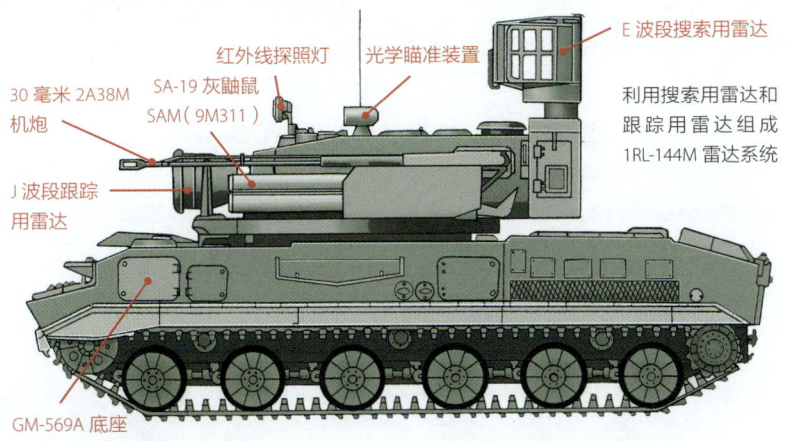

- 30 毫米 2A38M 机炮
- 红外线探照灯
- SA-19 灰鼬鼠 SAM（9M311）
- 光学瞄准装置
- E 波段搜索用雷达
- 利用搜索用雷达和跟踪用雷达组成 1RL-144M 雷达系统
- J 波段跟踪用雷达
- GM-569A 底座
- E 波段搜索用雷达（TAR，起竖式，有效范围 18 千米）
- 可完全旋转的装甲炮塔
- 30 毫米 2A38M 机炮（最大射程 3000 米）
- SA-19 灰鼬鼠 SAM（最大射程 8000 米）
- J 波段跟踪用雷达（TTR，有效范围 13 千米）

2S6M1 通古斯卡防空系统是将 SA-19 防空导弹和 30 毫米机关炮组合起来装载在通用履带式车辆上的混合自行防空系统。这个名为 2S6M1 通古斯特的系统最适合拦截低空飞行的武装直升机，是俄罗斯出口武器的招牌商品。SA-19 导弹直径 15 厘米，全长 2.56 米，发射重量 42 千克，两级固体燃料式，射程 8 千米，最大拦截高度 8000 米。

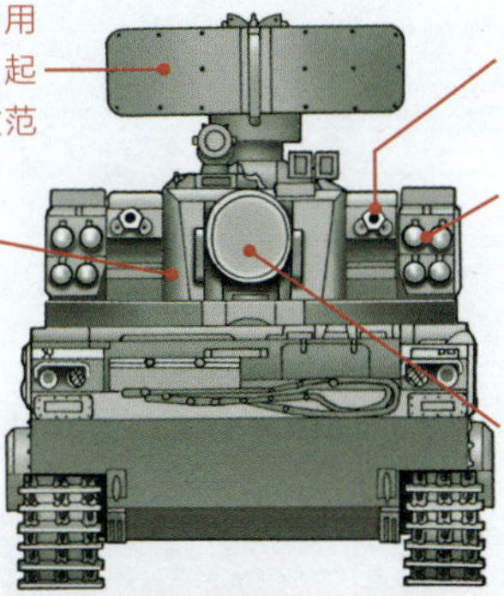

目标搜索雷达（侦察距离 30 千米）

9K33 导弹发射器（搭载 6 枚 9M33 导弹。有效射程 10 千米，有效射高 5000 米）

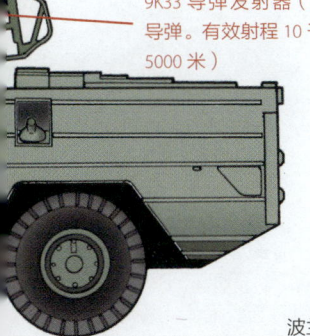

波兰军队使用的 SA-8。

第 2 章 防空导弹　73

07 防空导弹系统（2）
大规模中高空防空系统

最大射高达到 1 万米以上的中高空防空导弹由军团级别使用（日本自卫队则是方面队级别）。远程导弹是由发射车、雷达车等多种车辆组成的大规模防空系统，虽然进行了车载化，但防空系统的部署和撤退都需要花费时间。另外，也有的防空系统也能够像爱国者导弹那样，拥有拦截弹道导弹的能力。

▼ 9M38

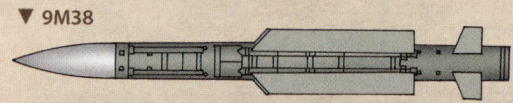

俄罗斯山毛榉中高空防空导弹系统（9K37 布克）的 TELAR（9A310M1-2）。其搭载的 9M38 导弹直径为 40 厘米，全长 5.55 米，重 690 千克，最大射程 32 千米，最大射高 22000 米。9K37 防空系统由 9C470M1-2 指挥车、9S18 雪堆搜索雷达车、9S470 毁灭之火跟踪制导雷达车组成。

日本陆上自卫队使用的 03 式中程地空导弹。此导弹是中高空用的防空导弹，射程达到 50 千米以上。照片中为发射车，防空系统由射击用雷达车、雷达信号处理及电源车、运输与装填装甲车等多辆车组成。

Anti-Air Missiles

作为接替 S-300（下方插图）发展起来的 S-400 防空导弹系统。照片中为 S-400 防空系统的运输起竖式发射车（TEL⊖）。因为 S-400 可使用射程为 400 千米的 40N6、250 千米的 48N6、120 千米的 9M96E2 这三种导弹，所以能力可能超过了美国的爱国者防空系统。

● S-300V 防空导弹系统

S-300 防空导弹系统是俄罗斯的远程地对空导弹系统，拥有同时对多目标交战能力。系统大致分为 P、F、V 三种类型，图中的 S-300V 是为拦截弹道导弹而研发出来的。S-300V 可使用 SA-12A 导弹（有效射程 75 千米，有效射高 25000 米）与 SA-12B 导弹（有效射程 100 千米，有效射高 30000 米）。

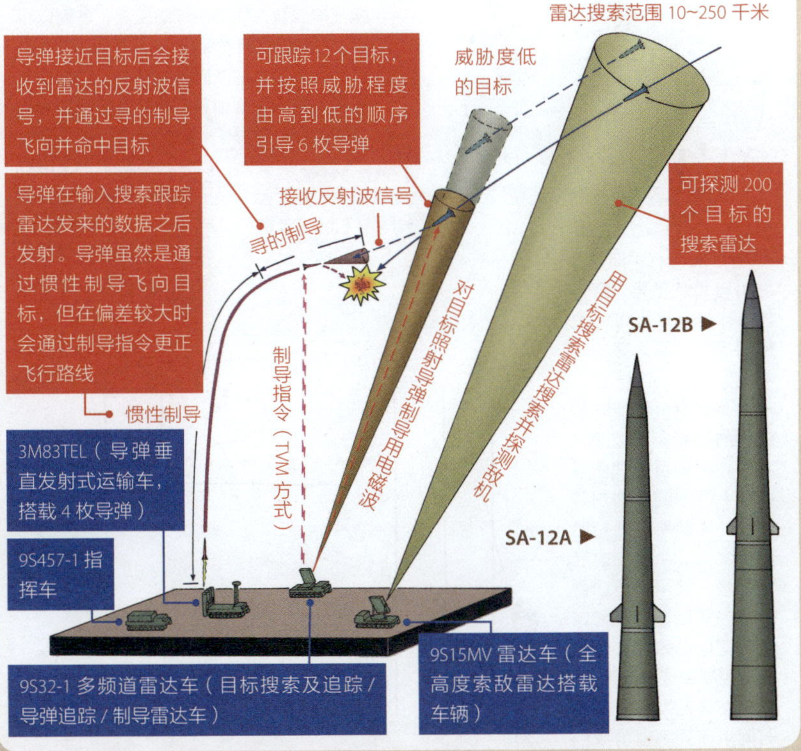

雷达搜索范围 10~250 千米

威胁度低的目标

导弹接近目标后会接收到雷达的反射波信号，并通过寻的制导飞向并命中目标

可跟踪 12 个目标，并按照威胁程度由高到低的顺序引导 6 枚导弹

接收反射波信号

可探测 200 个目标的搜索雷达

导弹在输入搜索跟踪雷达发来的数据之后发射。导弹虽然是通过惯性制导飞向目标，但在偏差较大时会通过制导指令更正飞行路线

寻的制导

对目标照射雷达用电磁波

用目标搜索雷达搜索并探测敌机

SA-12B ▶

惯性制导

制导指令（TVM 方式）

SA-12A ▶

3M83TEL（导弹垂直发射式运输车，搭载 4 枚导弹）

9S457-1 指挥车

9S32-1 多频道雷达车（目标搜索及追踪 / 导弹追踪 / 制导雷达车）

9S15MV 雷达车（全高度索敌雷达搭载车辆）

⊖ TEL：Transporter Erector Launcher 的首字母缩写。

第 2 章 防空导弹 75

CHAPTER 2

08 舰空导弹（1）
保护舰队不受空中力量的威胁

防空导弹守护舰队在航行中不受战斗机（包括无人机）和导弹的威胁。

虽然美国海军和日本海上自卫队使用的是标准导弹和海麻雀导弹，但其起源却是黄铜骑士（RIM-8 舰空导弹）和小猎犬等导弹（RIM-2 舰空导弹）。

● 舰队的导弹防空

▼ 导弹防空

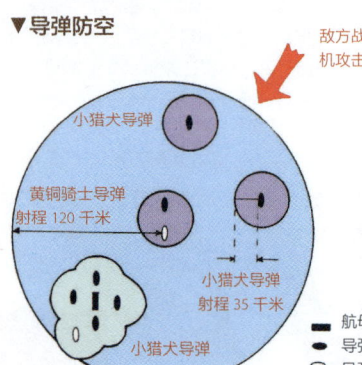

插图为 20 世纪 50 年代末到 60 年代期间美国海军舰队防空导弹的运用方法。通过组合使用射程较长的黄铜骑士导弹（RIM-8 舰空导弹，后为标准导弹）与射程较短的小猎犬导弹（RIM-2 舰空导弹），使得利用导弹进行舰队防空变得可行。用黄铜骑士导弹守护舰队外围的广域防空圈，各舰以小猎犬导弹进行自我保护、形成单舰防空圈。因为当时最大的威胁是战斗机，加强航母周围防卫的军舰也只需要装备射程较短的小猎犬导弹就够了。除小猎犬、黄铜骑士以外，初期舰上还搭载了包括中程舰对空导弹鞑靼人（RIM-14 防空导弹）在内的舰对空导弹群。

20 世纪 60 年代中期，作为小猎犬及鞑靼人继任者登场的标准导弹 SM-1 使用半主动雷达寻的式制导，如右图所示，SM-1 通过弹外制导站持续照射追踪制导波束，将导弹引向目标并使其命中（图中的主动制导部分。拦截所需最短时间为 26 秒）。SM-2 之后的型号，采用半自动雷达寻的式制导的导弹通过数据自动传输装置和制导控制装置进行飞行，弹外制导站发射波束的时间点缩短到提前数秒发射即可。

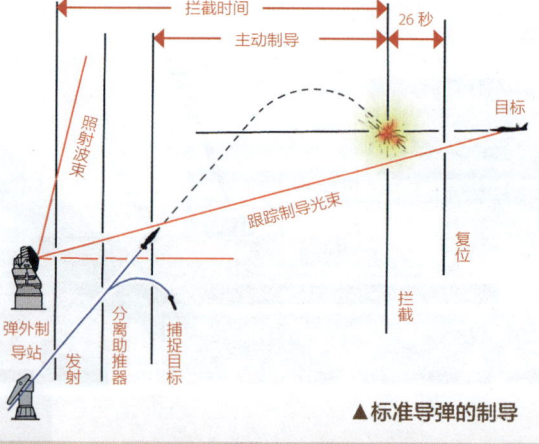

▲ 标准导弹的制导

Anti-Air Missiles

● 美国海军的舰对空导弹

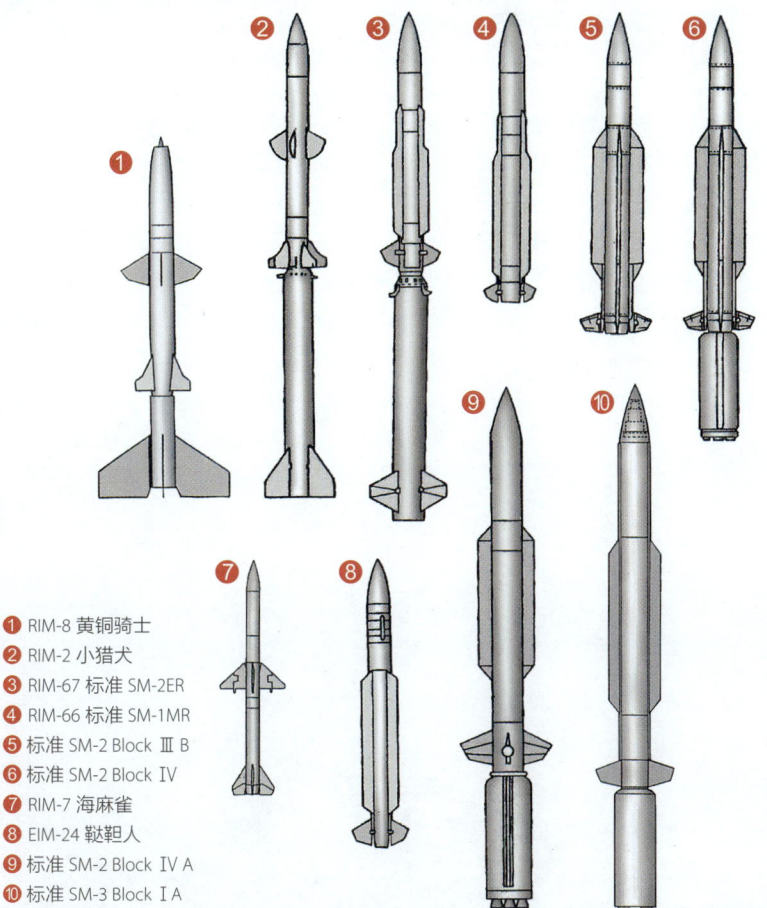

① RIM-8 黄铜骑士
② RIM-2 小猎犬
③ RIM-67 标准 SM-2ER
④ RIM-66 标准 SM-1MR
⑤ 标准 SM-2 Block Ⅲ B
⑥ 标准 SM-2 Block Ⅳ
⑦ RIM-7 海麻雀
⑧ EIM-24 鞑靼人
⑨ 标准 SM-2 Block Ⅳ A
⑩ 标准 SM-3 Block Ⅰ A

标准导弹是在 20 世纪 60 年代作为 3T 系列（黄铜骑士、小猎犬、鞑靼人）的继任者而研发的导弹。标准导弹大致分为接替小猎犬的 RIM-66 和接替鞑靼人的 RIM-67 两个系统。标准导弹从最初用于实战开始到现在已经过了将近 50 年，有着很高的实用性。宙斯盾舰对空防空导弹系统使用的是 SM-2 以后的导弹，导弹在制导装置上加入了半主动雷达寻的制导，并采用了惯性制导装置和数据自动传输装置。SM-2 Block Ⅳ型可用于现在主流的 VLS ⊖（导弹垂直发射系统），可以对应掠海（以擦过海面的高度飞行）及俯冲（突入前先上升，从上空瞄准目标）的反舰导弹。拥有弹道导弹拦截能力的是近炸式的 SM-2 Block Ⅳ A，安装有可进行推力矢量控制⊖的助推器。

⊖ VLS：Vertical Launching System 的首字母缩写。
⊖ 推力矢量控制：通过变更火箭喷射方向来变更导弹方向。

第 2 章 防空导弹　77

09 舰空导弹（2）
宙斯盾舰的防空导弹系统

20世纪80年代初被投入使用的宙斯盾系统是舰队防空系统，搭载了宙斯盾系统的宙斯盾舰原本是为防空而特别设计的军舰。不过，宙斯盾系统经过不断改良，如今的宙斯盾舰已经可以应对反弹道导弹作战㊀、防空作战、反潜作战、对水面作战、对地攻击等多种战斗。

宙斯盾系统，包含宙斯盾战斗系统和宙斯盾武器系统两种概念。前者是指包含了军舰所有传感器及武器（包括反潜武器或反舰武器等）的系统，还包括通信数据自动传输装置，也包括宙斯盾舰控制的直升机或战斗机在内。后者是将系统的用途缩小为舰队防空的说法，这个系统是为了应对大量反舰导弹同时攻击导致防空导弹防御能力达到上限时而研发的。

金刚级驱逐舰（照片中为雾岛号，DDG-174）使用了RIM-161标准导弹3 Block ⅠA，是目前日本海上自卫队保有的舰艇中不多的可进行弹道导弹防御的军舰。

右图展示了以宙斯盾系统为中心、可开展各式战斗的平台——宙斯盾舰的战斗。如今以宙斯盾舰为首的水面舰艇搭载了舰艇编队防空（fleet area defense）导弹和单舰艇防空（point defense）导弹。前者用于拦截攻击舰队的反舰导弹或战斗机，如标准导弹。后者则是各舰艇为了实现自我保护而用来拦截突破舰艇编队防空导弹防护网的导弹或战斗机，如海麻雀或改进型海麻雀导弹（ESSM）㊁。现代的水面舰艇上携带着用途各异的导弹，并搭载了可连续发射的VLS。这样，即使敌人同时发射多枚导弹攻击舰艇也可以应对。

㊀ 反弹道导弹作战：能做到这点的只有搭载了宙斯盾BMD3.6的军舰。
㊁ ESSM：Evolved Sea Sparrow Missile 的首字母缩写。

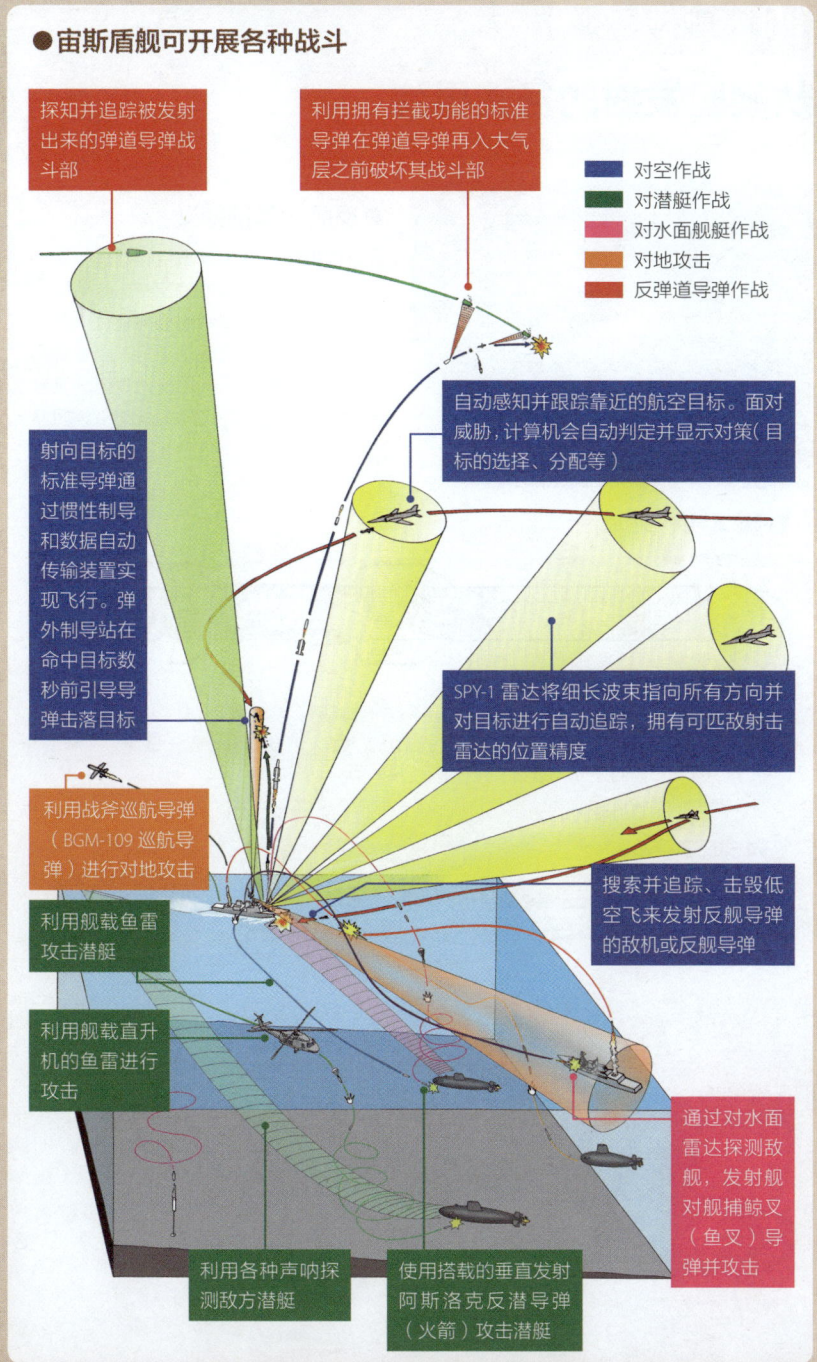

10 舰载导弹

从舰艇发射的各式导弹

捕鲸叉导弹有空射型 AGM-84、舰射型 RGM-84（照片）、水下潜艇发射型 UGM-84 三种类型

●反舰导弹捕鲸叉

具有代表性的对舰攻击用导弹捕鲸叉一般以掠海姿势飞行（也有高空巡航模式），因此接近目标前的中制导为惯性制导，接近目标后会自行起动雷达，以主动雷达制导为末制导。这是因为大型舰艇容易反射雷达波，并且还有发动机等明显热源。导弹直径为34.3厘米，全长4.63米，重690千克，射程约140千米。

▼捕鲸叉导弹的构造

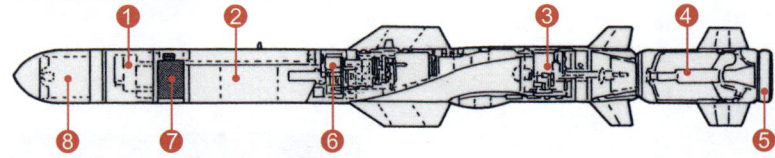

插图中的 Block Ⅱ 中，导航装置上增加了 GPS，与 INS 并用，大大提高了命中精度

① 制导装置部位　② 战斗部　③ 涡轮喷气发动机　④ 火箭发动机　⑦ 矢量推力控制装置（TVC）　⑥ 飞行控制部位　⑦ GPS 导航装置　⑧ 雷达导引头

▼ 90 式反舰导弹

隼级导弹艇发射出的90式反舰导弹。

90式反舰导弹是将以80式空对舰导弹为原型研发出的88式地对舰导弹改造成舰上发射式而来的。88式导弹是用于在岸上射击的反舰导弹，因此导弹的中制导虽然为惯性制导，末制导为主动雷达制导，但为了适应日本多山的地形，中制导时可通过计算机计算飞行弹道。90式反舰导弹通过固体燃料助推器发射而出，助推器燃烧后切换为涡轮喷气发动机。导弹直径35厘米，长5米，重约660千克，射程150~200千米。

Anti-Air Missiles

接替海麻雀导弹的是 RIM-162 改进型海麻雀导弹（ESSM）。改进型海麻雀为了能够拦截低空高速飞行的目标，提升了射程和飞行速度，可实现 30~50G 的高机动力，可以使用垂直发射系统（VLS）进行发射。导弹全长为 3.8 米，直径 25 厘米，重 300 千克，速度约为 2.5 马赫，射程为 30~50 千米。

● 改进型海麻雀导弹

也有可用 Mk.41VLS 发射出的阿斯洛克反潜导弹

● 阿斯洛克反潜导弹

RUR-5 阿斯洛克反潜导弹是在 20 世纪 50 年代作为远距离反潜攻击武器研发出来的。阿斯洛克反潜导弹利用火箭助推器发射鱼雷，改良过后如今依然作为主要反潜武器使用。阿斯洛克的发射器若装配的是 Mk.44 鱼雷的话，发射出的导弹可以飞出约 9 千米，若装配的是 Mk.46 鱼雷则可以飞出约 20 千米。但因为是无制导火箭，所以飞行精度会明显受到气温、风力等影响。阿斯洛克反潜导弹发射后，在预定地点助推器与鱼雷分离，展开降落伞，鱼雷在海面与降落伞分离后，开始寻找声源，探测并攻击潜艇。导弹全长 4.5 米，直径 42.2 厘米，重 488 千克，射程 11 千米。

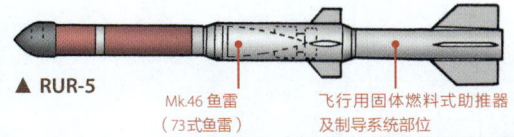

▲ RUR-5

Mk.46 鱼雷（73 式鱼雷）　　飞行用固体燃料式助推器及制导系统部位

● RIM-116RAM ⊖

单舰艇防空用导弹，能够以超声速拦截飞至近前的反舰导弹。Mk.49 发射器装有 21 发 RIM-116 导弹，可在短时间内连续发射并击落反舰导弹。制导方式为被动雷达寻的和红外线寻的式，因此无须弹外制导站（射击指挥雷达）。导弹全长 2.79 米，直径 12.7 厘米，重 73.5 千克，速度 2.5 马赫，射程 9.6 千米。

Mk.49 发射器发射出的 RIM-116RAM。

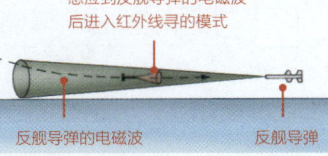

RAM 发射　被动雷达寻的的中制导　感应到反舰导弹的电磁波后进入红外线寻的模式

导弹一边旋转一边飞行，进行圆锥扫描　　反舰导弹的电磁波　　反舰导弹

⊖ RAM：Rolling Airframe Missile 的首字母缩写。
⊖ 圆锥扫描：使电波束旋转的简单制导装置。

11 反弹道导弹（1）
用核导弹迎击核导弹

为了对抗苏联的洲际弹道导弹，美国从20世纪50年代中期开始推进反弹道导弹（ABM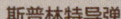）的研发计划，并在20世纪70年代初完成了可在助推阶段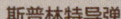感应到弹道导弹的监视系统，同时还用当时配备的ABM大致完成了弹道导弹拦截系统（卫兵导弹防御系统），研发出的ABM为LIM-49斯帕坦导弹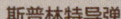和斯普林特导弹。一开始用高空型斯帕坦拦截弹道导弹的弹道（在大气层外攻击），接着用低空型斯普林特拦截被击落的弹头（在大气层内攻击），卫兵导弹防御系统以这样的2段拦截方式进行防御。

卫兵导弹防御系统的基本构想与如今的弹道导弹防御系统（BMD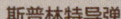）

斯普林特导弹

LIM-49A 斯帕坦导弹
三级式固体燃料导弹，全长16.8米，宽2.98米，发射重量13100千克，射高56万米，最大射程740千米，最大速度4马赫，搭载W71热核弹头。

斯普林特导弹
两级式固体燃料导弹，全长8.2米，最大直径1.35米，发射重量3400千克，射高3万米，最大射程40千米，最大速度10马赫，搭载W66放射线强化核弹头，无线指令制导方式。

【右上图】转移作业中的斯普林特导弹，采用从地下导弹基地发射的方式。

【右下图】被通称为奈基－宙斯A的斯帕坦初期型号搭载着W31核弹头。

LIM-49A 斯帕坦导弹

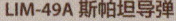 ABM：Anti-Ballistic Missile 的首字母缩写。
 助推阶段：射出的导弹一边加速一边升空的阶段。
 LIM-49 斯帕坦导弹：研发中被称为奈基－宙斯 A/B。
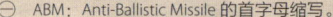 BMD：Ballistic Missile Defense 的首字母缩写。

Anti-Air Missiles

一样，但较大的不同在于前者导弹上搭载的是核弹头。因为当时还没有能够使核弹头以超过 20 马赫的高速命中导弹的技术，所以采用的方法是使核弹头接近导弹后爆炸，利用放射出的 X 射线从内部破坏战斗部。也就是说，虽然是"用核弹击落核弹"的构想，但因为这么做对己方的影响也很大，所以只在 1975 年到 1976 年的数个月间用于实战。

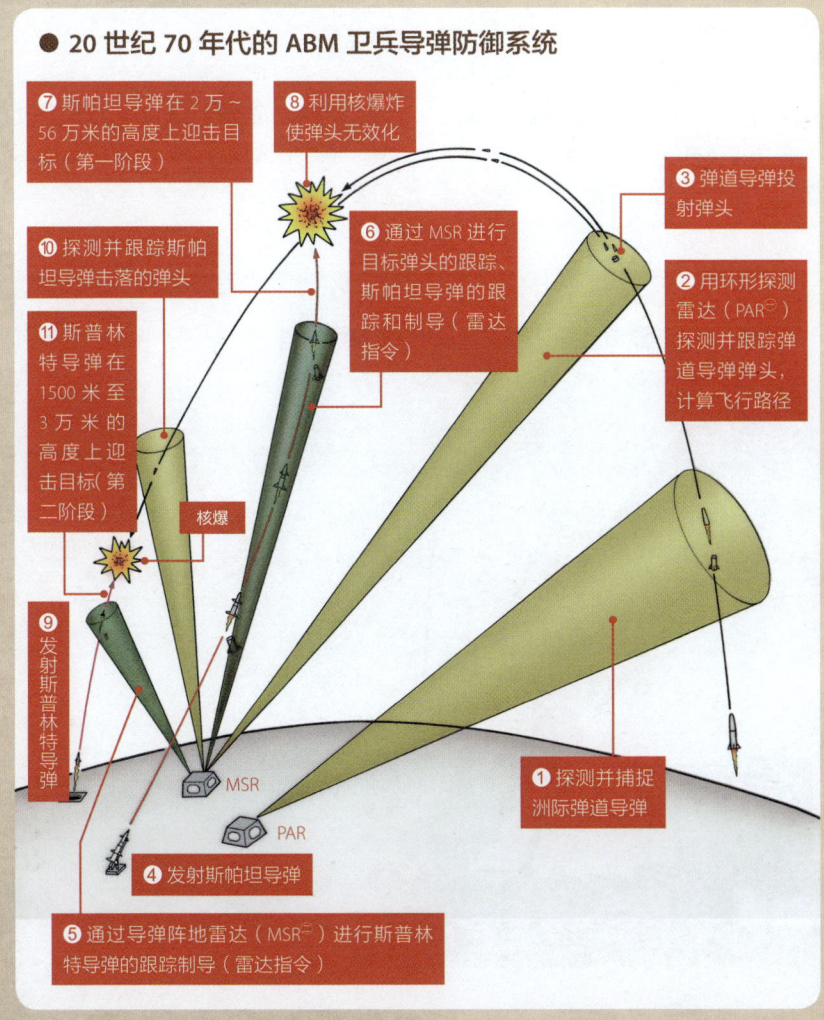

● 20 世纪 70 年代的 ABM 卫兵导弹防御系统

❼ 斯帕坦导弹在 2 万～56 万米的高度上迎击目标（第一阶段）
❽ 利用核爆炸使弹头无效化
❸ 弹道导弹投射弹头
❿ 探测并跟踪斯帕坦导弹击落的弹头
❻ 通过 MSR 进行目标弹头的跟踪、斯帕坦导弹的跟踪和制导（雷达指令）
❷ 用环形探测雷达（PAR⊖）探测并跟踪弹道导弹弹头，计算飞行路径
⓫ 斯普林特导弹在 1500 米至 3 万米的高度上迎击目标（第二阶段）
核爆
❾ 发射斯普林特导弹
❶ 探测并捕捉洲际弹道导弹
❹ 发射斯帕坦导弹
❺ 通过导弹阵地雷达（MSR⊖）进行斯普林特导弹的跟踪制导（雷达指令）

⊖ PAR：Perimeter Acquisition Radar 的首字母缩写。
⊖ MSR：Missile Site Rader 的首字母缩写。

12 反弹道导弹（2）
爱国者防空导弹

在海湾战争中扬名的 MIM-104 爱国者防空导弹（Patriot ⊖）是在 20 世纪 60—70 年代为对抗前线敌机或短程弹道导弹的威胁而研发出的广域防空导弹系统。一开始是计划在前方 150 千米的空域捕捉拦截以 2~3 马赫飞来的侧卫战斗机（su-27）等，才将有效射程定为 70~80 千米。

1984 年后爱国者防空导弹被美军用于实战，但尝试装备之后出现了多种问题，尤其是对弹道导弹的击落能力不足。

为了对抗飞毛腿等敌方弹道导弹，美军对爱国者防空导弹做了改良，牺牲远程拦截能力延长射高，研发出了 PAC-1 到 PAC-3 的改进型号。

爱国者基本战斗单位的射击单元由 8 个 4 枚导弹装的发射器、雷达、作战控制站、天线、桅杆组、电源车构成，6 个射击单元编成 1 个大队。照片中为 M901 发射器发射 PAC-1 导弹的瞬间。发射器由作战控制站（AN/MSQ-104ECS ⊖）进行管控，ECS 最多可控制 16 个发射器。

⊖ Patriot：虽然意为爱国者，其实是 Phased Array Tracking Radar Intercept On Target（对目标进行拦截的相控阵跟踪雷达）的首字母缩写。
⊖ ECS：Engagement Control Station 的首字母缩写。

Anti-Air Missiles

●爱国者防空导弹的制导

爱国者防空导弹采用 TVM 制导方式。TVM 是导弹的寻的导引头将检测到的目标数据传送回地面控制装置，在那里进行信号处理并将制导指令再次发送给导弹，从而更加准确地引导导弹的方式，与指令制导方式相似。但是，因为是以导弹发来的信息为基础进行过信号处理的指令，所以这样就与寻的制导相同了。寻的制导需使用探测跟踪目标的搜索雷达和引导导弹的跟踪雷达这两种雷达，爱国者防空导弹则是通过 MPQ-53 相控阵雷达实现这两种雷达的功能。

探测目标的雷达朝目标照射电磁波并算出位置，并引导导弹。导弹根据被重新输入的数据以自主制导方式飞行，接近目标并接收到目标反射的电波后开启 TVM 制导。导弹接收到目标传来的反射电磁波信号后，对照着地面的射击控制计算机计算出的指令制导电波数据的同时朝目标飞去。

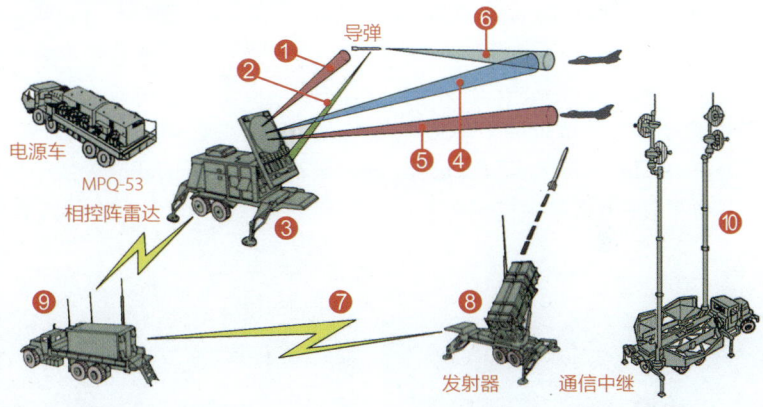

① 导弹跟踪及飞行指令线路
② 导弹发来的报告用线路
③ TVM 车
④ 目标跟踪及 TVM 照射
⑤ 搜索及发现
⑥ 搜索、发现、敌我方识别、跟踪、电波
⑦ 照射、与导弹的通信
⑧ 发射器的指向、导弹发射前的数据输入
⑨ 导弹运输及发射
⑩ 进行目标跟踪、TVM 制导等
⑪ 装备了可伸缩天线杆的通信中继装置

▼爱国者 PAC-1 导弹的构造

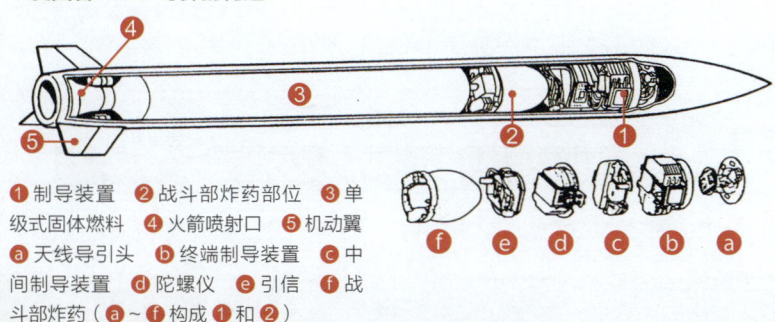

① 制导装置 ② 战斗部炸药部位 ③ 单级式固体燃料 ④ 火箭喷射口 ⑤ 机动翼
ⓐ 天线导引头 ⓑ 终端制导装置 ⓒ 中间制导装置 ⓓ 陀螺仪 ⓔ 引信 ⓕ 战斗部炸药（ⓐ～ⓕ 构成 ① 和 ②）

13 反弹道导弹（3）

持续改良的爱国者导弹

PAC-1、PAC-2 与 PAC-3 都是爱国者防空导弹系统的导弹，目前 PAC-3 的性能提升型正在研发中。PAC-1 改良了初期型号的电子装置等，PAC-2 则是在改良后得以应对飞毛腿导弹等战区弹道导弹的拦截任务。PAC-2 与 PAC-1 相比，延长了搭载雷达的侦察距离，将引爆弹道导弹的近炸引信的检测波设为双波束，从而能够切实地检测目标，扩大了导弹爆炸的碎片分布范围并提高了破坏效果。

PAC-2 还参与过 1991 年的海湾战争。然而，PAC-2 只击落了四分之一的伊拉克军队发射的侯赛因短程弹道导弹。出于对 PAC-2 性能提高的期待，研究人员研发出了 PAC-3。PAC-3 ⊖ 通过增加侦察距离、组合目标识别能力提升的雷达与新型导弹这两项措施，从而能够更加精准地击落战区弹道导弹。PAC-3 另一种方案则是采用了可搭载并运用于爱国者防空导弹系统的 ERINT ⊖ 导弹。

日本航空自卫队在 1995 年开始列装 PAC-2，2010 年开始列装 PAC-3。照片中的 PAC-3 承担了弹道导弹防御（BMD）的地面装备型低层武器系统的职责。导弹自身除了拥有主动寻的功能以外，还提升了雷达装置的能力，也增加了目标侦察距离等。

● **ERINT 导弹**　ERINT 导弹通过弹体直接撞击目标弹道导弹来击落目标，也能击落战斗机、巡航导弹、空地导弹。击落这些目标时，ERINT 导弹会在撞击前使用被称为杀伤力增强器的战斗部（释放 24 个 225 克的金属破片，接触目标并扩大破坏范围）。制导方式为指令制导及主动雷达寻的式末段制导。导弹全长 5.2 米，射高 15000 米以上，最大射程 20 千米。

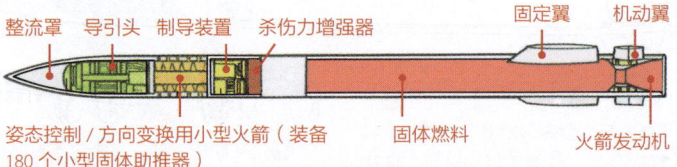

⊖ PAC-3：一开始的备选方案有两种，分别是提升了 PAC-2 能力的多模式型导弹和 ERINT 型导弹。
⊖ ERINT：Extended Range INTerceptor 的缩写。

Anti-Air Missiles

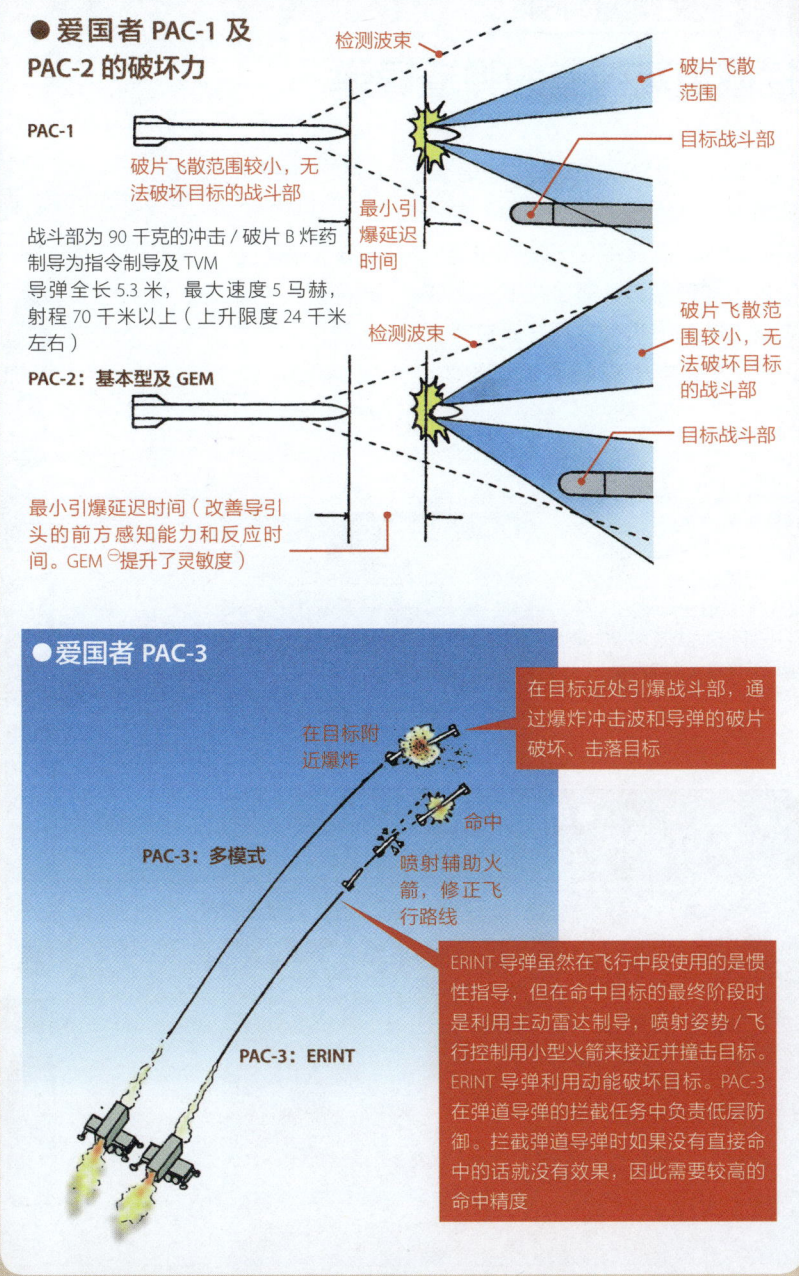

● 爱国者 PAC-1 及 PAC-2 的破坏力

PAC-1

破片飞散范围较小，无法破坏目标的战斗部

战斗部为 90 千克的冲击 / 破片 B 炸药
制导为指令制导及 TVM
导弹全长 5.3 米，最大速度 5 马赫，射程 70 千米以上（上升限度 24 千米左右）

PAC-2：基本型及 GEM

最小引爆延迟时间（改善导引头的前方感知能力和反应时间。GEM ⊖ 提升了灵敏度）

检测波束
破片飞散范围
目标战斗部
最小引爆延迟时间
破片飞散范围较小，无法破坏目标的战斗部
目标战斗部

● 爱国者 PAC-3

在目标近处引爆战斗部，通过爆炸冲击波和导弹的破片破坏、击落目标

在目标附近爆炸

PAC-3：多模式

命中
喷射辅助火箭，修正飞行路线

PAC-3：ERINT

ERINT 导弹虽然在飞行中段使用的是惯性指导，但在命中目标的最终阶段时是利用主动雷达制导，喷射姿势 / 飞行控制用小型火箭来接近并撞击目标。ERINT 导弹利用动能破坏目标。PAC-3 在弹道导弹的拦截任务中负责低层防御。拦截弹道导弹时如果没有直接命中的话就没有效果，因此需要较高的命中精度

⊖ GEM：Guidance Enhanced Missiles 的首字母缩写，意为强化制导导弹。

第 2 章 防空导弹 87

14 反弹道导弹（4）
拦截更高弹道的弹道导弹

想让弹道导弹的弹头飞得更远，就需要将弹道定得更高，而目前的拦截导弹因高度不足无法在中间阶段攻击弹道导弹。为了拦截弹道越来越高的弹道导弹，现在研究人员正在研发标准 SM-3Block Ⅱ A 导弹。

目前美日正在共同研发 SM-3Block Ⅱ A。导弹直径 53 厘米，全长 6.55 米，最大拦截高度 150 万米（目标值），最大射程 2500 千米（目标值）。

● SM-3Block Ⅱ A

头锥（日本研发）

动能战斗部（美国主导的共同研发）

导弹制导部位（美国研发）

第三级火箭发动机（日本研发）

上段分离部位（日本研发）

第二级火箭发动机（日本研发）

第二级操舵部（日本研发）

助推器（美国研发）

搭载在 SM-3Block Ⅰ A/B 和 SM-3Block Ⅱ A 上的动能战斗部的撞击试验。
【上图】飞行的动能战斗部。
【下图】动能战斗部撞击弹道导弹模拟弹头的瞬间。

● 动能战斗部

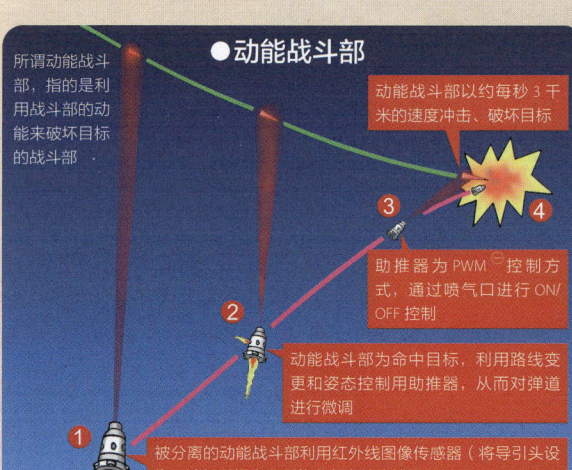

所谓动能战斗部，指的是利用战斗部的动能来破坏目标的战斗部。

① 被分离的动能战斗部利用红外线图像传感器（将导引头设为 2 波长以提高识别能力）高精度捕捉目标。

② 动能战斗部为命中目标，利用路线变更和姿态控制用助推器，从而对弹道进行微调。

③ 助推器为 PWM⊖ 控制方式，通过喷气口进行 ON/OFF 控制。

④ 动能战斗部以约每秒 3 千米的速度冲击、破坏目标

⊖ PWM：Pulse Width Modulation 的首字母缩写。

Anti-Air Missiles

●用 SM-3Block ⅡA 拦截弹道导弹

宙斯盾舰上配备的标准 SM-3Block ⅠA 可以拦截短程弹道导弹或中程弹道导弹。其研发目标为可拦截射程 1200 千米以上、可拦截高度 50 万米以上（曾有成功破坏位于 25 万米高度的人造卫星的记录）。下图的普通弹道展示了 SM-3Block ⅠA 可拦截的高度。普通弹道上方的高弹道为中程以上或洲际弹道导弹的弹道，是 Block ⅠA 的拦截极限。为了能够拦截包含普通弹道的导弹在内更高弹道导弹，研究人员正在研发能力更高的 SM-3Block ⅡA。

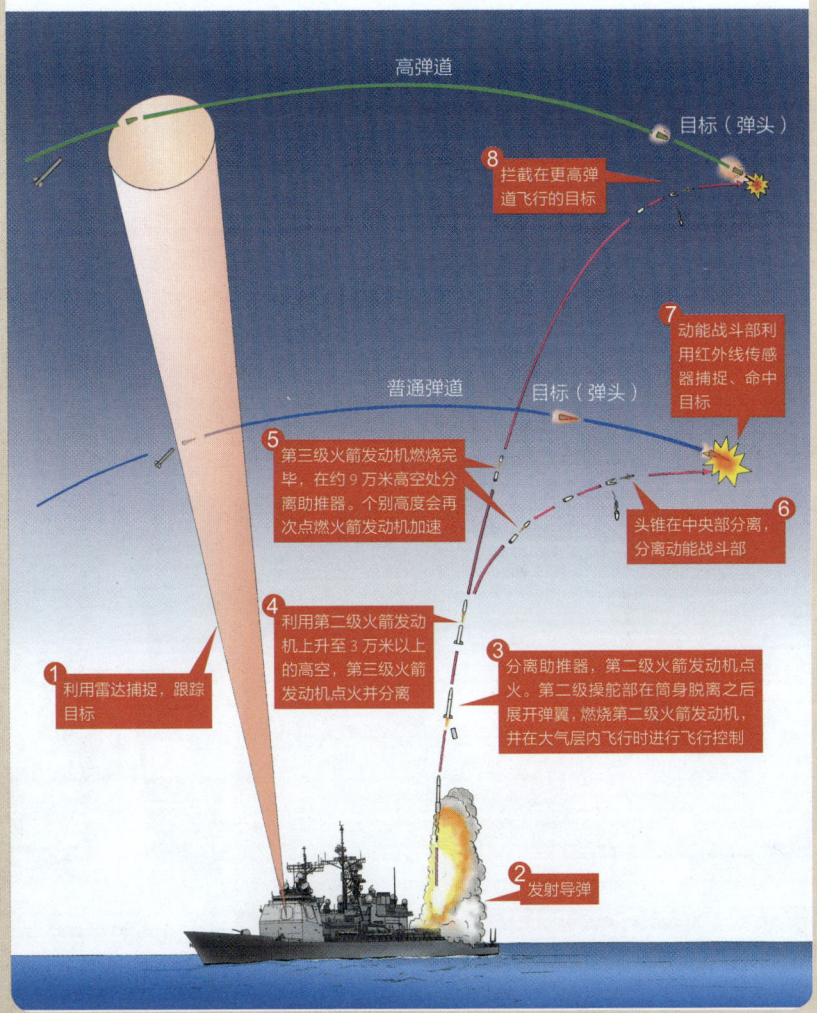

15 反弹道导弹（5）
末段高空防御导弹 THAAD

弹道导弹的拦截分成三个阶段：①大气层外的中间阶段；②再入大气层到大气层上层飞行的末段；③大气层下层的飞行阶段。末段高空防御导弹（THAAD⊖）就是为了在②的高层空域中拦截导弹而研发的。

运用了末段高空防御导弹的THAAD系统由导弹及运输、发射导弹的发射车托盘发射系统（PLS⊜）、感知并跟踪目标、负责导弹制导的TPY-2雷达系统，负责作战管理／指挥、控制、通信、情报（BM/C3）的控制站三个子系统组成。

THAAD导弹是全长超过6米的小型导弹，使用固体燃料飞行，用拦截弹（动能弹）撞击并击落目标。制导通过拥有更新功能的IND和GPS进行，在突入目标的最终阶段使用红外线寻的制导。拦截弹利用搭载着的路线变更／姿态控制助推器飞向IR导引头感知到的方向并击中目标。

【左图】PLS发射出的THAAD导弹。【右图】美国导弹防御系统中在THAAD更上方（弹道导弹在大气层外飞行的中间阶段）进行拦截的地基拦截弹GBI⊜。

⊖ THAAD：Terminal High Altitude Area Defense Missile 的缩写，最初是 Theater High Altitude Area Defense Missile（战区高空防御导弹）的缩写。
⊜ PLS：Pallet Launcher System 的首字母缩写。
⊜ GBI：Ground Based Interceptor 的首字母缩写。

Anti-Air Missiles

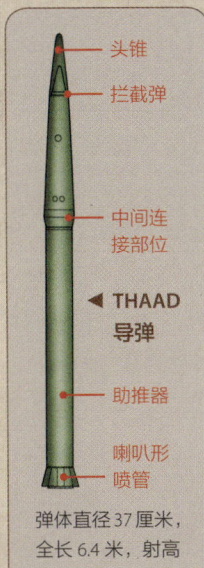

- 头锥
- 拦截弹
- 中间连接部位
- ◀ THAAD 导弹
- 助推器
- 喇叭形喷管

弹体直径 37 厘米，全长 6.4 米，射高 4 万~15 万米

▼ TPY-2 雷达

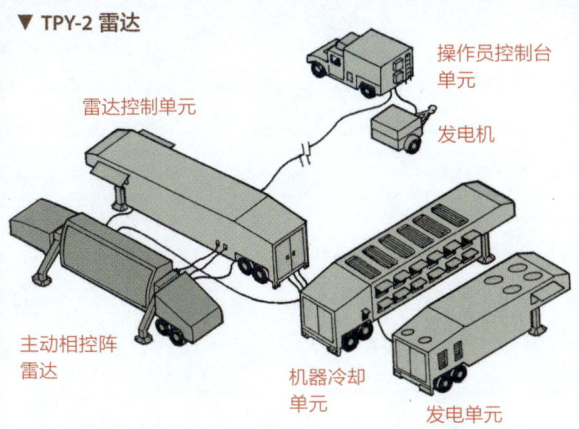

- 雷达控制单元
- 操作员控制台单元
- 发电机
- 主动相控阵雷达
- 机器冷却单元
- 发电单元

TPY-2 雷达是 THAAD 导弹系统的眼睛。TPY-2 雷达可准确测定、计算弹道导弹的弹道、弹着点、着弹时间。TPY-2 雷达使用的是带宽 8~12 千兆赫兹的 X 波段的电波，虽然侦察距离较短，但可进行精密测量。美军宣称其侦察距离为 500 千米以上，最大侦察距离不明。

● THAAD 及爱国者 PAC-3 拦截战区／战术导弹的工作方式

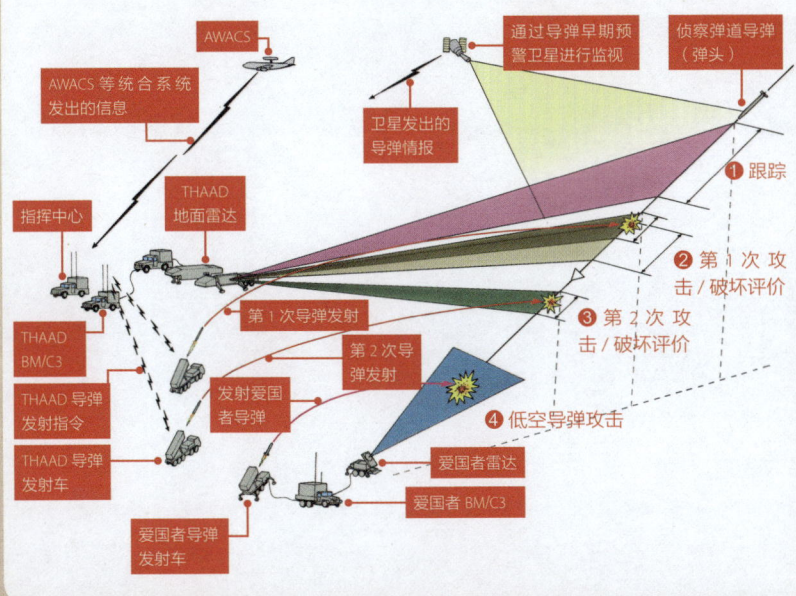

第 2 章 防空导弹 91

CHAPTER 3
Air-Launched Missiles

第 3 章

空射导弹

目前战斗机的主要攻击武器是导弹,战斗机就是导弹的发射平台,这么说并不夸张。综合了歼击机和强击机优势的多用途战斗机的诞生,对导弹的发展也做出贡献。本章将介绍战斗机发射的导弹以及巡航导弹的相关信息。

CHAPTER 3

01 空空导弹

用于战斗机格斗的导弹

用于战斗机之间对战的空空导弹（AAM ⊖）包括最大射程可达150千米以上的远程空空导弹、最大射程约50千米的中程空空导弹、最大射程约10千米的近程空空导弹。这些导弹的制导方式一般采用半主动雷达寻的式制导及主动雷达寻的式制导，以及红外线寻的式制导。

半主动雷达寻的式制导导弹的代表是美国AIM-7麻雀导弹。中程空空导弹多采用这种制导方式，战斗机必须在导弹发射后持续引导导弹。因此发射后战斗机在短时间内会受到限制（无法在导弹发射后马上撤退）。而且半主动雷达寻的式制导有一定缺点，比如目标采取激烈的闪避动作会导致难以锁定目标等。20世纪90年代前期出现的AIM-120 AMRAAM ⊖采用主动雷达寻的式制导，克服这一缺点。

红外线寻的式制导导弹的代表是AIM-9响尾蛇导弹。近程空空导弹多采用红外线寻的式制导，导弹发射后可探测到敌机的喷气流并飞向目标。因此近程空空导弹速度较低，比麻雀等中程空空导弹射程更短，但命中精

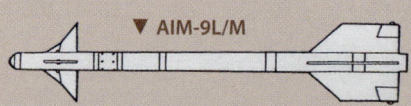

▼ AIM-9L/M

自从1956年列装以来，如今AIM-9空空导弹已经开发出了多种改进型号（主要是IR导引头侦查范围的改良），被50多个国家所采用。插图中为第3代L/M型。导弹直径12.7厘米，全长2.83米，重86.2千克，速度约2.5马赫，射程18千米。

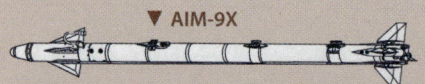

▼ AIM-9X

AIM-9X导弹的中制导采用的是惯性制导和瞄准线波束制导。AIM-9X导弹还拥有离轴发射功能，即戴着头盔的飞行员可通过头盔瞄准系统将导弹射向自己指定的方向。导弹全长3.02米，直径12.7厘米，重85.3千克，速度2.5马赫，射程约40千米。

● 空空导弹比较

150千米以上

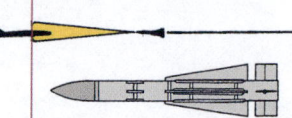

远程AAM AIM-54C 不死鸟导弹（主动雷达寻的＋惯性制导＋带更新功能的自动驾驶仪）

AIM-54拥有A（初期型）、B（简易量产型）、C（中制导采用的是惯性制导）、ECCM/Sealed（附加抗电子干扰能力）等型号。导弹直径38厘米，全长3.9米，重460千克，速度2.5马赫，射程150千米以上。

⊖ AAM：Air to Air Missile的缩写。

⊖ AMRAAM：Advanced Medium Range Air to Air Missile的缩写。

Air-Launched Missiles

度更高，可实现发射后不管。

另外，最大射程可达 150 千米的远程空空导弹难以根据战斗机搭载雷达的目标追踪能力上限来开发，只能达到与 F-14 搭载的 AN/AWG-9 雷达组合使用的 AIM-54C 不死鸟导弹一样的水平。但是，最近雷达的问题也得到解决，这在一定程度上推进了远程空空导弹的开发进程。

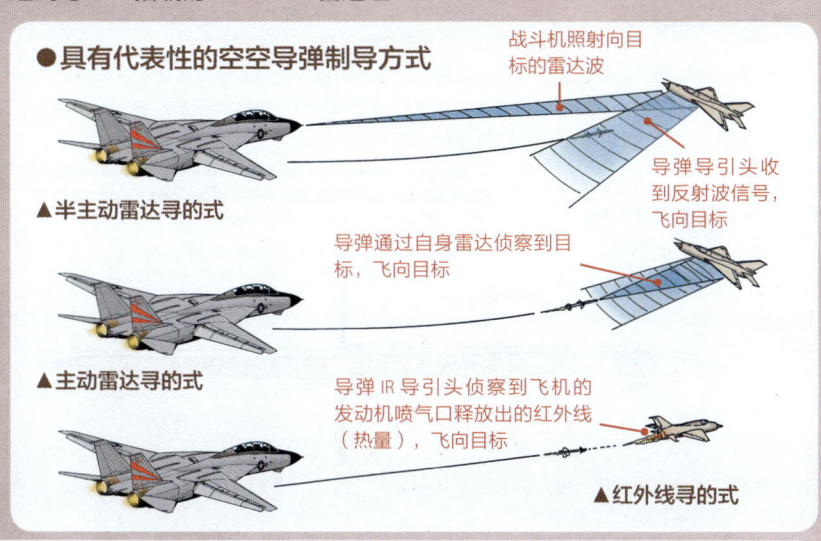

● 具有代表性的空空导弹制导方式
▲ 半主动雷达寻的式
▲ 主动雷达寻的式
▲ 红外线寻的式

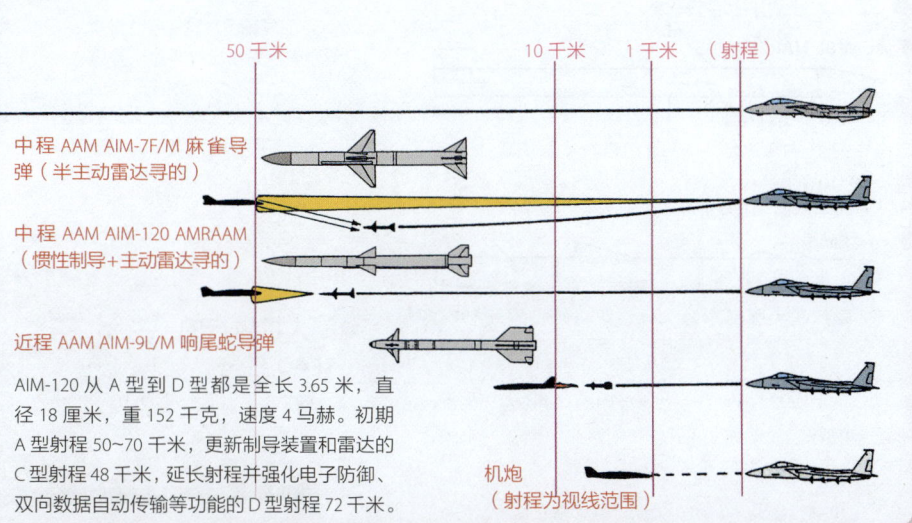

中程 AAM AIM-7F/M 麻雀导弹（半主动雷达寻的）

中程 AAM AIM-120 AMRAAM（惯性制导＋主动雷达寻的）

近程 AAM AIM-9L/M 响尾蛇导弹

AIM-120 从 A 型到 D 型都是全长 3.65 米，直径 18 厘米，重 152 千克，速度 4 马赫。初期 A 型射程 50~70 千米，更新制导装置和雷达的 C 型射程 48 千米，延长射程并强化电子防御、双向数据自动传输等功能的 D 型射程 72 千米。

机炮（射程为视线范围）

第 3 章 空射导弹 95

CHAPTER 3

02 空空／空地导弹

战斗机投放的各式导弹

●中程空空导弹

1990 年以后出现的 AIM-120 AMRAAM 和 AAM-4（99 式空空导弹）等中程空空导弹使用的是主动雷达寻的式制导。这些导弹在发射后通过指令制导和惯性制导飞行，在接近目标时切换为通过导弹自带雷达进行自动跟踪。AMRAAM 自然是发射后不管式，射程也达到了 40~70 千米，而日本航空自卫队使用的 AAM-4 也跟 AMRAAM 一样拥有发射后不管功能。

AAM-4（99 式空空导弹）▶

导弹直径 20.3 厘米，全长 3.6 米，重 220 千克，射程约 100 千米，速度为 4~5 马赫

AIM-7F ▼

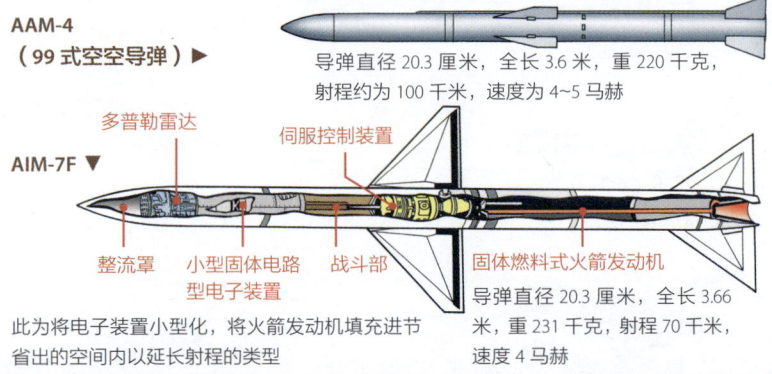

多普勒雷达／伺服控制装置／整流罩／小型固体电路型电子装置／战斗部／固体燃料式火箭发动机

导弹直径 20.3 厘米，全长 3.66 米，重 231 千克，射程 70 千米，速度 4 马赫

此为将电子装置小型化，将火箭发动机填充进节省出的空间内以延长射程的类型

● SEAD 任务用导弹

▼ AGM-88 HARM ㊀

美国的中程反辐射导弹。以被动雷达制导方式将导弹引导向敌方电磁波。有 A~E 型，其中 A~D 型称为 HARM，E 型称为 AARGM ㊁。导弹直径 24.5 厘米，全长 4.17 米，重 363 千克，射程约 90 千米，速度 2 马赫。

▼ ALARM ㊂

ALARM 导弹是英国空军为执行对敌方防空网压制任务（SEAD ㊃）而开发出的反辐射导弹，可以做到发射后不管。若以待命模式发射，电波发射源在飞行中中断时导弹会上升至 1000 米高空，利用降落伞停滞空中，等到再次收到信号之后再重新点火攻击。导弹全长 4.24 米，直径 23 厘米，重 268 千克，射程约 46 千米，速度 2 马赫。

SEAD 指的是在己方航空部队进攻敌防空圈之前，先攻击敌方对空导弹或搜索制导雷达并使之无效化的任务。因为有时也会进入敌方对空导弹的射程内，被击落的可能性很高，对于载人机来说是很危险的任务。

敌军地面部队（使用强大的防空系统进行防御）

●载人机执行的 SEAD 任务

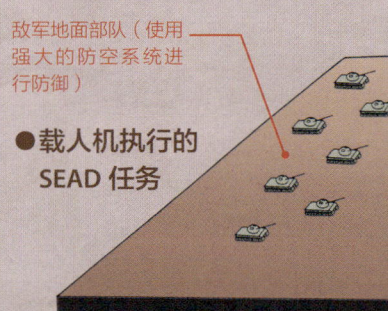

㊀ HARM：High-Speed Anti-Radiation Missile 的缩写。
㊁ AARGM：Advanced Anti-Radiation Guided Missile 的首字母缩写。
㊂ ALARM：Air Launched Anti-Radiation Missile 的首字母缩写。
㊃ SEAD：Suppression of Enemy Air Defense 的缩写。

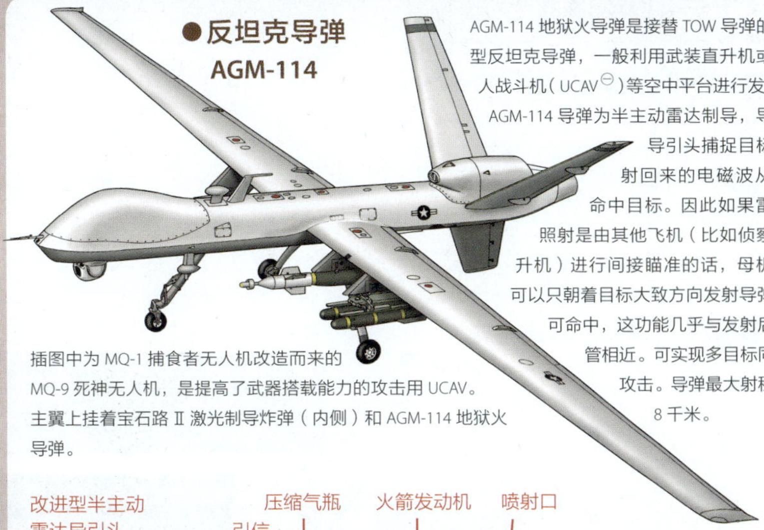

Air-Launched Missiles

●反坦克导弹 AGM-114

AGM-114 地狱火导弹是接替 TOW 导弹的重型反坦克导弹，一般利用武装直升机或无人战斗机（UCAV⊖）等空中平台进行发射。AGM-114 导弹为半主动雷达制导，导弹导引头捕捉目标反射回来的电磁波从而命中目标。因此如果雷达照射是由其他飞机（比如侦察直升机）进行间接瞄准的话，母机就可以只朝目标大致方向发射导弹即可命中，这功能几乎与发射后不管相近。可实现多目标同时攻击。导弹最大射程为 8 千米。

插图中为 MQ-1 捕食者无人机改造而来的 MQ-9 死神无人机，是提高了武器搭载能力的攻击用 UCAV。主翼上挂着宝石路 II 激光制导炸弹（内侧）和 AGM-114 地狱火导弹。

部件标注： 改进型半主动雷达导引头、压缩气瓶、火箭发动机、喷射口、引信、前端战斗部、主战斗部、电子装置、飞行控制装置、飞行控制板起动机构

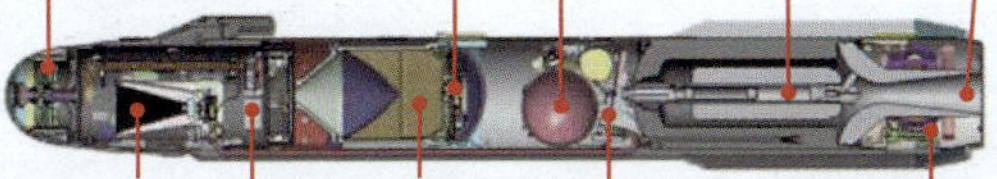

◀ AGM-114R 地狱火 II 导弹
全长 1.63 米
直径 17.8 厘米
重 49.5 千克
射程 8 千米

即使敌方搜索雷达的侦查范围达到 100 千米以上，保护敌方地面部队的防空导弹的射程一般不超过 70 千米，而且用于 SEAD 任务的反辐射导弹的射程只有 40~90 千米，因此有时不得不进入敌方导弹的射程圈再攻击。

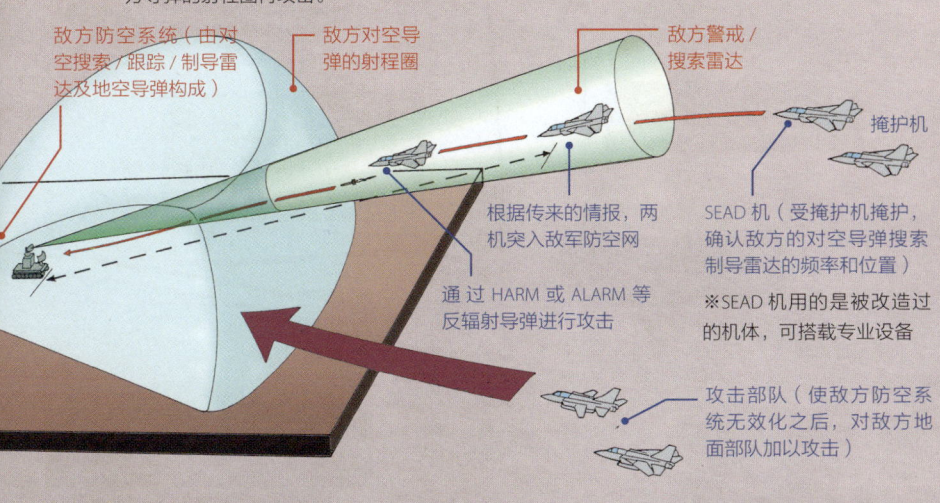

敌方防空系统（由对空搜索／跟踪／制导雷达及地空导弹构成）
敌方对空导弹的射程圈
敌方警戒／搜索雷达
掩护机
SEAD 机（受掩护机掩护，确认敌方的对空导弹搜索制导雷达的频率和位置）
※SEAD 机用的是被改造过的机体，可搭载专业设备
根据传来的情报，两机突入敌军防空网
通过 HARM 或 ALARM 等反辐射导弹进行攻击
攻击部队（使敌方防空系统无效化之后，对敌方地面部队加以攻击）

⊖ UCAV：Unmanned Combat Aerial Vehicles 的首字母缩写。

第 3 章 空射导弹　97

03 反舰导弹（1）
攻击舰艇并不简单

反舰导弹负责攻击海上航行的舰艇。因为目标是在水面上移动且移动速度低，所以对舰攻击总是被误认为很容易。但其实舰艇上也通过防空雷达和防空导弹建起了坚固的防御网，使得对舰攻击并不容易。因此反舰导

●利用反舰导弹的攻击方式

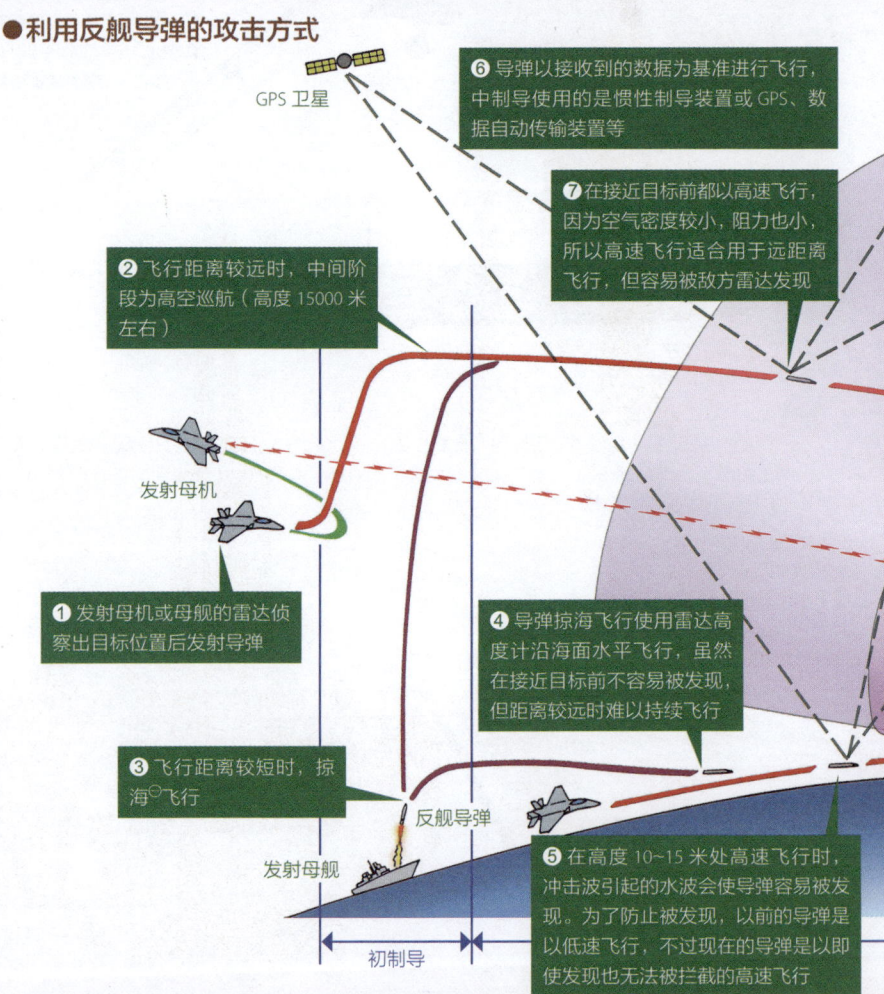

GPS 卫星

❶ 发射母机或母舰的雷达侦察出目标位置后发射导弹

❷ 飞行距离较远时，中间阶段为高空巡航（高度 15000 米左右）

❸ 飞行距离较短时，掠海¯飞行

❹ 导弹掠海飞行使用雷达高度计沿海面水平飞行，虽然在接近目标前不容易被发现，但距离较远时难以持续飞行

❺ 在高度 10~15 米处高速飞行时，冲击波引起的水波会使导弹容易被发现。为了防止被发现，以前的导弹是以低速飞行，不过现在的导弹是以即使发现也无法被拦截的高速飞行

❻ 导弹以接收到的数据为基准进行飞行，中制导使用的是惯性制导装置或 GPS、数据自动传输装置等

❼ 在接近目标前都以高速飞行，因为空气密度较小，阻力也小，所以高速飞行适合用于远距离飞行，但容易被敌方雷达发现

发射母机
发射母舰
反舰导弹
初制导

¯ 掠海：指在海面上超低空飞行，可以使敌方雷达发现目标的时间延迟并减少敌方应对时间。

Air-Launched Missiles

弹需要射程较远或不容易被敌方雷达侦察到的超低空飞行能力。

反舰导弹的制导方式分为三个阶段：从发射到飞行姿态和高度稳定下来为止的初制导，根据接收到的数据进行的惯性制导或通过 GPS 一边修正路线一边飞行的中制导，以及接近并锁定目标，通过红外线（IR）寻的或主动雷达寻的来突入目标的末制导。末制导之所以要使用红外线和雷达来制导是因为舰艇的船体较大，容易反射雷达波并释放出大量热量。

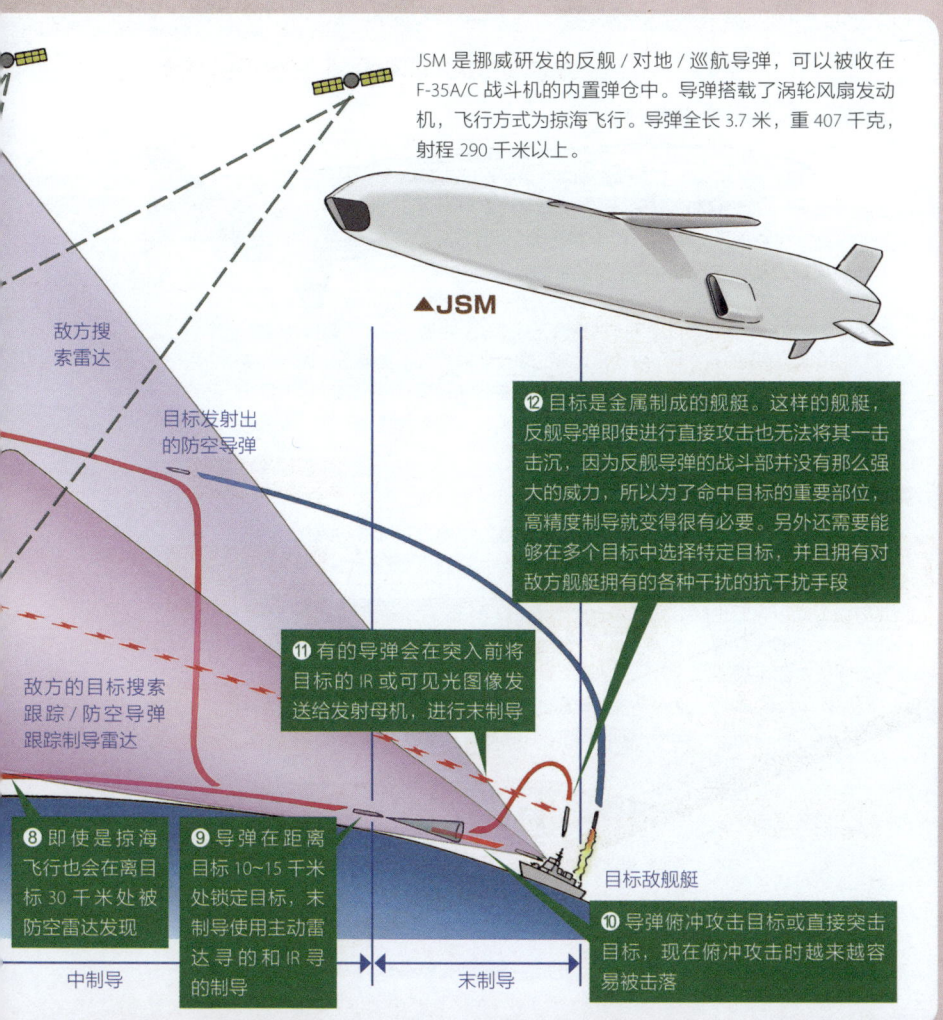

JSM 是挪威研发的反舰/对地/巡航导弹，可以被收在 F-35A/C 战斗机的内置弹仓中。导弹搭载了涡轮风扇发动机，飞行方式为掠海飞行。导弹全长 3.7 米，重 407 千克，射程 290 千米以上。

▲JSM

⑧ 即使是掠海飞行也会在离目标 30 千米处被防空雷达发现

⑨ 导弹在距离目标 10~15 千米处锁定目标，末制导使用主动雷达寻的和 IR 寻的制导

⑩ 导弹俯冲攻击目标或直接突击目标，现在俯冲攻击时越来越容易被击落

⑪ 有的导弹会在突入前将目标的 IR 或可见光图像发送给发射母机，进行末制导

⑫ 目标是金属制成的舰艇。这样的舰艇，反舰导弹即使进行直接攻击也无法将其一击击沉，因为反舰导弹的战斗部并没有那么强大的威力，所以为了命中目标的重要部位，高精度制导就变得很有必要。另外还需要能够在多个目标中选择特定目标，并且拥有对敌方舰艇拥有的各种干扰的抗干扰手段

敌方搜索雷达

目标发射出的防空导弹

敌方的目标搜索跟踪/防空导弹跟踪制导雷达

中制导　末制导

目标敌舰艇

CHAPTER 3

04 反舰导弹（2）
反舰导弹需要具备哪些能力？

攻击敌方舰艇的反舰导弹虽然分为空中发射型、海上发射型、岸上发射型，但它们的基本构造都相同。近年来的反舰导弹被要求拥有多种能力，如可以从敌方防空导弹射程外发动攻击的长（远）射程、不给对方反应时间的超声速飞行速度、掠海能力等。

▼远程超声速反舰导弹 XASM-3

日本防卫省为了接替 ASM-1 ⊖ 及 ASM-2 ⊖，于 2016 年完成研发了 XASM-3。XASM-3 有两种模式：一种是在高空巡航飞行，接近目标时改为超低空飞行的模式；另一种是从发射到命中都在超低空飞行的掠海飞行模式。中制导使用的是惯性导航装置（INS）和 GPS，末制导使用的是主动 / 被动雷达寻的复合制导，可不受电子干扰，切实命中目标。导弹最大的特征就是采用了将固体燃料式火箭助推器和冲压式喷气发动机组合在一起的整体式火箭冲压发动机（固体火箭冲压综合推进系统）。导弹全长 5.25 米，重 900 千克，速度 5 马赫以上，射程 150 千米以上。

●整体式火箭冲压发动机是什么？

冲压式发动机与喷气发动机相比少了压缩机，因此构造更简单，但也因此在运转中需要有高速气流（初始速度需要 0.5 马赫以上，最适合运转的速度为 3 马赫以上）。整体式火箭冲压发动机采用的是复合推进方式，即通过固体燃料式助推器进行加速，速度合适时可切换为冲压式发动机，因此可高速高效地（节省燃料）飞行。

①在冲压式发动机起动之前通过固体燃料式助推器飞行

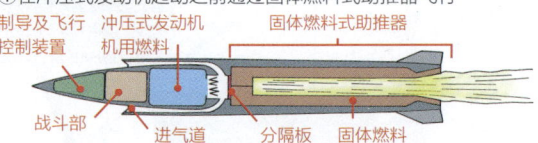

②在助推器燃料即将燃尽时撤掉分隔板，将固体燃料燃烧出来的空间（通风道）作为燃烧室及喷气口使用

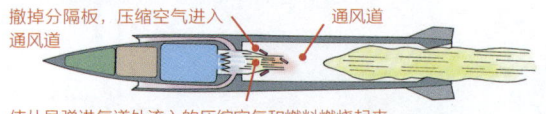

撤掉分隔板，压缩空气进入通风道
使从导弹进气道处流入的压缩空气和燃料燃烧起来

③完全过渡到冲压式发动机启用模式，以超声速飞行

⊖ ASM-1：80 式空舰导弹。
⊖ ASM-2：93 式空舰导弹。

Air-Launched Missiles

XASM-3 是以能在 F-2 战斗机上使用为前提而研发的。F-2 是美国和日本以 F-16 为基础，研发出的战斗机，最多可搭载 4 枚空（对）舰导弹。

▼ P-800 红宝石反舰导弹

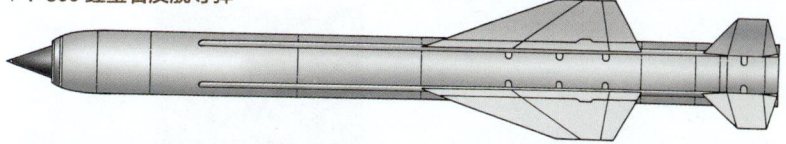

俄罗斯的超声速反舰导弹，使用整体式火箭冲压发动机推进。中制导为惯性制导，末制导为主动雷达寻的式制导。导弹全长 8.9 米，重 3900 千克，巡航速度分别为 2.5 马赫（高空飞行），1.6 马赫（掠海飞行），射程 300 千米（掠海飞行）。

▼ NSM

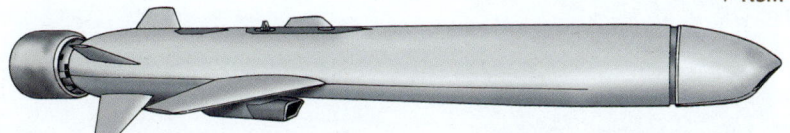

挪威的反舰巡航导弹。利用固体燃料式助推器发射，在巡航飞行中使用涡轮喷气发动机。中制导为 INS 及 GPS，但考虑到在岸上或海岸线上的飞行，导弹也可使用地形匹配制导（TERCOM）。末制导为红外线图像制导。导弹全长 3.95 米，重 412 千克，射程约 185 千米，掠海飞行的最大速度 0.95 马赫，搭载 HE 破片杀伤战斗部。JSM 导弹就是以 NSM 导弹为原型研制的。

◀ LRASM

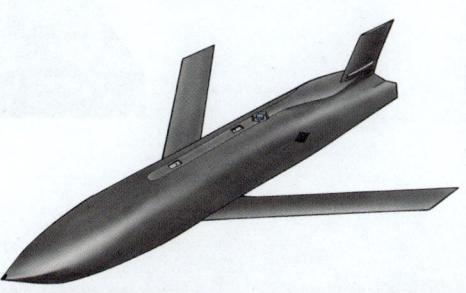

美国海军与美国国防高级研究计划局（DARPA）正在研发的远程反舰导弹。LRASM 导弹由 GPS 或 INS、战术数据自动传输装置等外部传来的数据进行制导，但研发目标是要求这些数据被屏蔽时导弹能够自主锁定目标。导弹不只是可以装载在 F-18E 或 F-35 等战机上，也可以装载在水面舰艇上。

⊖ LRASM：Long Range Anti-Ship Missile 的首字母缩写。
⊖ DARPA：Defense Advanced Research Projects Agency 的首字母缩写。

05 巡航导弹（1）
与一般导弹不同的巡航导弹

巡航导弹与其他导弹大不相同，推进装置并非火箭发动机而是小型喷气式发动机（涡轮风扇发动机），拥有飞机一样的弹翼㊀。喷气式发动机比火箭式发动机节省燃料，主翼上会产生升力因而不需要太大的推力就可以飞得更远。

巡航导弹采用的飞行方式是水平飞行而非弹道飞行，因为飞行速度比其他导弹慢，所以为了避免被击落而采用了在低空沿着地形飞行的方式。导弹为了以这种飞行方法准确地朝着目标飞行较长一段距离而使用了惯性导航装置（INS）、地形匹配制导系统（TERCOM㊁）、地形参照导航系统（TERPROM㊂）等，还为了应对起伏较大的地表地形而配备了补充 GPS 位置信息的高级导航系统。近年来为了实现高精度的定

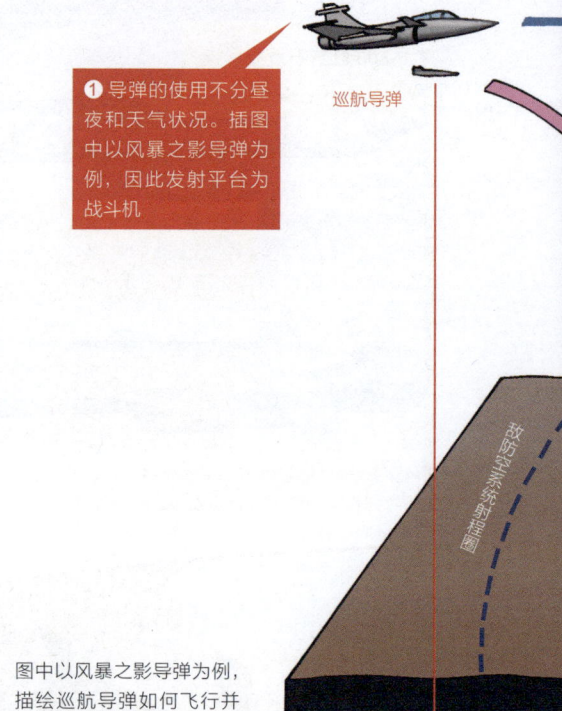

● 巡航导弹的飞行方式

❶ 导弹的使用不分昼夜和天气状况。插图中以风暴之影导弹为例，因此发射平台为战斗机

图中以风暴之影导弹为例，描绘巡航导弹如何飞行并攻击目标。

㊀ 拥有飞机一样的弹翼：巡航导弹的弹翼考虑到要从战机或潜艇上发射，多被设计为发射前能够将弹翼收在弹体中的紧凑型。
㊁ TERCOM：Terrain Contour Matching 的缩写。
㊂ TERPROM：Terrain Profile Matching 的缩写。

Air-Launched Missiles

点攻击，末制导阶段还使用了红外线图像导引头。

巡航导弹一般体型较大，因此有效载荷（搭载量）也变大了，可搭载炸药量更多、威力更大的弹头（常规弹头及核弹头）。

巡航导弹的特征之一是有着从战斗机到潜艇等多种发射平台。根据发射平台的不同大致分为空射巡航导弹（ALCM ⊖）、地面发射巡航导弹（GLCM ⊖）、潜射巡航导弹（SLCM ⊖）。

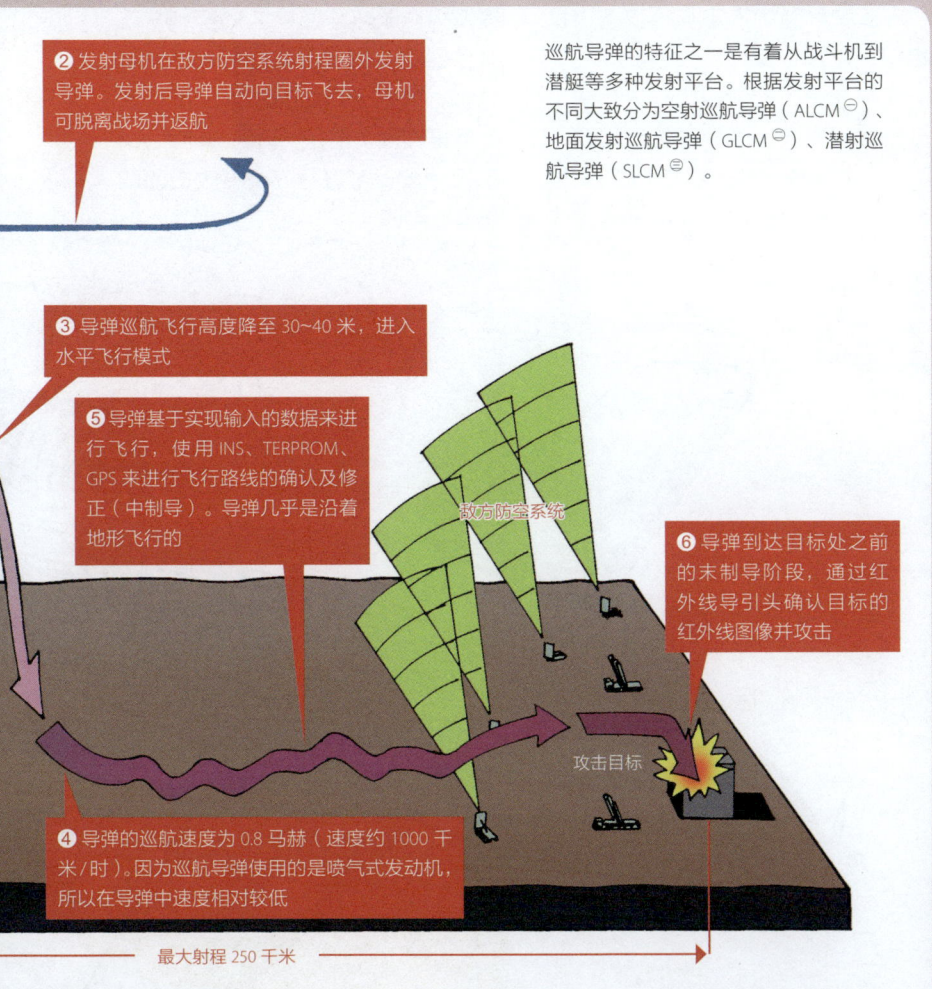

❷ 发射母机在敌方防空系统射程圈外发射导弹。发射后导弹自动向目标飞去，母机可脱离战场并返航

❸ 导弹巡航飞行高度降至 30~40 米，进入水平飞行模式

❺ 导弹基于实现输入的数据来进行飞行，使用 INS、TERPROM、GPS 来进行飞行路线的确认及修正（中制导）。导弹几乎是沿着地形飞行的

❹ 导弹的巡航速度为 0.8 马赫（速度约 1000 千米/时）。因为巡航导弹使用的是喷气式发动机，所以在导弹中速度相对较低

❻ 导弹到达目标处之前的末制导阶段，通过红外线导引头确认目标的红外线图像并攻击

敌方防空系统

攻击目标

最大射程 250 千米

⊖ ALCM：Air Launched Cruise Missile 的首字母缩写。
⊖ GLCM：Ground Launched Cruise Missile 的首字母缩写。
⊖ SLCM：Submarine Launched Cruise Missile 的首字母缩写。

第 3 章 空射导弹　103

06 巡航导弹（2）

巡航导弹的原型——V-1 导弹

　　巡航导弹的形态与小型无人机相似，它作为最可能实现洲际飞行的导弹在第二次世界大战之后由美苏研发出来。巡航导弹的原型是二战时德国研发并投入实战的 V-1 导弹[一]。飞行于大气层内的巡航导弹的研发相对顺利，20 世纪 50 年代末就有了射程 8000 千米以上的洲际巡航导弹，并于 20 世纪 60 年代首次配备用于实战。但是，直到 20 世纪 80 年代才出现可进行高精度攻击的战斧巡航导弹。

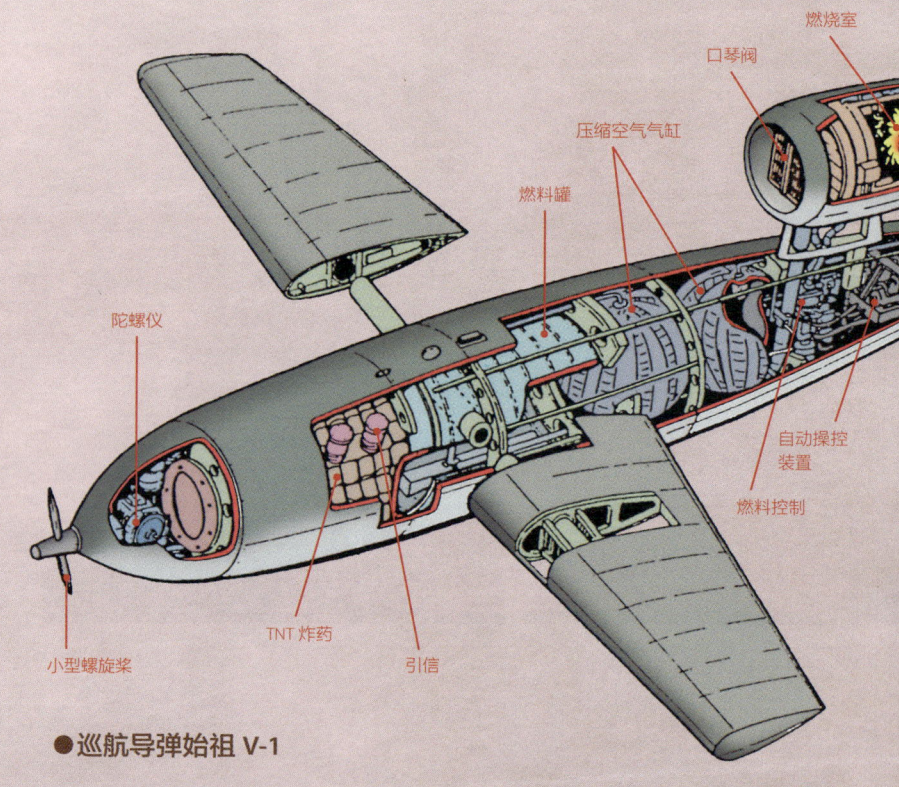

●巡航导弹始祖 V-1

[一] V-1 导弹：简称 1 号复仇武器（Vergeltungswaffe 1），正式名称为 FieslerFi-103。

Air-Launched Missiles

● 奠定美国弹道导弹研发基础的巡航导弹

导弹在发射后利用固体燃料助推器加速，到达一定高度且速度达到 3.5 马赫时切换成冲压式喷气发动机，SM-64 纳瓦霍洲际巡航导弹是第一款实现了这一构想的导弹。因 SM-64 而研发出的助推器技术被活用于朱庇特导弹及阿特拉斯导弹等火箭发动机的开发，SM-64 的惯性制导技术也帮助鹦鹉螺号核潜艇实现了到达北极点的任务。SM-64 虽然没有被投入使用，但其带来的各种技术却为后来的弹道导弹研发做出了巨大贡献。该导弹全长 29 米，宽 12.3 米，重 13500 千克，射程 10200 千米。

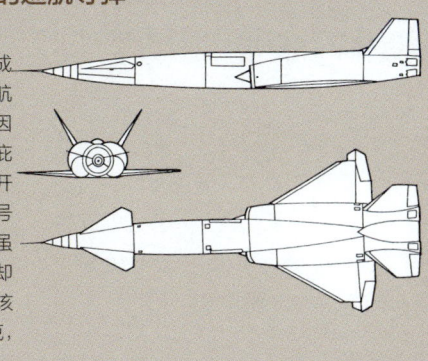

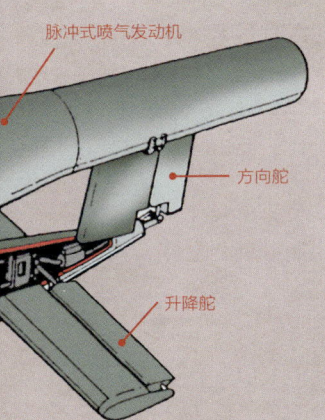

V-1 导弹是配备了主翼、尾翼、方向舵的导弹，利用机体背部的脉冲式喷气发动机向前推进。通过陀螺仪和气压高度计来保持方向和高度，事先设定好前端的小型螺旋桨的旋转次数，到达目标飞行距离时自动停止燃料供给并开始滑翔，攻击目标。在导弹 2150 千克的重量中有 900 千克是战斗部的 TNT 炸药。导弹全长 8.32 米，最大航程约为 250 千米。脉冲式喷气发动机每秒间歇性地喷射 45 次火药燃气，会发出很大的噪声和震动声。因为导弹飞行时发出的独特声音，所以导弹的靠近很容易就会被发现。

● 苏联第一款巡航导弹
La-350

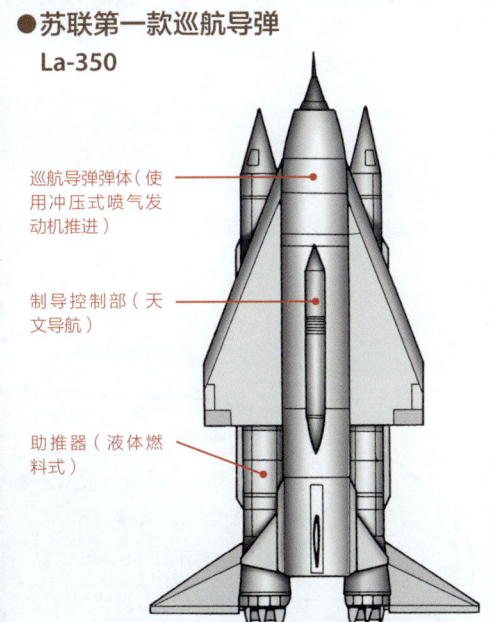

导弹使用液体燃料式助推器上升至最适合巡航飞行的高度（12000~22000 千米）。导弹在这个高度抛弃助推器，利用冲压式喷气发动机飞行，到达地球另一边进行攻击。这是 1953 年开始研发的苏联首款巡航导弹 La-350 的研发概念。导弹弹体全长 18.4 米，宽 7.7 米，重 35000 千克，巡航速度 3 马赫，射程约 8000 千米。

第 3 章 空射导弹 105

07 巡航导弹（3）

可进行长距离精密制导的战斧巡航导弹

1972 年开始研发，1983 年开始实战列装的 BGM-109 战斧巡航导弹⊖通过制导系统和更换装有不同战斗部的前端来执行地面攻击（装备核弹头的 A 型、装备普通炸弹的 C 型、搭载大面积压制用子炸弹的 D 型）及对舰攻击（B 型）等多种任务。另外战斧导弹还为了提高性能而进行了多次改进，有着多个版本。

攻击型核潜艇的任务是攻击敌方战略导弹潜艇或水面舰艇，由于射程更远，可实现对舰攻击/岸上攻击，搭载了可装备常规弹头和核弹头的战斧巡航导弹，因此也可进行战略攻击。

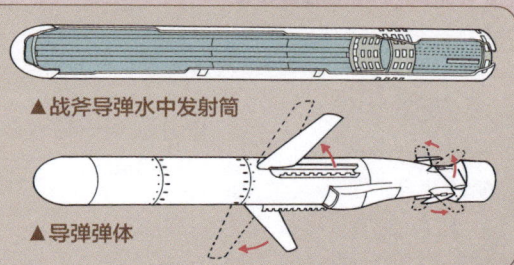

▲战斧导弹水中发射筒

▲导弹弹体

▼战斧 IV（战术战斧导弹）

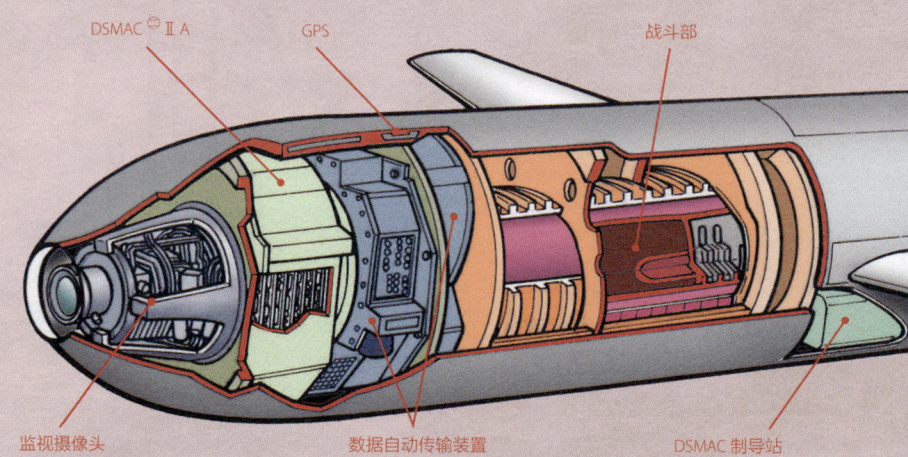

⊖ 战斧巡航导弹：有从水面舰艇发射的水上发射型和从潜艇发射的水下发射型（陆射型已经退役，空射型研发中止）。

⊜ DSMAC：Digital Scene-Matching Area Correlation 的首字母缩写，意为数字式景象匹配区域相关制导（装置）。

Air-Launched Missiles

美国巡航导弹取得极大发展的原因是高性能小型喷气发动机的投入使用。20 世纪 60 年代中期研发出的 X-Jet ❶ 是当时为美国陆军提供的大量空中平台之一，可承载一名乘员，最大速度 96 千米 / 时，在约 3 米的巡航高度可飞行 30~45 分钟。X-Jet 在 1969 年因稳定性问题而中止研发，其搭载的小型涡轮风扇发动机 WR-19 ❷ 有着半径 30.5 厘米、长 61 厘米、重 31 千克的小体型，却能提供巨大推动力。美国空军注意到了 WR-19 发动机，在重新研究过它的设计后进行了大幅改良，研发出了可搭载在 AGM-86 ALCM 或 BGM-109 战斧巡航导弹上的 F107 发动机 ❸。

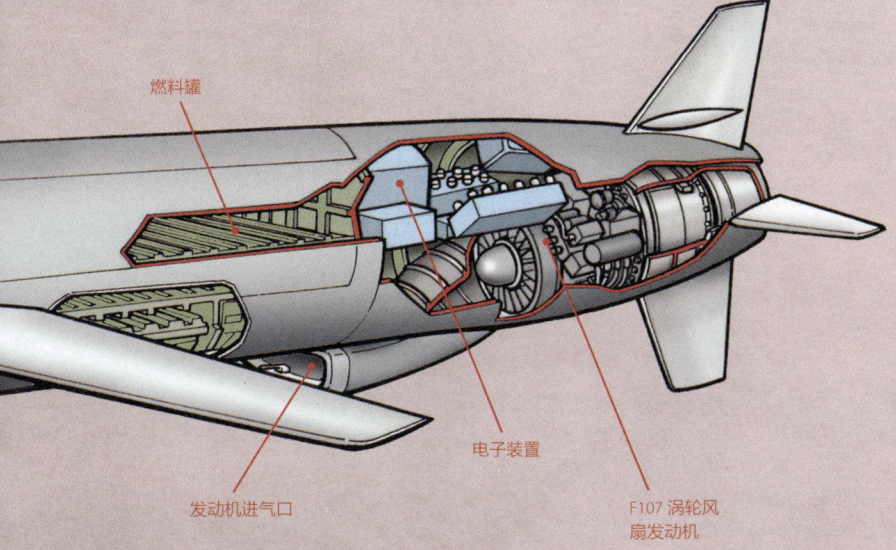

燃料罐

发动机进气口

电子装置

F107 涡轮风扇发动机

第 3 章 空射导弹　107

08 巡航导弹（4）
战斧巡航导弹的多种导航系统

像战斧巡航导弹这样的高精度巡航导弹可在大气层内进行低空飞行，射程可达 1000 千米以上[一]，CEP 在 10 米以内，且使用了多种导航系统。

> 战斧巡航导弹（Block Ⅳ）在提高了导航精度的同时，还有着更加灵活的实用性。在沙漠等地形易变的区域，在计算机事先记忆的数字地图与实际地形不符导致飞行中无法使用 TERCOM 的情况下，可以使用数字式景象匹配区域相关制导（DSMAC）。数字式景象匹配区域相关制导是利用光学传感器扫描地形，与事先记忆的场景进行比对并对飞行路线进行修正，因此也可以在夜间使用。但是，若作为飞行路线参照物的建筑被破坏的话，DSMAC 就无法正常使用，因此从 Block Ⅲ 开始就导入了 GPS，这样可以不受地形或景象影响就能进行准确的位置修正。Block Ⅳ 通过 GPS 与卫星线路实现飞行中的再修正和目标变更，甚至还能将弹体搭载的前方监视摄像头图像通过卫星线路发送回发射平台，也可以通过图像进行目标确认。

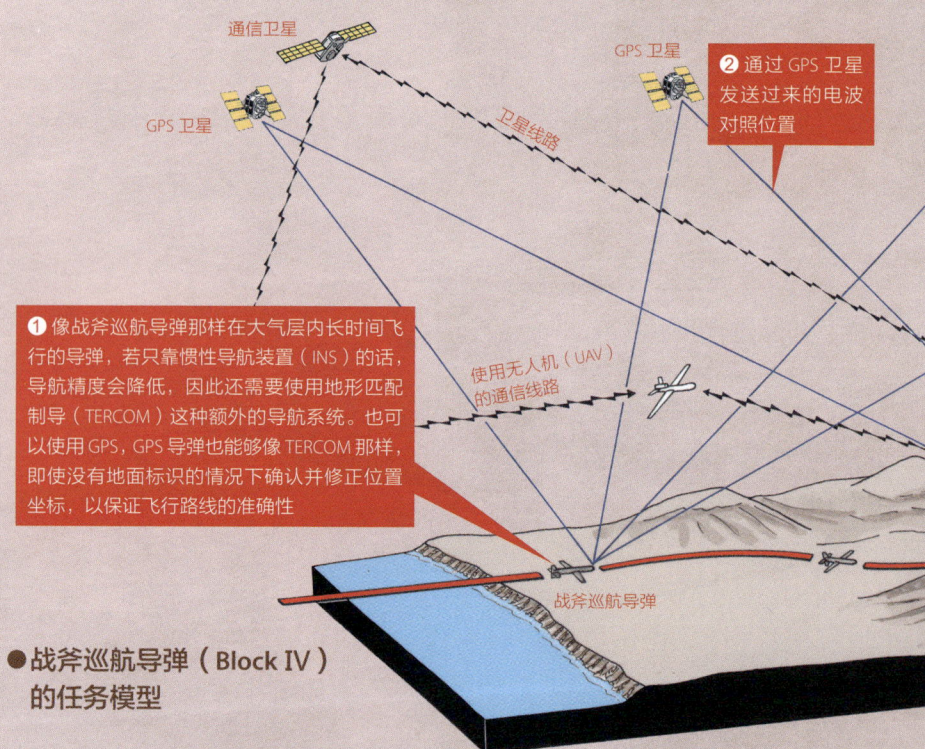

● 战斧巡航导弹（Block Ⅳ）的任务模型

[一] 射程可达 1000 千米以上：战斧 Block Ⅳ 的射程可达 3000 千米，能实现在目标上空长时间待命。

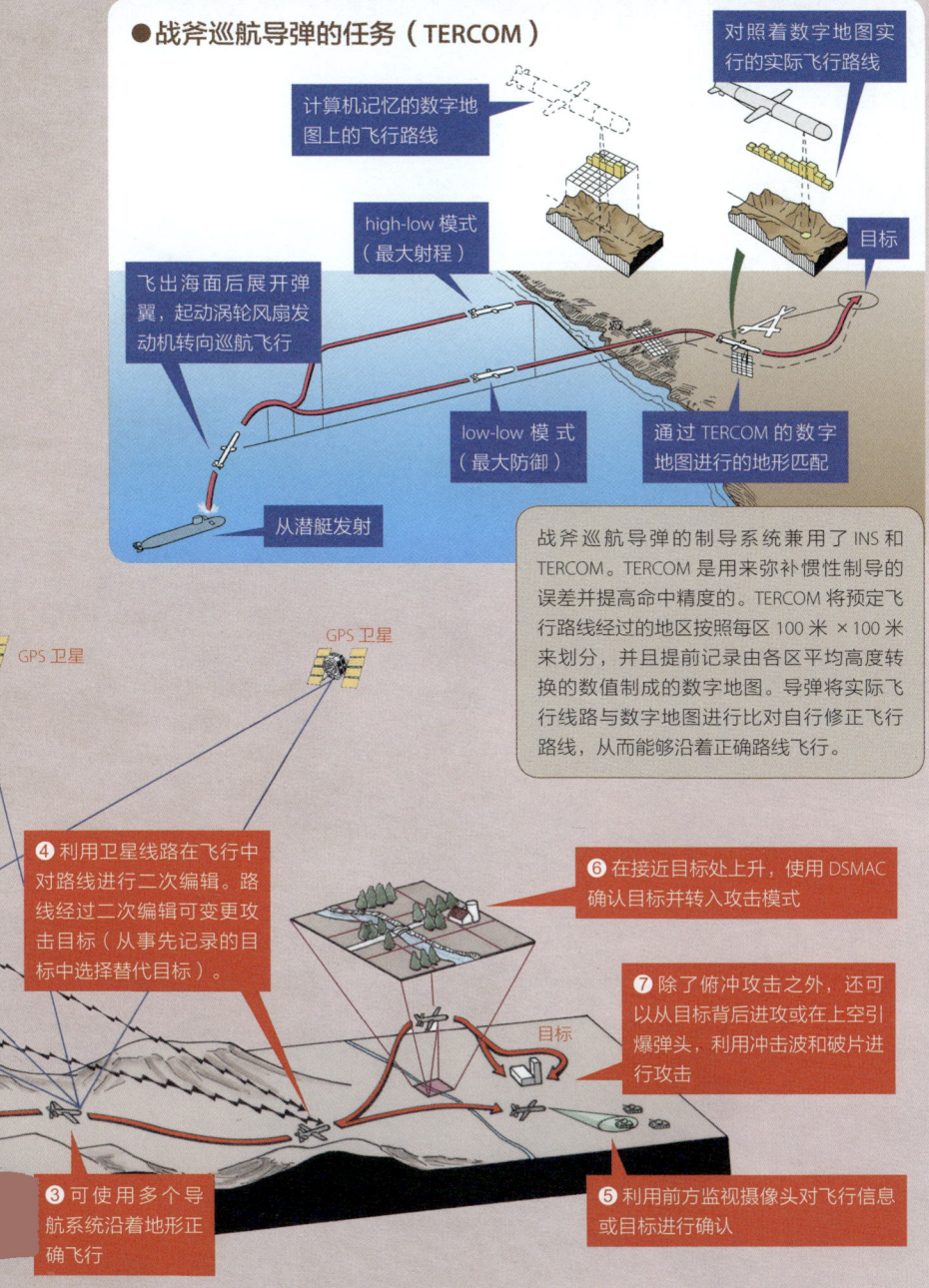

09 巡航导弹（5）

巡航导弹的发展趋势

巡航导弹形状与飞机相似，可长距离飞行，且攻击目标的精准度很高。除了美国以外，世界很多国家都在研发并使用巡航导弹。

巡航导弹一般搭载涡轮风扇发动机，速度比其他导弹低。不过最近研究人员正在研发使用冲压式喷气发动机，从而可实现巡航导弹的高速飞行。

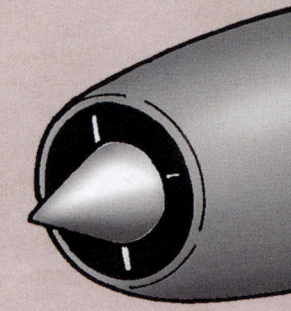

照片中为挂装在台风战斗机两翼外侧的风暴之影巡航导弹（箭头处）。风暴之影巡航导弹是MBDA公司制造的空射型导弹，拥有隐身功能以及防区外攻击能力。防区外攻击能力指发射母机可以从敌人攻击范围外发射导弹。通过综合INS、TERPROM、GPS的导航系统，导弹导航精度较高，末制导使用了红外导引头，拥有定点攻击的能力，而且也不受昼夜或天气的影响。MBDA公司在20世纪90年代开发了阿帕奇导弹的射程延长型导弹SCALP，英国将SCALP取名为风暴之影，法国则将其取名为SCALP-EG。导弹全长约5.1米，重约1230千克，射程为250千米以上。

● 风暴之影巡航导弹

Air-Launched Missiles

● 布拉莫斯反舰导弹

俄印共同开发的超声速巡航导弹。普通的巡航导弹速度约为 1 马赫，而布拉莫斯反舰导弹的射程虽然只有 300 千米左右，但因为使用冲压式喷气发动机推进，速度高达 2.8 马赫。利用固体燃料助推器发射出的导弹，在速度得到充分提升时转为冲压式喷气发动机推动，进入超声速飞行模式。布拉莫斯导弹的原型是俄罗斯的宝石反舰导弹（SS-N-26），推进系统由俄罗斯负责，制导及飞行控制系统由印度负责。制导系统为 INS、GPS、自动雷达组合制导。布拉莫斯导弹于 2001 年首次试射成功。之后虽然还进行了数次试射，但似乎还没有达到实战列装的标准。导弹全长约 6 米，重 3900 千克，最大有效载荷约 450 千克。

● 雷电巡航导弹（哈塔夫Ⅷ）

巴基斯坦的空射型巡航导弹，拥有防区外攻击能力，可从敌方的有效射程外攻击雷达设施或弹道导弹发射设施、指挥部设施等。发射母机为 JF-17 或幻影 Ⅲ 战斗机，2007 年首次空中发射成功。导弹为隐身功能而设计，框架或材料都考虑到这一功能。导弹的推进装置为涡轮风扇发动机，制导装置综合了 INS、TERCOM、DSMAC、GPS 等系统。导弹全长约 4.8 米，重 1100 千克，射程约 350 千米，可搭载核弹头。

第 3 章 空射导弹　111

CHAPTER 4
Ballistic Missiles

第4章

弹道导弹

弹道导弹的攻击过程是先冲出大气层外，再进入大气层，最后落向地面的目标，与核武器结合后就成了可怕的兵器。本章介绍了弹道导弹的相关信息。

CHAPTER 4

01 最初的弹道导弹（1）
弹道导弹的原型是二战中德国研发的

A4 火箭是二战中败势明显的德国为了扭转战局而研发出的复仇武器 2 号（V-2）。1944 年 9 月 6 日，第一发 A4 火箭向法国巴黎发射，到 1945 年 3 月 27 日为止共发射约 3300 发。在这之中，有将近 1400 发射向英国，其中有 1115 发左右到达目标，到达率超过 80%。拥有 300 千米以上的飞行距离，还可自行飞向目标，这样的火箭在二战中实在是理想武器。

始于 A4 火箭的弹道导弹，威力在二战后逐渐增强，通过与核弹头结合成为最强武器。洲际导弹（ICBM）可以说是弹道导弹的代表了。毕竟洲际导弹发射后能跨洲飞行，几乎无法拦截，一旦降落爆炸就会带来灾难。20 世纪后半段，人类依旧处于 ICBM 带来的核战争恐惧中。即使到了 21 世纪，这种恐惧仍然挥之不去。

● 弹道导弹始祖 A4 火箭（V-2）的构造

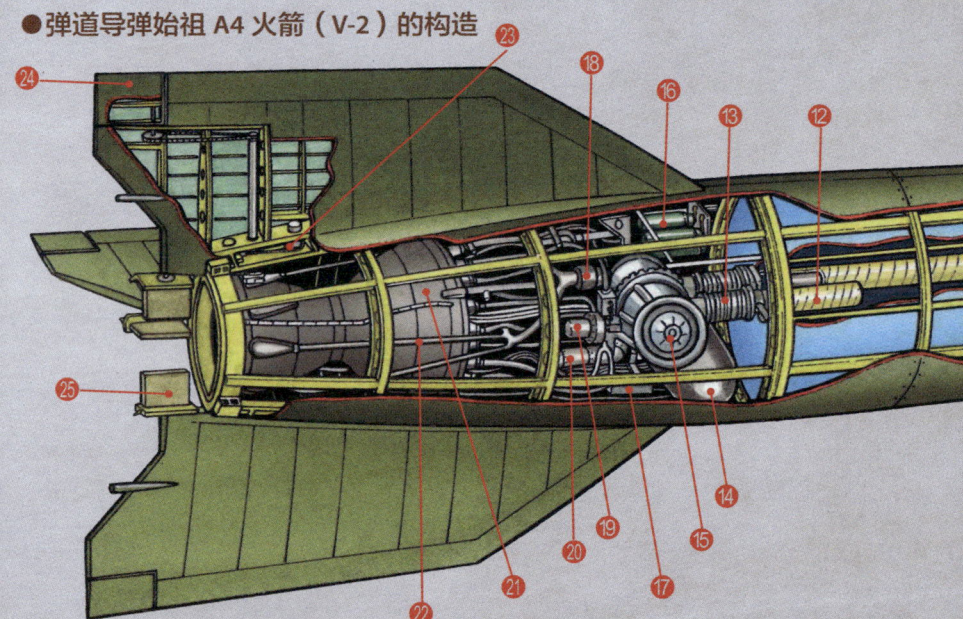

⊖ V-2：vergeltungswaffe2 的简称。
⊖ ICBM：Inter-Continental Ballistic Missile 的首字母缩写。

Ballistic Missiles

●A4 火箭的制导方法

▼方向舵

方向舵主要用于在空气动力舵面起效的相对低空域中控制机体的翻滚。机体前后左右的轴上各安装有 2 片方向舵,一同动作控制斜率,而且方向舵并非单独动作,是与喷流阀联动。

▼陀螺仪⊖

利用高速旋转陀螺的轴常常保持一定方向的性质,通过电位差来检测机体的斜度。

▲火箭自动控制装置的原理

A4 火箭的飞行控制通过飞行控制装置和制导装置自动运行。飞行控制装置使用陀螺仪来决定机体的飞行姿态,制导装置检测出加速度后(通过对加速度求积分来得出速度),控制对发动机的燃料供给或修正飞行路线(方向舵和喷气流的方向控制)。

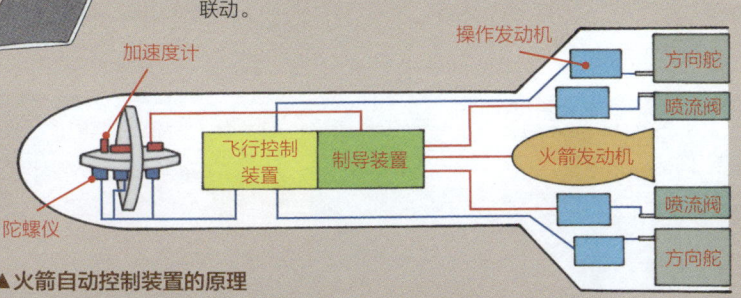

弹体最大直径为 1.65 米,全长 14.04 米,重 4000 千克,发射时的总重量为 12900 千克。火箭发动机以乙醇水溶液为燃料、液态氧为氧化剂,发射时的最大推力可达到 25 吨。A4 火箭(V-2)大体可分为战斗部、仪器舱、装有燃料和氧化剂容器的中间部位、装有推进装置的后半部位。

❶ 无线电引信　❷ 点火药管　❸ 战斗部(重 1000 千克)　❹ TNT 火药(750 千克)　❺ 自动操控装置及制导装置安装部位(内部分隔为四个区域,设置了进行姿态控制的陀螺仪、为制导而使用了摆式积分陀螺加速度计的惯性制导装置、为装置提供动力的电池、引信的解除保险装置等)　❻ 高压储气钢瓶　❼ 乙醇储存罐　❽ 乙醇伺服阀　❾ 乙醇供给隔热管　❿ 结构材料　⓫ 液态氧储存罐　⓬ 乙醇混合管　⓭ 流量调节装置　⓮ 过氧化氢容器　⓯ 涡轮推进泵　⓰ 压缩空气钢瓶　⓱ 保险丝容器　⓲ 乙醇阀　⓳ 涡轮排气口　⓴ 燃烧室冷却用燃料输送管　㉑ 火箭发动机　㉒ 乙醇冷却管　㉓ 方向舵操作发动机　㉔ 方向舵　㉕ 燃气舵

⊖ 陀螺仪:有检测左右斜率和偏转的陀螺仪及检测弹体前后斜率的陀螺仪。

第 4 章 弹道导弹　115

02 最初的弹道导弹（2）
A4 的控制装置与现代导弹相同

A4 火箭通过两种控制装置进行制导：一种是飞行控制装置（又称自动驾驶仪），飞行控制装置能够使 A4 火箭保持一定的飞行姿态，从而保证其在飞行中不会受风力等因素的影响而偏离路线；还有一种是制导装置（惯性制导装置），可检测出 A4 火箭被外力影响而偏离既定

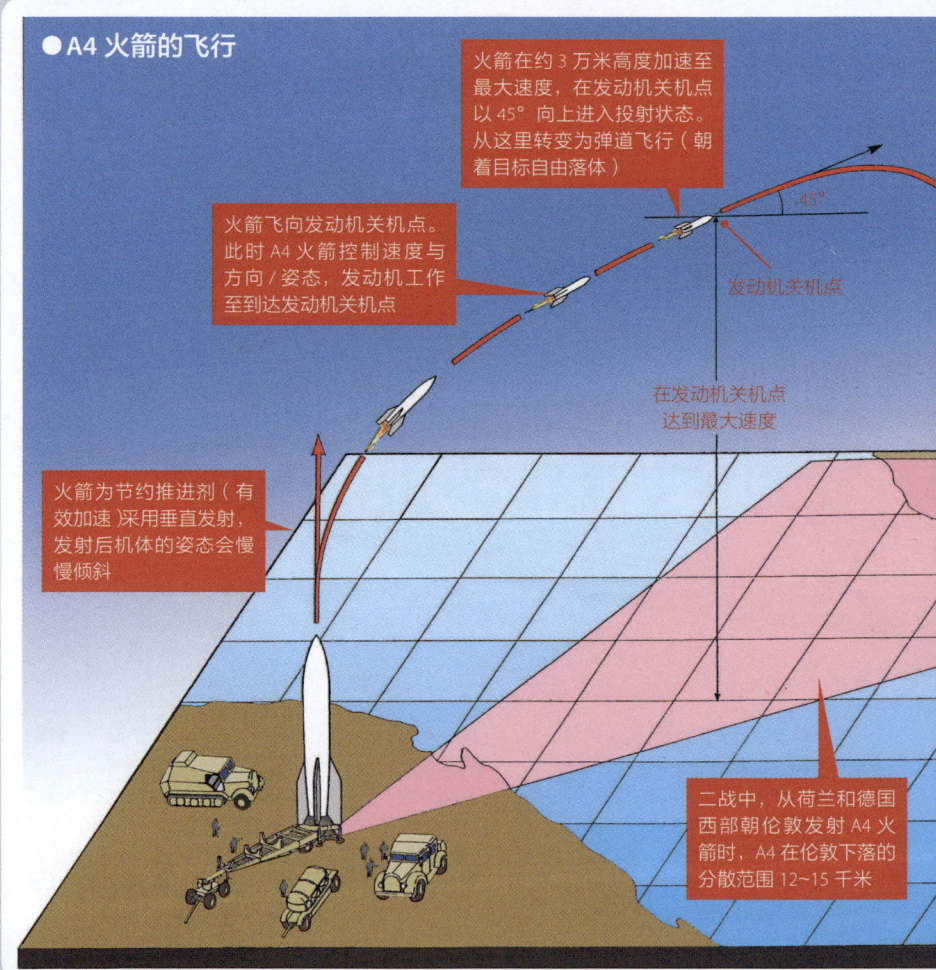

● A4 火箭的飞行

火箭在约 3 万米高度加速至最大速度，在发动机关机点以 45°向上进入投射状态。从这里转变为弹道飞行（朝着目标自由落体）

火箭飞向发动机关机点。此时 A4 火箭控制速度与方向/姿态，发动机工作至到达发动机关机点

发动机关机点

在发动机关机点达到最大速度

火箭为节约推进剂（有效加速）采用垂直发射，发射后机体的姿态会慢慢倾斜

二战中，从荷兰和德国西部朝伦敦发射 A4 火箭时，A4 在伦敦下落的分散范围 12~15 千米

Ballistic Missiles

路线的程度并加以修正。这两种是当今火箭或导弹基本都在使用的控制装置。

A4 火箭在发射前,其飞行控制装置就被输入了抵达目标的飞行路线。A4 火箭关闭发动机后改为弹道飞行,到达最高点后朝着目标自由落体。也就是说,若要使 A4 火箭命中目标,只需要在通过发动机关机点时控制好 A4 火箭的速度和姿态,使其保持正确的速度和方向。不过,在现实中大气层内的飞行过程中,风力等外力会导致 A4 火箭偏离既定飞行路线,因此需要制导装置利用加速度计检测出偏离度,转动舵机进行修正制导。

● A4 火箭的机动发射部队

第 4 章 弹道导弹

CHAPTER 4

03 弹道导弹的种类

根据射程分类的弹道导弹

弹道导弹指的是沿着导弹抛物线轨迹（弹道）飞行的对地导弹。发射后，仅仅在数分钟内推进器（为导弹加速的火箭发动机）就结束燃

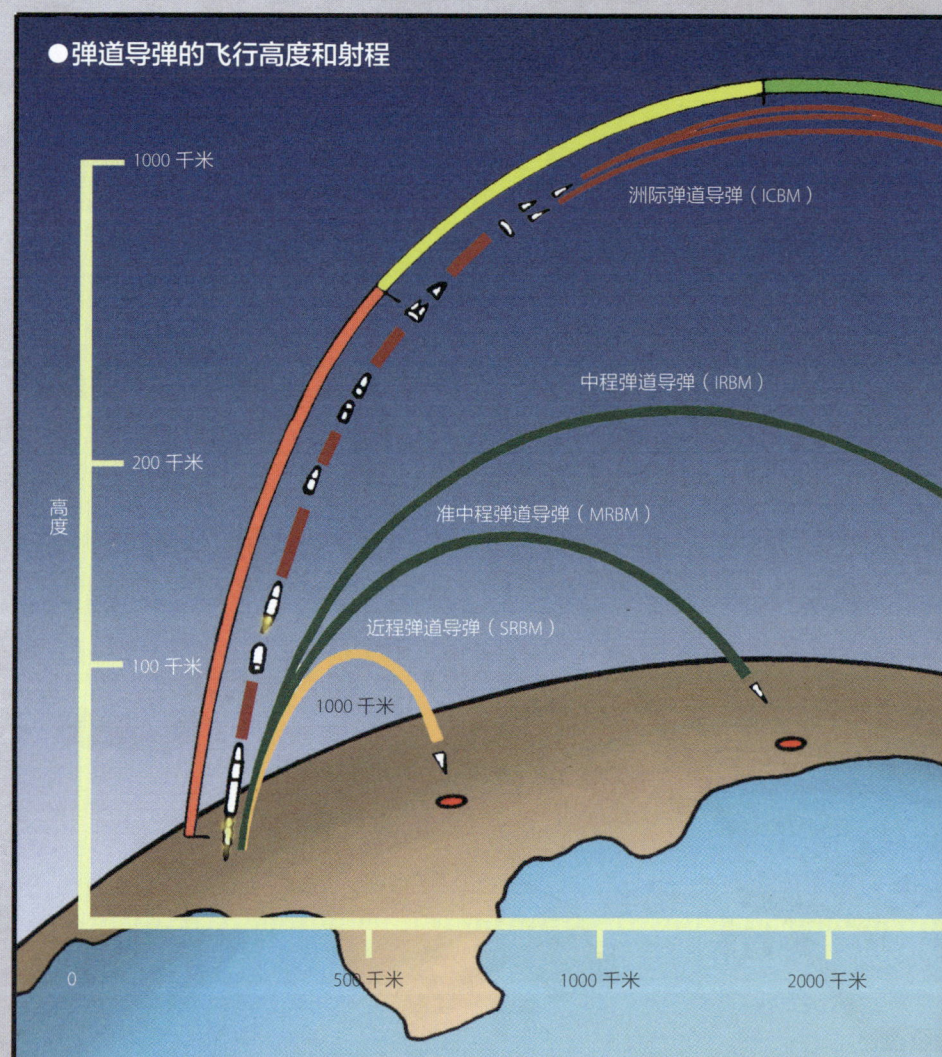

● 弹道导弹的飞行高度和射程

Ballistic Missiles

烧,之后利用惯性飞行。这个飞行过程与用于宇宙开发的民营火箭几乎没什么不同。

弹道导弹根据射程大致分类如下:

洲际弹道导弹(ICBM㊀):射程为 5500 千米以上。

中程弹道导弹(IRBM㊁):射程为 2000~6000 千米。

准中程弹道导弹(MRBM㊂):射程为 800~1600 千米。

近程弹道导弹(SRBM㊃):射程为 800 千米以下㊄。

另外,从潜艇发射出的弹道导弹不参考射程,归类为潜射弹道导弹(SLBM㊅)

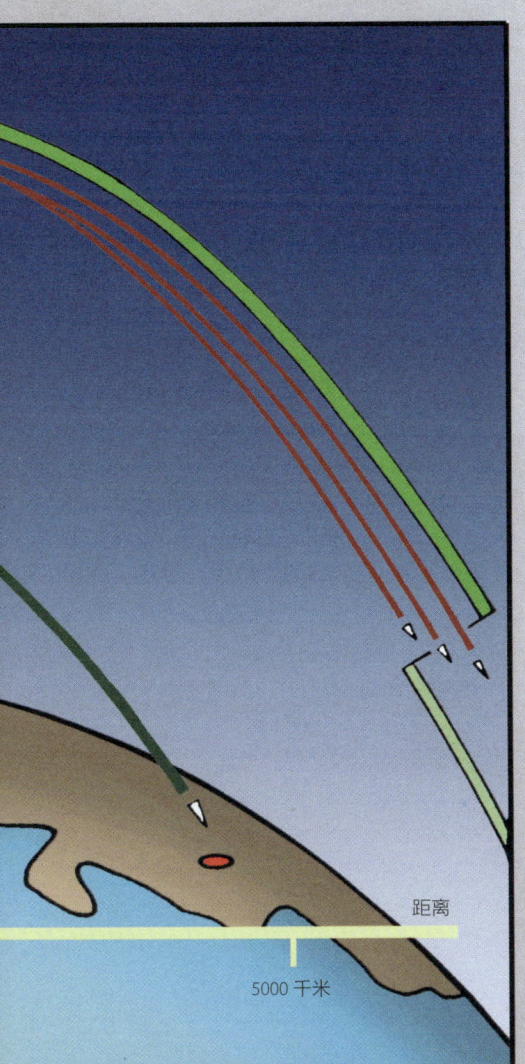

从 SRBM 到 ICBM 都属于弹道导弹。弹道导弹的射程越远弹头就飞得越高(若使导弹从更高高度进行弹道飞行,飞行距离也会更长)。导弹各自要到达规定高度所需要的速度(加速完成时的速度)是提前确定好的,ICBM 需要达到 5000~7000 米/秒,IRBM 需要达到 2000~4000 米/秒,SRBM 速度不超过 2 千米/秒。弹道导弹一般取耗费能量最小的轨道飞行,但根据情况也会采用低弹道(如为了延迟敌人发现时间而采用的最低能耗弹道更低的弹道)或高弹道(如利用重力加速度提高再入大气层时的速度而采用的最低能耗弹道更高的弹道)。

㊀ ICBM:Inter-Continental Ballistic Missile 的首字母缩写。

㊁ IRBM:Intermediate-Range Ballistic Missile 的首字母缩写,实际上包括中程和远程导弹,射程上有争议,这里只是日本书中的一种说法。

㊂ MRBM:Medium-Range Ballistic Missile 的首字母缩写。

㊃ SRBM:Short-Range Ballistic Missile 的首字母缩写。

㊄ 射程为 800 千米以下,也有定义定为射程 500 千米以下。

㊅ SLBM:Submarine Launch Ballistic Missile 的首字母缩写。

04 圆概率误差

代表导弹等武器命中精度的指标

ICBM 的命中精度基本上由发动机关机点决定。不过，虽然在大气层外弹头不受空气阻力等影响所以会按照计算轨道飞行，但再进入大气层后又会受到热量或风力等影响，所以导弹并不能按照计算轨道降落并命中目标。

有一种检测命中精度的指标是圆概率误差（CEP⊖）。圆概率误差是表示"发射的导弹弹头的半数（50%的概率）落在以目标为中心的多大半径范围内"的值。换一种说法就是"着弹概率 50% 的半径的圆"。比如和平卫士洲际导弹飞行 1 万千米的 CEP 就是 180 米以内。这表示飞行 1 万千米的导弹弹头有一半概率落在目标周围半径 180 米以内。

而且 CEP 不只是用在 ICBM 这样的弹道导弹上，导弹或制导炸弹、榴弹炮等火炮都会使用 CEP 作为指标。

如果 ICBM 飞行 1 万千米的 CEP 为 1000 米，而目标为城市或工厂等大型无防备建筑的话，是可以完全破坏目标的。但如果目标是防御坚固的 ICBM 的地下发射阵地的话，破坏力就不够。本来地下发射阵地就是为了防止被落在数百米距离内的核弹头爆炸破坏而建的，因此想要破坏地下发射阵地就只能提高核弹头的破坏力，或者使弹头落在离目标最接近的地方（缩小 CEP 值）。

换句话说，CEP 值所拥有的价值

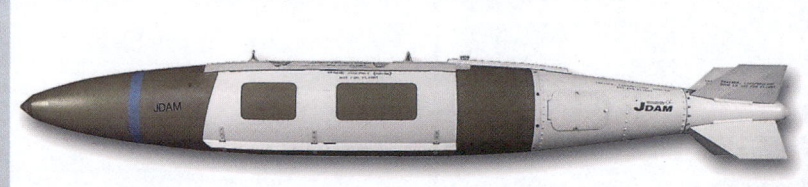

CEP 表示的是弹道导弹以及制导炸弹等武器的大致命中精度。图中为在 Mk.84 自由落体炸弹上安装了成套制导装置的联合制导攻击武器（JDAM⊖）GBU-31 制导炸弹。无制导炸弹通过 GPS 制导变成了 CEP 为 5 米的智能炸弹。

⊖ CEP：Circular Error Probability 的首字母缩写。
⊖ JDAM：Joint Direct Attack Munition 的首字母缩写。

Ballistic Missiles

是根据目标的不同而变化的。ICBM 在实际中使用时的目的是能给敌人带来无法恢复的巨大打击，使敌人的核武器或核武设施无法使用（如果不这么做的话会招来敌人更强的 ICBM 报复性攻击）。正是因为这些目标的防御坚固，所以需要缩小导弹的 CEP 值。

▼ CEP

这是制导炸弹 A（红色圆圈）和 B（绿色圆圈）各投下十发炸弹时弹着点的不规则分布图。此时 A 有 6 发落在半径 10 米的圆内，B 有 6 发落在半径 30 米的圆内。根据这个分布图的情况粗略地说，A 的 CEP 为 10 米，B 的 CEP 为 30 米。检测出各个弹着点离目标（十字线交点的 ▲）的误差，求出标准差并算出 CEP。

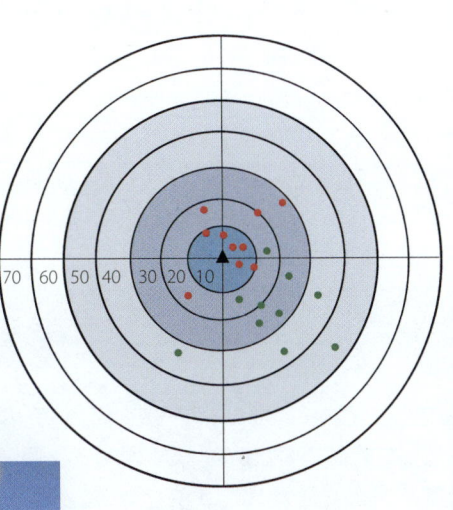

照片中为美国陆军的 M120 迫击炮。这是炮身上无膛线的滑膛炮，炮弹利用稳定翼来稳定飞行弹道。因此即使发射距离相同，M120 迫击炮的 CEP 值也比其他火炮更大。但是，比起精密射击，迫击炮更需要的是压制射击，并不是说 CEP 值高就是不好的武器。近年出现了延长了射程的火箭助推弹，以及利用激光或红外线制导的迫击炮弹，使精准射击或命中移动目标也成为可能。

05 SRBM 的特征
野战部队使用的地地导弹

大口径火箭、火炮和多联装火箭共同构成野战炮兵火力体系的三大要素。这里的大口径火箭是指地地导弹，射程 800 千米以下的短程弹道导弹（SRBM）（不过也有很多像是早期 SRBM 那样在 ICBM 的研发过程中制造出来的武器，以及从一开始就作为野战部队攻击军事目标的战术导弹而制造出来的武器等）。大口径火箭几乎都是由野战部队使用，多被当作野战炮兵体系的一部分。

SRBM 在野战部队中的首要应用，就是攻击位于火炮射程以外，导致火炮的火力无法覆盖的敌人。火炮的最大射程通常为 30 千米，更远的目标就由 SRBM 覆盖。若想要歼灭敌人，最好还是从敌人的炮火无法到达的地区进行攻击更为有效。

对这个距离进行火力覆盖原本应该是战斗机的职责，但战斗机的指挥权属于空军，因此很难应对野战部队的紧急诉求（美军那种综合运用空、陆军而得到绝对航空优势的情况属于例外）。对于野战部队来说，随时可用的 SRBM 更方便，因此 SRBM 被纳入野战部队的火力编制中。

另外，会成为野战部队攻击目标的不只是位于火炮与其他兵器交战距离内的对象，还有位于前线后方的敌方后勤部队⊖。这也是野战部队要利用 SRBM 保留远程攻击能力的原因。

若要在野战部队中使用弹道导弹，导弹就必须能够跟随部队移动。毕竟导弹若无法随时随地在需要的时候发射就毫无价值了，因此 SRBM 必须可搭载在轮式或履带式车辆上。无须费心进行发射准备的固体燃料式火箭更符合要求，导弹的大小也自然而然地定了下来（可搭载在车辆上的导弹数量大多也只能有 1 枚）。当然，这毕竟不是多联装火箭那样轻便的武器，发射准备或操作也需要时间和精力，发射过一次之后再装

美国最早的地地核火箭 MGR-1 诚实约翰，分类为 SRBM。MGR-1 核火箭在 1954 年至 1982 年配备给了驻欧美军。MGR-1 核火箭直径 0.76 米，全长 8.31 米，发射重量为 2510 千克，速度为 2.3 马赫。

⊖ 后勤部队：负责补给、整备、医疗等的后方支援部队。

Ballistic Missiles

填下一枚导弹也并不容易。要大规模供给导弹并为发射车进行再装填，就必须事先建成相应的补给系统。

即使在战斗中使用弹道导弹，由于一次战斗中可投入的导弹数量有限，比起一击即中，更需要的是只靠一枚导弹就能对攻击目标造成最大限度的破坏，最好是能够仅凭一次攻击就使敌方部队无法持续攻击或进行反击。最合适的武器当然就是往 SRBM 上搭载威力巨大的核弹头。

但是，若使用了核弹头，不仅会歼灭敌人，还会对己方造成影响。而且投放了核武器的地区会被辐射所污染，变得长期无法使用，爆炸时产生的电磁波的影响也必须考虑。

受上述原因及《裁军和限制军备条约》等的影响，冷战结束后美国、俄罗斯等国家军队的 SRBM 保有量逐渐减少，反而是使用从俄罗斯等国流出的火箭技术或核技术的第三世界国家开始持有 SRBM。

使用了 A4 火箭的技术而研发出的 PGM-11 红石导弹。它是美国最早期的 SRBM，并且搭载了 400 万吨的热核弹头。导弹直径 1.8 米，全长 21.1 米，发射重量为 27763 千克，速度 5.5 马赫。也可用于发射人造卫星或载人飞船。

第 4 章 弹道导弹 123

CHAPTER 4

06 法国的 SRBM
一发就能给敌方地面部队巨大打击

运用于野战部队层级的近程弹道导弹（SRBM）研发于二战之后。研发目的是用核弹头攻击敌方后勤部队或战术后方，仅凭一发导弹就

▼法国 SRBM 冥王星导弹发射车

20 世纪 60 年代前半段，法国一直将美国提供的搭载核弹头的 MGR-1 诚实约翰导弹用作大口径地地火箭。由于法国后来走上独立军事路线，开始研发接替诚实约翰导弹的 SRBM。最终成果就是冥王星导弹，从 1974 年 5 月开始列装。冥王星导弹最早在法国陆军第 3 步兵联队进行实战列装，最终配备了 30 枚，编成了 5 个战术导弹联队。导弹搭载在 AMX-30 坦克的底盘改造成的发射装置上进行移动和发射。虽然也有计划要研发射程翻倍的性能提高型的超级冥王星导弹，但这个计划在 1983 年就被中止了。

若使用射程 120 千米的冥王星导弹即可从更远的距离进行攻击，因此可以减少己方受到的损失

冥王星导弹发射车

● 从冥王星导弹看近程弹道导弹的使用方法

Ballistic Missiles

能够使敌人无法反击。SRBM 还有一个特征是，它不仅可以搭载核弹头，还能搭载化学武器的弹头或 DPICM⊖ 等弹头。

▼冥王星导弹

冥王星导弹为单级固体燃料式导弹，直径 0.65 米，全长 7.64 米，发射重量 2453 千克，射程 120 千米，CEP 为 150 米，弹头包括 TNT 当量 15 千吨及 25 千吨的核弹头（AN-51）或高爆弹头，于 1993 年退役。

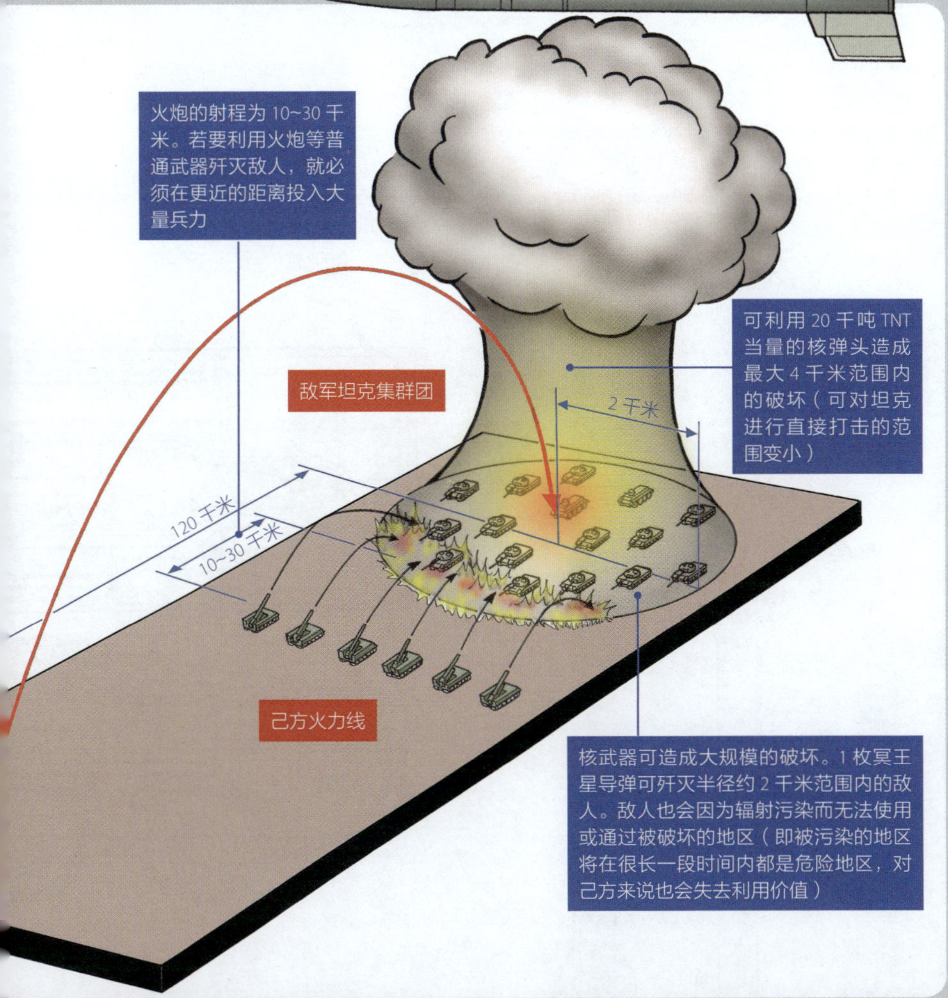

火炮的射程为 10~30 千米。若要利用火炮等普通武器歼灭敌人，就必须在更近的距离投入大量兵力

可利用 20 千吨 TNT 当量的核弹头造成最大 4 千米范围内的破坏（可对坦克进行直接打击的范围变小）

2 千米

敌军坦克集群团

120 千米

10~30 千米

己方火力线

核武器可造成大规模的破坏。1 枚冥王星导弹可歼灭半径约 2 千米范围内的敌人。敌人也会因为辐射污染而无法使用或通过被破坏的地区（即被污染的地区将在很长一段时间内都是危险地区，对己方来说也会失去利用价值）

⊖ DPICM：Dual-Purpose Improved Conventional Munition 的首字母缩写。搭载大量子弹药并高密度地抛洒于空中，以压制目标领域的集束弹药。

第 4 章 弹道导弹　125

07 俄罗斯的 SRBM（1）

风靡全世界的飞毛腿导弹

飞毛腿 A 导弹：单级液态推进方式，发射重量为 4400 千克，射程 130 千米，CEP 为 4000 米，导弹直径 0.88 米，全长 10.25 米。导弹为装备 50 千吨 TNT 当量核弹头的单弹头式导弹。1957 年实战列装。

飞毛腿 B 导弹：这款是部署最广的导弹，有着以它为原型而被造出的各种变形。单级液态推进方式，发射重量为 6370 千克，射程为 300 千米，CEP 为 450 米。导弹直径 0.88 米，全长 11.25 米。导弹为单弹头式，除了核弹头还可搭载化学弹头、高爆弹头。1965 年实战列装。

飞毛腿 C 导弹：单级液态推进方式，发射重量 6400 千克，射程约 600 千米，CEP 为 900 米。导弹直径 0.88 米，全长 11.25 米。导弹为单弹头式，搭载高爆弹头。飞毛腿 A~C 的制导方式均为惯性制导系统。

飞毛腿 D 导弹：导弹装备了惯性制导系统及雷达末制导，将 CEP 提升至 50 米（这个制导方式是在 20 世纪 80 年代末投入实用的）。单级液态推进方式，发射重量为 6500 千克，射程为 700 千米，直径 0.88 米，全长 12.29 米。导弹为单弹头式，可搭载核弹头、化学弹头、高爆弹头，于 1989 年列装。

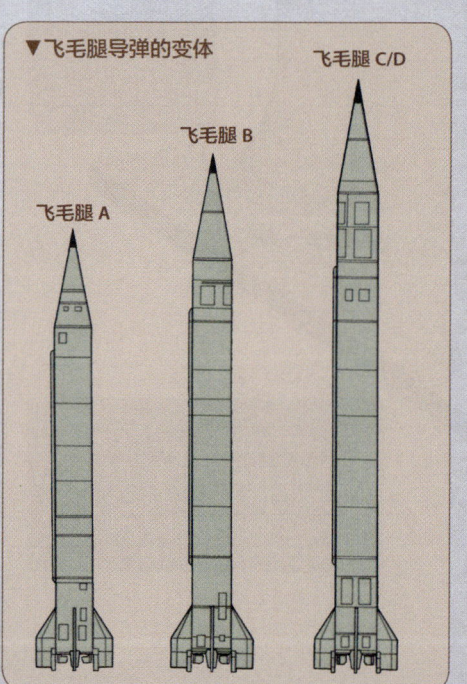

▼ 飞毛腿导弹的变体

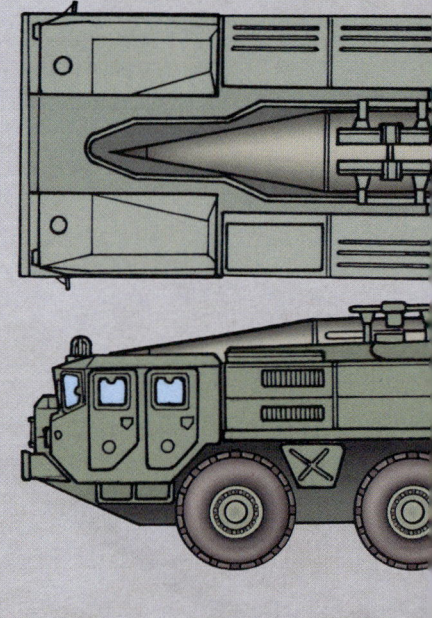

Ballistic Missiles

飞毛腿导弹经历了以 20 世纪 50 年代研发出的飞毛腿 A 导弹为原型的反复改良与发展,到 20 世纪 80 年代末为止,研究人员制造出了 A、B、C、D[1]四种基本类型。由于飞毛腿导弹在世界范围内被广泛使用,被出口到了第三世界国家,还被华沙条约组织加盟国所列装,从而出现了各种衍生型号。飞毛腿导弹也是一款充满话题的武器,比如在 1991 年的海湾战争中,就围绕伊拉克军装备的飞毛腿导弹[2]而展开了多种战斗。

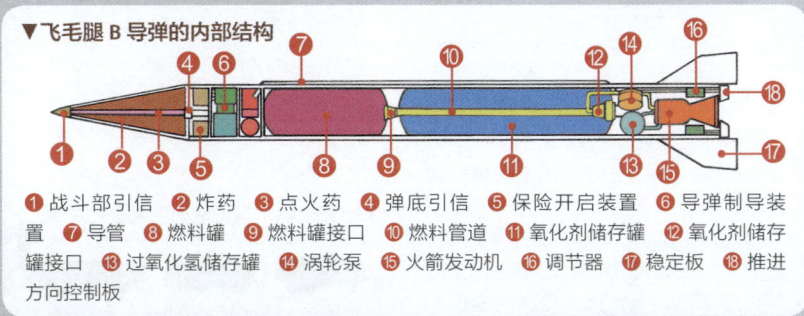

▼飞毛腿 B 导弹的内部结构

① 战斗部引信 ② 炸药 ③ 点火药 ④ 弹底引信 ⑤ 保险开启装置 ⑥ 导弹制导装置 ⑦ 导管 ⑧ 燃料罐 ⑨ 燃料罐接口 ⑩ 燃料管道 ⑪ 氧化剂储存罐 ⑫ 氧化剂储存罐接口 ⑬ 过氧化氢储存罐 ⑭ 涡轮泵 ⑮ 火箭发动机 ⑯ 调节器 ⑰ 稳定板 ⑱ 推进方向控制板

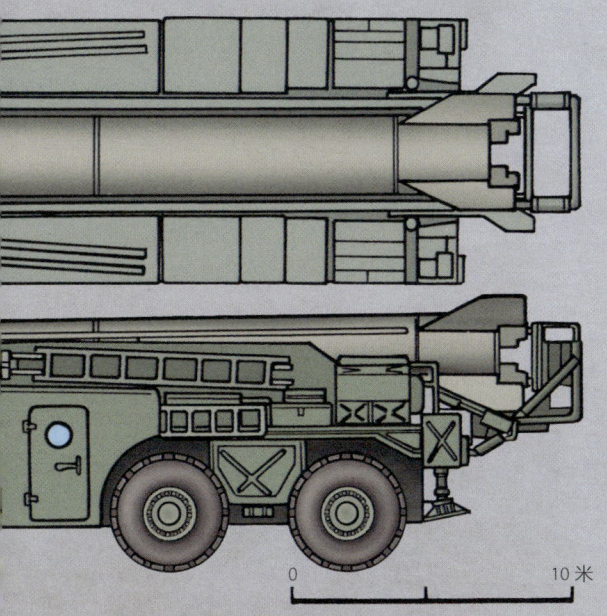

◀搭载在 MAZ-543P TEL 上的飞毛腿 B 导弹

除了搭载在 JS-3 坦克底盘改良而来的发射装置兼运输车辆上的飞毛腿 A 导弹,飞毛腿 B 导弹以后的型号都是搭载在轮式 MAZ-543P TEL(运输车兼起竖式发射装置)使用的,发射时在 TEL 后部竖起导弹并发射出去。TEL 全长 13.37 米,车宽约为 3 米,拥有最大 650 千米的续航距离。

---

[1] A、B、C、D:每个发展阶段都会增加导弹的全长和重量,延长射程,制导方式也有所改良并提高了命中精度。西方名称分别为 SS-1B、SS-1C、SS-1D、SS-1E。

[2] 伊拉克军装备的飞毛腿导弹:严格来说并非飞毛腿导弹,而是以飞毛腿导弹为原型加以改良的侯赛因导弹。

08 俄罗斯的 SRBM（2）

9K720 伊斯坎德尔导弹的实力

苏联在二战中使用了大量火箭武器，在战后也继续积极研发并使用着 SRBM。俄罗斯最新的 SRBM 就是 9K720 伊斯坎德尔导弹。

● 9K720 伊斯坎德尔导弹

俄军在 2006 年采用的战术级 SRBM，分为联邦军用的伊斯坎德尔 M 导弹和出口用的伊斯坎德尔 E 导弹。M 型的制导方式为 INS 及电子光学制导系统（E/O），E 型只有 INS。M 型是对照着输入计算机的目标航拍或无人机（UAV）和机载空中警报控制系统（AWACS）发来的目标图像进行跟踪和瞄准的。通过这个制导系统，CEP 有 5～7 米。另外，伊斯坎德尔 M 导弹的飞行轨道比一般的弹道导弹更低，在最终阶段为了突破敌方的导弹防御系统会使用诱饵。导弹全长 7.2 米，重 3800 千克，射程 400 千米（M 型）。

▼伊斯坎德尔导弹发射所需要的车辆

  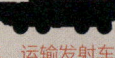
指挥车　　　　情报信息处理车　　运输发射车
（KAMAZ 6轮卡车）（KAMAZ 6轮卡车）（ASTROLOG 卡车）

  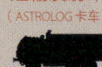
装填运输车　　整备修理车　　　医疗支援车
（ASTROLOG 卡车）（KAMAZ 6轮卡车）（KAMAZ 6轮卡车）

● 蛙 7 地地战术弹道导弹与 ZIL-135TEL

插图中为搭载在 ZIL-135TEL（8 轮运输车兼起竖式发射装置）上的蛙 7 地地战术弹道导弹。ZIL-135TEL 是将起竖式发射台放到多功能运输车上的形式，越野性能高，拥有 400 千米的续航距离，并且为了进行再装填而装备了起重机。蛙 7 导弹自从 1965 年在苏联军队实战列装以来，渐渐被多个国家用于实战，现在在少数国家仍是现役武器。

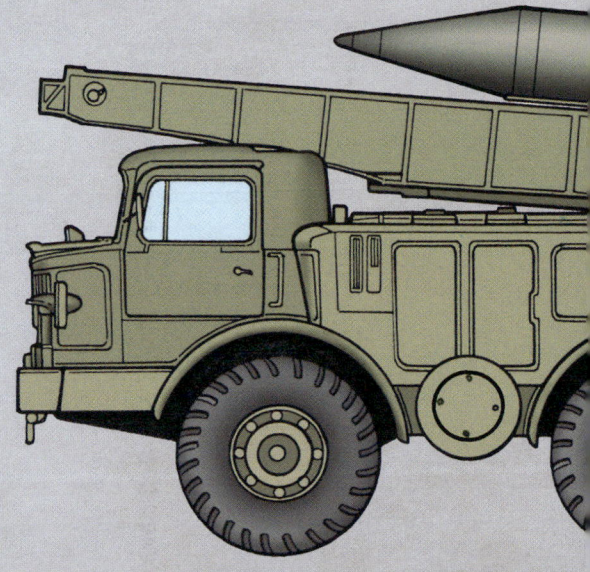

Ballistic Missiles

装载在 ASTROLOG 卡车上的 2 枚 9K720 伊斯坎德尔导弹。导弹与发射台一起搭载在卡车的载货架上，上面覆盖了折叠式门，以免遭风雨侵袭，发射时就像照片中那样将导弹竖起来。弹头有高能炸药、榴弹、集束炸弹、贯穿弹、燃料空气炸弹等 10 种常规弹头。

蛙 7 导弹的推动方式为单级固体燃料式，发射重量 2300~2500 千克。导弹为单弹头式 SRBM，可搭载核弹头、化学弹头、高爆弹头。导弹射程 70 千米，CEP 为 500~700 米。直径 0.54 米，全长 9.1 米。目前正在研发搭载集束弹头的蛙 7B 导弹。

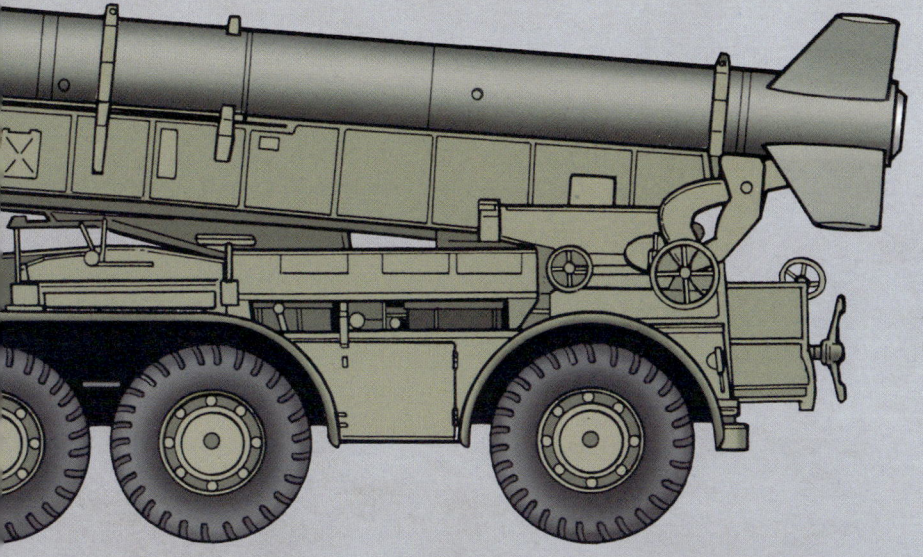

第 4 章 弹道导弹 129

CHAPTER 4

09 SRBM 与 MRBM

通过雷达制导来改变下落轨道

下图为潘兴Ⅰ导弹是为了接替美国陆军最早的 SRBM 红石导弹而研发出来的。以 1964 年列装于西德第 56 野战炮兵队为开端，1971 年在 NATO 各国列装完毕。1968 年开始列装提高了机动性并改良了制导系统的潘兴ⅠA 导弹，最终潘兴Ⅰ导弹的生产全部转成了潘兴ⅠA 导弹。导弹直径 1.02 米，全长 10.5 米，发射重量约 4600 千克，最大速度 8 马赫，可以搭载 400 千吨 TNT 当量的核弹头 W50 及常规弹头。

潘兴Ⅱ导弹是Ⅰ型的改良次型，目的是延长射程、核弹头小型化㊀并提高命中精度。潘兴Ⅱ导弹从 1984 年开始在欧洲实战列装，但因为后来潘兴Ⅱ导弹成了《中导条约》（INF㊁）的限制对象之一，所以在 20 世纪 90 年代前半段被尽数销毁废弃了。导弹全长 10.6 米，直径 1.02 米，发射重量约 7400 千克，最大速度 8 马赫以上，可以搭载 50 千吨 TNT 当量的核弹头 W50 和常规弹头。

㊀ 核弹头小型化：这是因为将 400 千吨 TNT 当量的 W50 核弹头用在战术导弹上会导致威力过大。

㊁ INF：Intermediate-range Nuclear Force 的缩写。

Ballistic Missiles

美国陆军从 20 世纪 50 年代末到 20 世纪 60 年代研发出了潘兴导弹，直到 20 世纪 90 年代前半段，潘兴导弹都一直作为战术核武器被部署在了以欧洲为中心的地区。潘兴导弹大致分为 MGM-31A 潘兴 I（射程约 740 千米的 SRBM）和 MGM-31B 潘兴 I（射程约 1800 千米的 MRBM）两种型号。它们都使用了两级式固体燃料火箭，机动性强，特点是从部署到发射可在短时间内完成。值得一提的是，潘兴 II 采用的制导系统不仅采用了惯性制导装置，还搭载了末制导用的雷达区域相关制导系统（RADAG⊖）。

● 被用于潘兴 II 导弹的 RADAG 方式

在导弹弹头再入大气层朝着目标落下的阶段，弹头前端搭载的雷达侦察并识别地面目标后将弹头引导向目标中心。弹头由雷达、W85 弹头、制导控制部构成，通过对照比较预先输入制导控制部搭载的计算机里的目标雷达图像（信号）和雷达侦查到的目标图像，从而正确导向目标。实际的制导操作根据计算机的指令进行弹翼和推力矢量控制（通过可动喷管进行推力变更），从而改变弹头的下落轨道。这种弹头叫作机动再入飞行器（MaRV⊖），潘兴 II 导弹也是除 ICBM 以外首次装备了再入机动式弹头的弹道导弹。

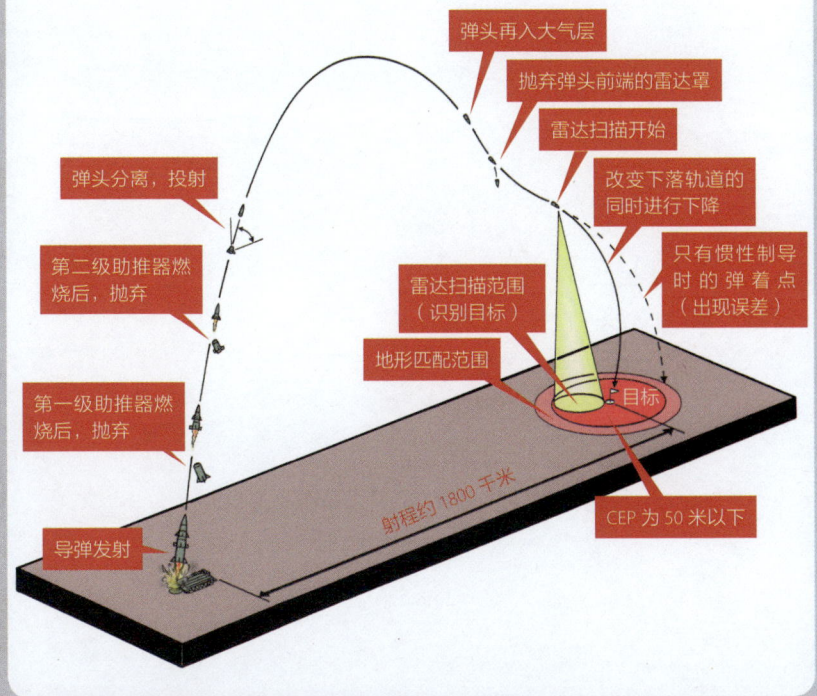

⊖ RADAG：Rader Area Guidance 的缩写。
⊖ MaRV：Maneuverable Re-entry Vehicle 的缩写。

第 4 章 弹道导弹　131

10 IRBM 的特征

射程短也能实现战略目的

中程弹道导弹（IRBM）指的是射程在 2000~6000 千米的弹道导弹。虽然 IRBM 比在战场上对敌使用的 SRBM 那种战术性导弹射程更长、威力更强，但 SRBM 不如 ICBM，也不是作为战略导弹使用的。

不过，如果与敌对国家接壤的话，即使射程没那么远也足够达到战略威慑目标了（美国潘兴 Ⅱ 导弹在欧洲的部署及苏联 SS-20 的部署都是以此为目的）。IRBM 可搭载高爆弹头与核弹头也有这方面的原因。

即使 IRBM 不如 ICBM，但对于一直与邻国处于紧张状态的国家来说，持有可用于战略目的的 IRBM 既可以抑制战争，又可以表明自己处于优势地位，因而是一件非常有吸引力的事。在冷战结束后，以 IRBM 为中心的弹道导弹逐渐走向全世界。

Ballistic Missiles

美国研发的初期 MRBM 朱庇特导弹（PGM-19），正处于开启全天候圆顶进入发射准备状态。单级式液体燃料导弹，射程为 2410 千米。导弹直径 2.67 米，全长 18.3 米，重 49800 千克。

11 ICBM 的技术（1）
想要命中大气层外的目标需要怎么做？

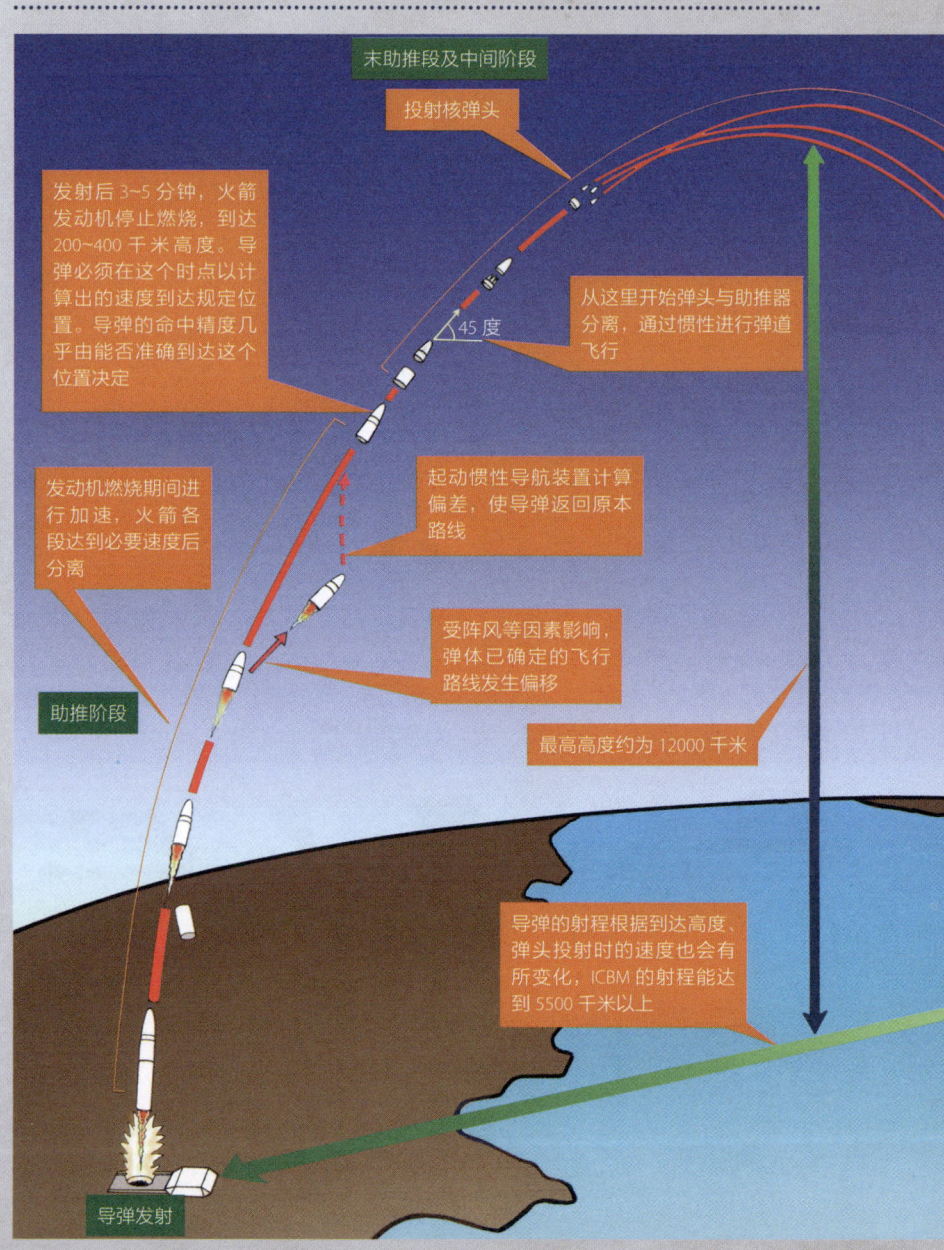

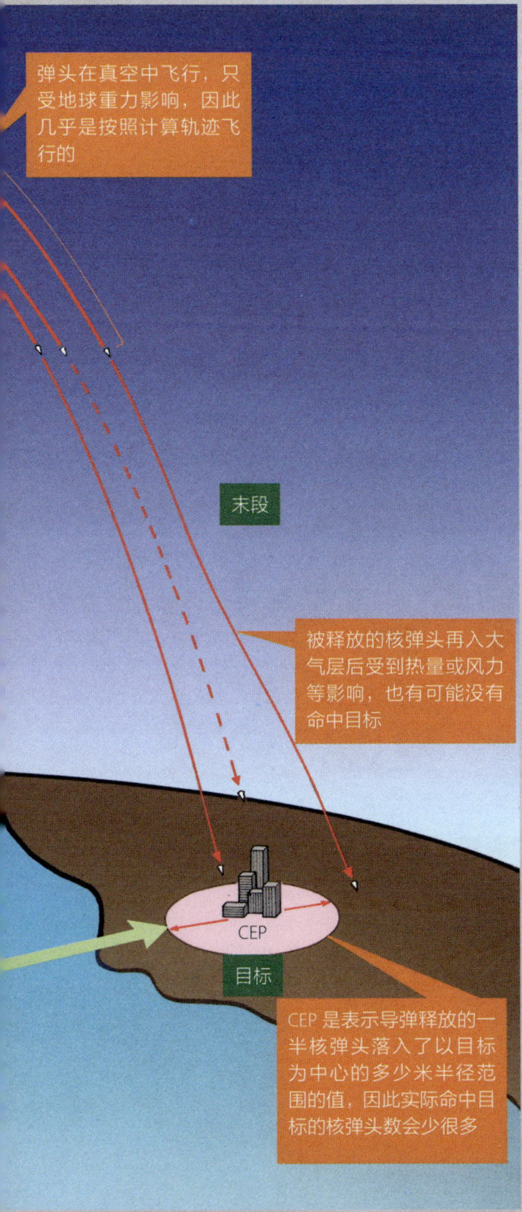

Ballistic Missiles

要使弹道导弹拥有较远的射程，比起让其飞行在容易受到风力等空气阻力的大气层内，不如一口气上升至大气层外那样的高空，再使其朝着目标进行弹道飞行，这样才飞得更远。

因此，要将导弹（实际上只有弹头部分）从助推器燃烧完毕时的高度（高度为 200~400 千米）以约 45 度的角度发射出去。这与弹道导弹始祖 A4 火箭的飞行原理基本相同。

● 使弹道导弹命中目标的技术

弹头在真空中飞行，只受地球重力影响，因此几乎是按照计算轨迹飞行的

末段

被释放的核弹头再入大气层后受到热量或风力等影响，也有可能没有命中目标

CEP

目标

CEP 是表示导弹释放的一半核弹头落入了以目标为中心的多少米半径范围的值，因此实际命中目标的核弹头数会少很多

第 4 章 弹道导弹　135

12 ICBM 的技术（2）
惯性制导是怎样的制导方式？

想要像 ICBM 那样命中目标，就要使用惯性制导方式。假设目标处于静止状态，导弹如果能做到记住发射位置和目标位置（坐标）、知道飞行中的当前位置，就能做到自行飞向目标——这就是惯性导航的原理（实际中是比较对照预先输入的飞行路线与当前位置）。使导弹无须外部导航信息也能飞行的导航方法实现的就是惯性导航装置（INS）。

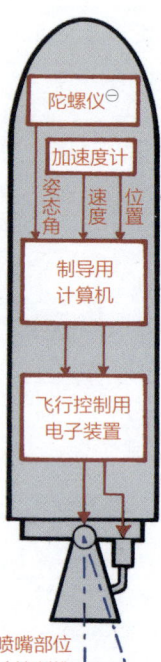

右边照片是搭载在土星 5 号运载火箭（20 世纪 60 年代后半段至 20 世纪 70 年代前半段的宇宙开发中使用的火箭）上的 ST-124 惯性导航装置。当时 ST-124 是机械式装置，因此精度不高。现在 INS 也采用了利用激光束的激光陀螺仪和使用光纤的加速度计，提高了可靠性。

●惯性制导方式的原理

导弹的惯性制导系统如左图所示。构成 INS 的加速度计和陀螺仪测出速度、位置信息、姿态角信息的各类数据被发送给制导用计算机，计算机计算测出数据。将计算结果与预先输入的飞行程序进行比较，需要修正时，计算机会向飞行控制用电子装置发送修正命令。电子装置根据命令起动发动机的喷嘴部分改变推力方向，从而修正飞行方向。

㊀ 陀螺仪：陀螺仪或陀螺仪传感器。利用回转效果（高速旋转物体维持旋转状态的惯性力）测量物体的角度或角速度的计量器。

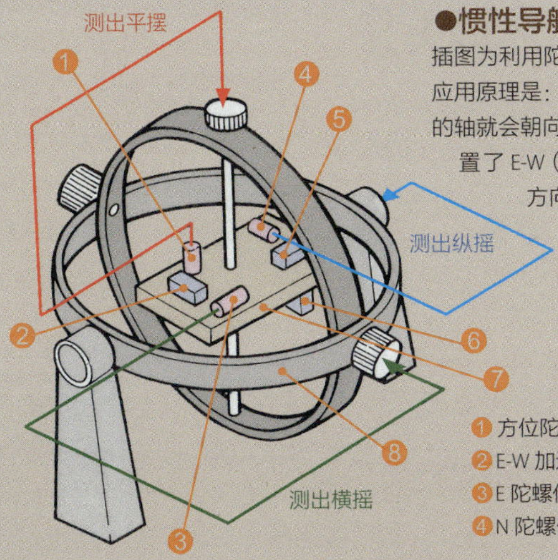

Ballistic Missiles

● 惯性导航装置的简单模型

插图为利用陀螺制成的最简单的 INS 模型。应用原理是：只要陀螺处在旋转状态，陀螺的轴就会朝向地球中心。装置在稳定台上放置了 E-W（东西）、N-S（南北）、垂直方向的加速度计及方位陀螺、E 陀螺、N 陀螺，并将稳定台安装在总是垂直于地心的支架上。加速度计用于测出各自方向上施加的加速度，陀螺仪用于测出导弹各个方向的倾斜度。

① 方位陀螺仪　⑤ N-S 加速度计
② E-W 加速度计　⑥ 垂直加速度计
③ E 陀螺仪　⑦ 台体（稳定台）
④ N 陀螺仪　⑧ 支架

测出平摆 ① ④ ⑤
测出纵摇
测出横摇

● 惯性制导的原理

方位陀螺仪
N-S 加速度计
E-W 加速度计
N 陀螺仪
垂直加速度计
台体（设定为总是垂直于地心线）
E 陀螺仪

向弹体施加加速度
预定飞行路线

N-S 方向的加速度分量
垂直方向的加速度分量
E-W 方向的加速度分量
向导弹（火箭）施加的加速度

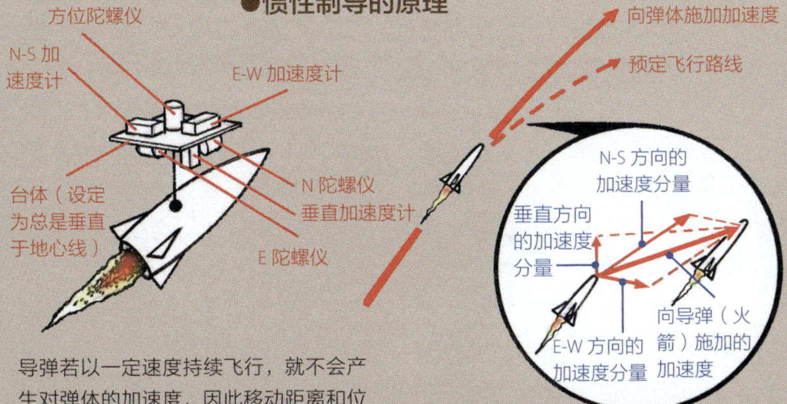

导弹若以一定速度持续飞行，就不会产生对弹体的加速度，因此移动距离和位置是与计算相同的。如果受到预期外的加速度（在大气层内受到阵风等外力影响后会产生对弹体的加速度）并偏离预定路线，INS 的台体不受导弹姿态影响，总是保持水平，因此通过各个加速度计测出的加速度可以计算出弹体与原本位置有多少偏离。虽然是原理简单的装置，但实际上，要使台体一直保持与地心线呈直角状态也是很难的。

阵风、助推器的燃料、分离时的偏离等都会产生预料外的加速度，导弹会在这种时候偏离飞行路线。因此检测出施与弹体的加速度的 E-W、N-S、垂直方向各自的加速度分量，将其在施加加速度持续时间内求积分（第一次求积分算出速度，第二次求积分算出移动距离）得出的结果，就能得出目前的位置。

第 4 章 弹道导弹　137

13 ICBM 的技术（3）
液体火箭和固体燃料火箭

火箭大致分为液体火箭和固体燃料火箭。

液体火箭由燃料箱、氧化剂箱、燃烧燃料与氧化剂的发动机（用于将推进剂送入燃烧室的各种控制阀、燃烧室、喷出火药燃气的喷嘴）等组成。即使同样是液体火箭，根据将推进剂送入燃烧室的方法不同也可以分为两种。一种是通过一定压力将封入加压罐的高压氮气送入燃料箱和氧化剂箱中，通过这个压力来向燃烧室输送推进剂；另一种是利用涡轮机驱动气体发生装置产生的高压气体（或者利用火箭的火药燃气）来驱动涡轮泵，从而将推进剂送入燃烧室（第一种方法一般用于小型火箭）。这两种方法都是通过送入燃烧室的推进剂燃烧产生高温高压气体，并将这种高温高压气体从喷嘴部分喷射向外部，利用产生的反作用力来推动火箭。

液体火箭的推进剂[一]中，燃料一般使用煤油，氧化剂一般使用液态氧，但民用火箭另当别论，这种推进剂也不适合军用导弹。因为液态氧无法在常温下提前填充保存于导弹内部的储箱中，只能在发射前注入。但注入液态氧也需要时间，因此导弹无法立即发射（早期的 ICBM 阿特拉斯和泰坦 I 就因为这样所以不太实用）。而泰坦 II 则使用了可保存的推进剂，燃料用的是偏二甲肼，氧化剂用的是四氧化二氮，可提前填充入导弹，在需要的时候立即发射。这种推进剂有一个优点，即燃料和氧化剂一接触就能开始燃烧，这叫作自燃性。但这种推进剂也有问题，四氧化二氮毒性强，腐蚀性高，因此如果提前很久填充进储箱内的话会腐蚀贮箱，有导致爆炸的危险。泰坦 II 也发生过数次大型事故。

固体火箭由被称为药柱的固体推进剂、燃烧室（兼做药柱填充容器和燃烧室的一体化空间）、点火装置等组成。因为结构非常简单，所以与液体火箭相比可以减小结构效率。药柱是将氧化剂和燃料混合后制成的固体，氧化剂是高氯酸铵粉末，燃料则是为了提高燃烧温度、增加比冲量[二]而添加了铝粉的丁二烯类橡胶。但是，使用这种药柱时，混合在药柱里的铝粉燃烧成白色粉

[一] 液体火箭的推进剂：燃料使用液态氢，氧化剂使用液态氧是最省燃料的组合（日本 H-II 火箭使用的组合），但这种方法也无法在常温下事先把燃料填充进火箭里，因此不适用于军用导弹。

[二] 比冲量：表示火箭发动机燃料效率的标准。

末状的氧化铝时会发出耀眼的白光，因此也有可能不适用于某些导弹（本来导弹发射时就会产生烟雾，所以在不易被敌人发现发射点的情况下会使用不发烟的药柱）。

固体燃料火箭和液体火箭相比，前者有着使用和储存简单、易保存、燃烧面积大从而可获得较大推力、可节省费用的优点；而缺点是一旦点火并燃烧后就无法中断或二次点火。

而与之相对，液体火箭虽然结构复杂但可控性强，可中断燃烧或二次点火，也可调整推力。因此，如和平卫士导弹用于加速的助推器部分虽然使用的是固体火箭，但承载弹头的再入飞行器的机动段（PBV）使用的却是液体火箭。

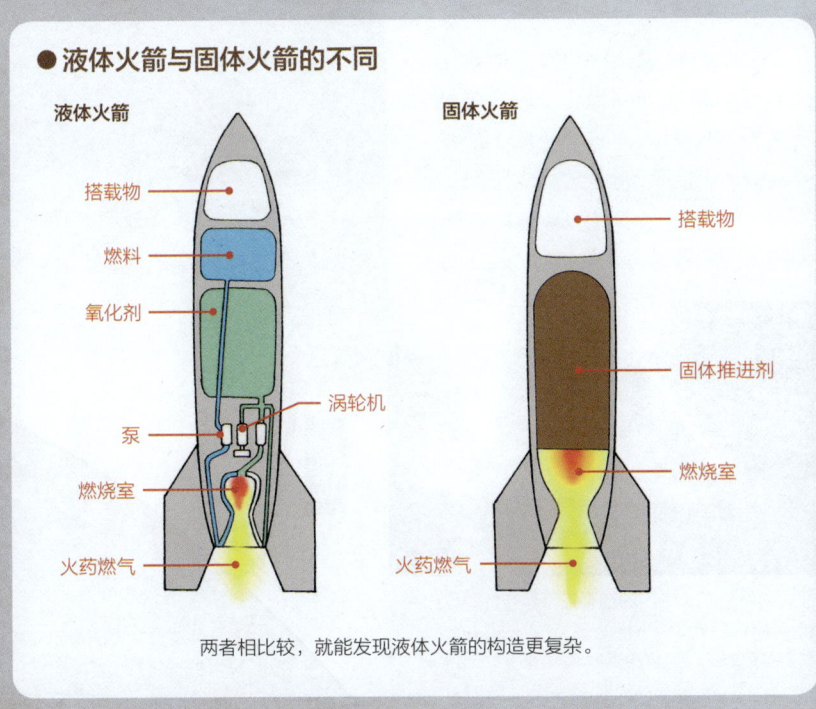

● 液体火箭与固体火箭的不同

两者相比较，就能发现液体火箭的构造更复杂。

14 ICBM 的技术（4）

ICBM 的各阶段飞行和弹头释放

ICBM 这种弹道导弹的飞行分为以下几个阶段。

助推阶段：从导弹发射到火箭的助推器（发动机）燃烧结束为止。一般在 3~5 分钟内，导弹在这段时间内到达大气层外，弹道与计算好的可命中目标的轨道相合。拦截导弹时，在这个阶段击落导弹的机会较大。

末助推阶段：从助推器燃烧结束到导弹释放弹头为止。若导弹拥有装着多个再入飞行器（RV）的核弹头时，则此阶段到释放 RV 为止。

中间阶段：到释放 RV 进入轨道，弹道飞行的同时再入大气层为止。释

●分导式多弹头（MIRV[⊖]）ICBM 的飞行

中间阶段

最终阶段

❶ 导弹发射（通过固定式地下发射井发射）
❷❸ 各阶段的助推器燃烧后分离。在这期间校正导弹的制导系统

在实验中落入大气层的和平卫士导弹的 RV。和平卫士导弹弹头采用的是 MIRV 方式，PBV 在变更姿态的同时释放搭载的 10 个 RV。和平卫士的 PBV 能够在 W87 核弹头上搭载 11 个 Mk.21RV，但考虑到 1979 年签署的第二次战略武器限制谈判（SALT[⊖] Ⅱ），1989 年开始和平卫士的 RV 减为 10 个。

⊖ SALT：Strategic Arms Limitation Talks 的首字母缩写。
⊖ MIRV：Multiple Independently-targetable Re-entry Vehicle 的缩写。

Ballistic Missiles

放的 RV 利用惯性沿着弹道持续上升，导弹约上升到 1200 千米高度之后，下降并再入大气层。再入速度据说最高超过 20 马赫。整段航程中这个阶段持续最长。

最终阶段：从再入大气层到命中目标为止。这个阶段持续最短，最难以拦截。

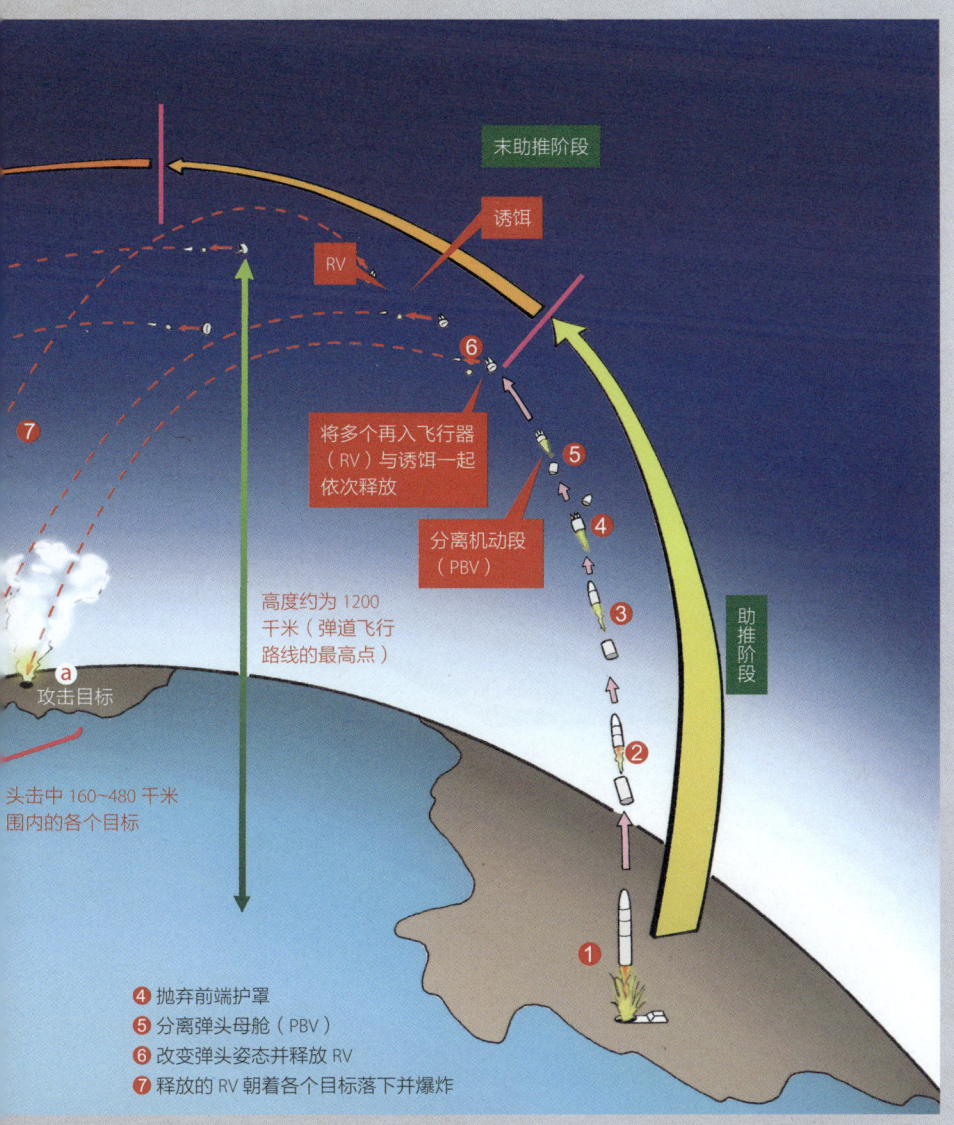

4 抛弃前端护罩
5 分离弹头母舱（PBV）
6 改变弹头姿态并释放 RV
7 释放的 RV 朝着各个目标落下并爆炸

CHAPTER 4

15 ICBM 的技术（5）

ICBM 搭载核弹头方式的进化

ICBM 的弹头分为单弹头式、集束式多弹头（MRV⊖）式、分导式多弹头（MIRV）式。这些弹头搭载方式在技术上是按顺序逐步发展的。

弹头搭载方式的不同主要是由于导弹的命中精度存在差异。早期的单弹头式 ICBM 只能搭载 1 个核弹头，命中精度也较低，因此设计思路是使 1 枚拥有数兆吨破坏力的大型核弹头，将城市目标等一次性破坏完毕。

但是，目标若是敌方 ICBM 设置在地下发射井或地下司令部等经过硬化防御的单个对象，导弹破坏力高但命中精度低的话也无法进行充分破坏。MRV 就是在 1 枚导弹上搭载多个核弹头从而提高对单个目标的命中概率这一理论中诞生的。

而弹道导弹制导控制技术提升（投射弹头的位置变得可按计划实

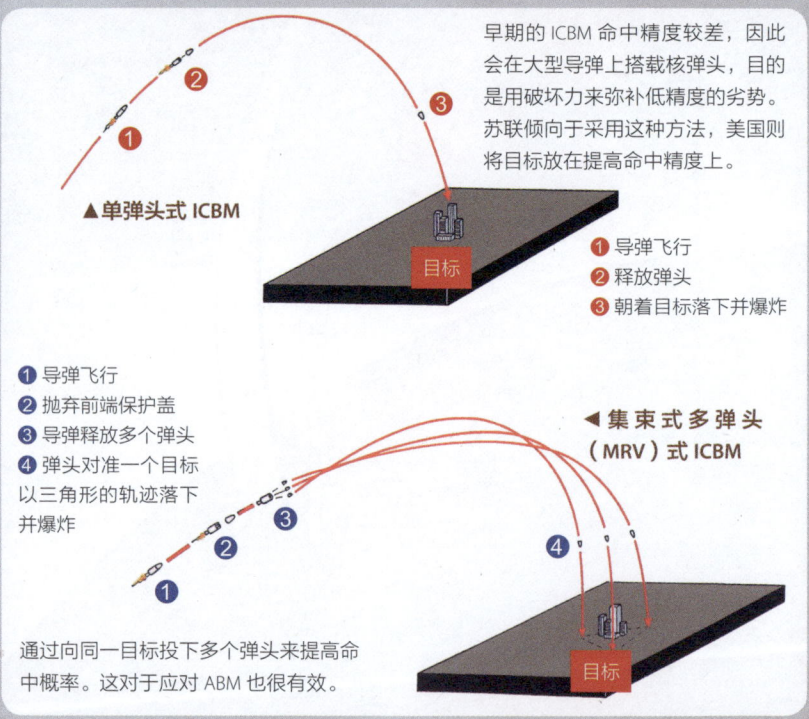

▲单弹头式 ICBM

早期的 ICBM 命中精度较差，因此会在大型导弹上搭载核弹头，目的是用破坏力来弥补低精度的劣势。苏联倾向于采用这种方法，美国则将目标放在提高命中精度上。

❶ 导弹飞行
❷ 释放弹头
❸ 朝着目标落下并爆炸

❶ 导弹飞行
❷ 抛弃前端保护盖
❸ 导弹释放多个弹头
❹ 弹头对准一个目标以三角形的轨迹落下并爆炸

◀集束式多弹头（MRV）式 ICBM

通过向同一目标投下多个弹头来提高命中概率。这对于应对 ABM 也很有效。

⊖ MRV: Multiple Re-entry Vehicle 的首字母缩写。

Ballistic Missiles

现），命中精度也提高之后，就出现了 MIRV 式导弹。MIRV 式导弹的设计思路是：既然核弹头的命中精度已经提高，那么使搭载的多个核弹头各自落向不同的目标就能给敌人带来更大的伤害。这种搭载方式使 1 枚导弹可攻击多个目标，所以还可以提高对敌方的威慑力。

还有一种搭载方式叫作机动再入飞行器（MaRV[⊖]）。虽然迄今为止再入大气层的核弹头只能进行自由落体运动，但是使核弹头拥有可机动飞行的功能和提高命中精度被视为针对反弹道导弹（ABM）的规避手段。这种方式虽然没能用在 ICBM 上，但美国 IRBM 潘兴 II 导弹却采用了这种方式。

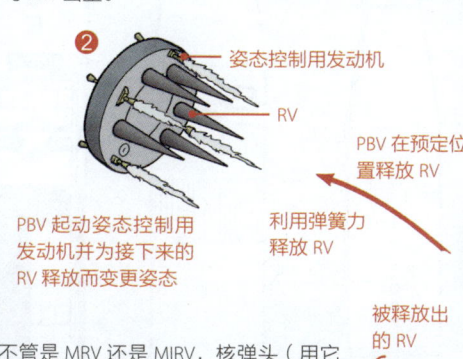

民兵导弹的弹头部位，PBV 上安装着 RV。为了提高命中精度，核弹头的威力缩小至 200 千吨至 300 千吨 TNT 当量。

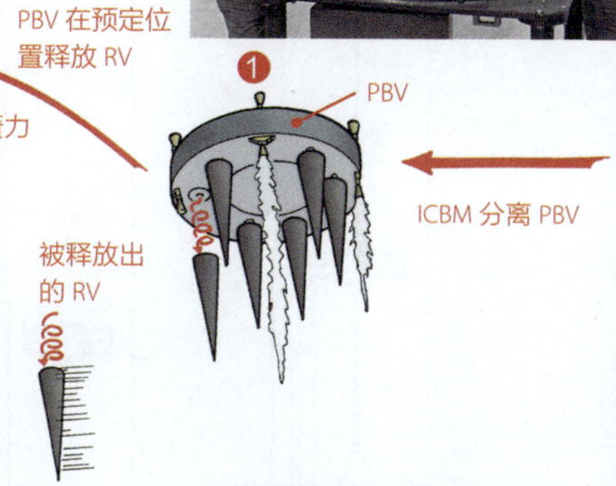

不管是 MRV 还是 MIRV，核弹头（用它命中目标，引起核爆炸）都是被收纳在 RV 的圆锥形特殊密封舱中。这个密封舱的作用是为了在再入大气层时保护核弹头[⊖]不受热量和冲击影响。拥有 MIRV 式弹头的 ICBM 最大的特征就是利用载有多个 RV 的 PBV 依次释放 RV。

● 利用 PBV 将 RV 投向多个目标

⊖ MaRV：Maneuverable Re-entry Vehicle 的缩写。

⊖ 保护核弹头：即使在单弹头式弹道直接分离助推器飞行的情况下，弹头部位也会有一些再入大气层用的保护措施。

第 4 章 弹道导弹　143

16 美国的 ICBM（1）
为对抗苏联而紧急列装的导弹

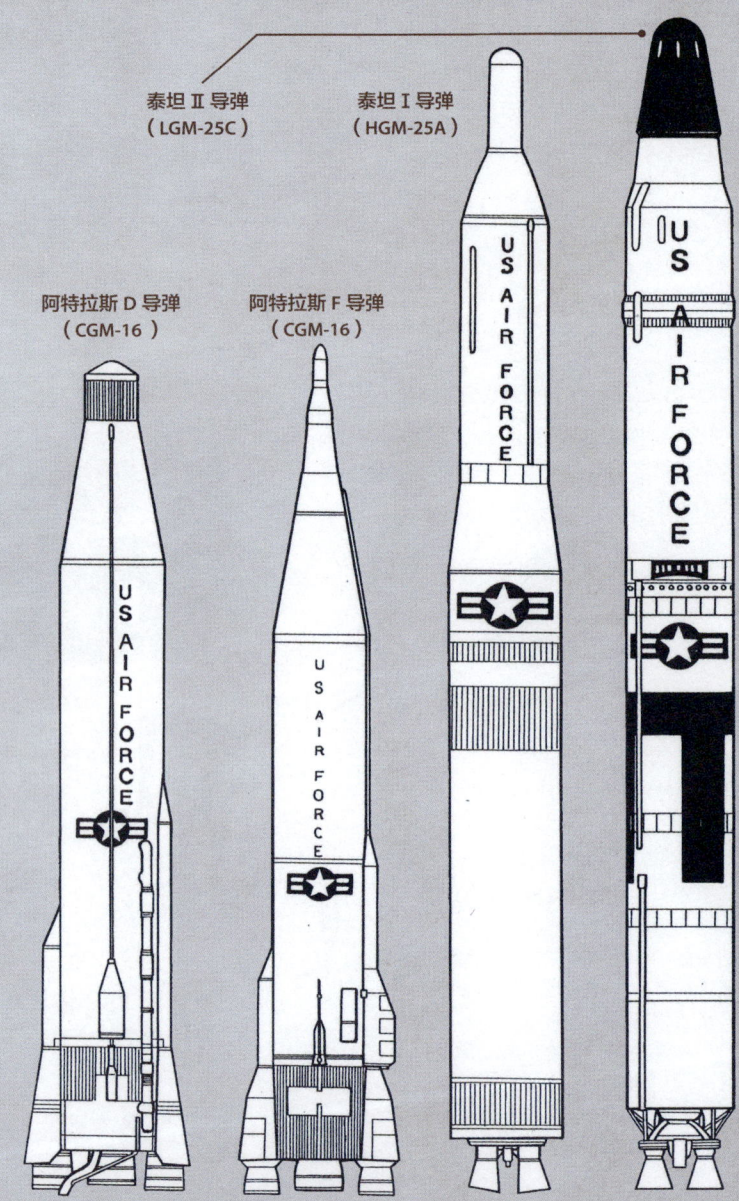

Ballistic Missiles

二战后不久，美国收集了大量A4（V-2）火箭及相关器材和研究资料，将研究火箭开发的科学家和技术人员带回了本国。以这些素材和人员为基础，美国开始了弹道导弹的研发。

美国的弹道导弹最先成功的一款是战术导弹红石。美国陆军研发的这款导弹是直径1.77米，全长21.13米，发射重量约28吨的近程弹道导弹（SRBM），射程约400千米。红石导弹以A4火箭为基础研发而成，并在1952年成功发射。

红石导弹之后研发出的朱庇特导弹是美国最早的中程弹道导弹（IRBM），直径2.67米，全长18.4米，使用单段式液体燃料火箭，拥有2400千米的射程。但射程超过5500千米的洲际导弹（ICBM）研发进展不畅，得等到阿特拉斯导弹的完成。

美国最早的ICBM阿特拉斯导弹使用的是液体火箭。阿特拉斯导弹在1959年9月发射成功，并以不同寻常的速度在次月末就实现了实战列装。这是因为苏联在1957年成功发射了8K71新型火箭，并在1959年2月编成了装备以8K71为原型的世界首枚洲际导弹R-7（SS-6 警棍导弹）的战略导弹部队。阿特拉斯导弹研发出了A到F型，得以实战列装的是D、E及F型。阿特拉斯D导弹直径3米，全长23.11米，射程14000千米。

泰坦I导弹在阿特拉斯之后与其并行研发，成为美国首枚多节式洲际弹道导弹。泰坦II导弹是其改进型，首次使预先将燃料填充入导弹内成为可能，又可以在地下发射井内发射，因此适应性很强。另外，从泰坦II开始，导弹的制导变得可以使用惯性制导装置（INS）了。导弹直径3.05米，全长31.4米，采用两级式液体火箭，射程为16000米。导弹从1963年开始实战列装，但当时是宇宙开发正如火如荼的时代，泰坦II被转用成载人航天飞行双子星座计划的火箭。

从加利福尼亚州范登堡空军基地的地下发射井发射出的泰坦II导弹。因为是在发射井内点火的热发射式，所以导弹会像照片中那样喷出猛烈的烟气。

17 美国的 ICBM（2）

新型导弹研究在冷战终结时取消

民兵 I 至民兵 III 导弹是美国最早的固体燃料火箭式洲际弹道导弹（ICBM）。民兵导弹虽然是 20 世纪 50 年代开始研发的导弹，但因为其继任导弹和平卫士被列入第二阶段削减战略武器条约（START⊖II）并于 2005 年退役，所以民兵 III 导弹目前仍在服役中（其装载的核弹头处于持续更新和改进状态）。导弹直径 1.7 米，全长 18.2 米，采用三级火箭，射程为 13000 千米，CEP 为 150 米。

为了替代和平卫士导弹，美国

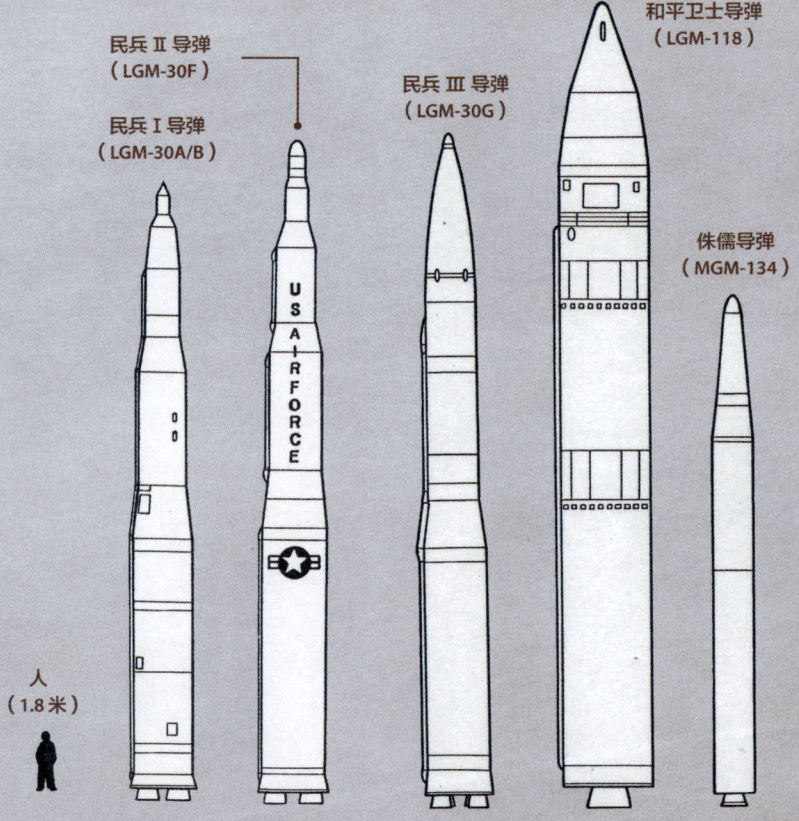

⊖ START：Strategic Arms Reduction Treaty 的缩写，是 1993 年美国与俄罗斯签署的裁军条约，目的是削减核弹头数量和全面废除 MIRV 式的 ICBM。

Ballistic Missiles

研究人员计划研发更小型的移动发射式ICBM，这就是小型洲际弹道导弹（SICBM[⊖]）侏儒导弹。侏儒导弹直径1.17米，全长14米，重13600千克，是采用三级固体燃料火箭的小型弹道导弹，研发时间为20世纪80年代至90年代。导弹弹头并非MIRV，而是单弹头式，预计CEP为90米。导弹的设计思路是要研发可在公路上移动的移动发射装置兼运输车，用来运载侏儒导弹，并在美国全国列装数千枚侏儒导弹，使其长时间保持移动待命模式以提高导弹生存能力。然而因为冷战的终结，研发计划也在1992年取消了。

【上图】试射试验中发射的民兵Ⅲ导弹。导弹虽然列装时间是1970年，但目前仍然在为美国提供战略核攻击力。
【下图】民兵Ⅲ导弹的弹头部分。PBV上搭载着3个Mk.12A再入飞行器（RV）。PBV也叫bus，用照片右侧的保护罩覆盖。现在的RV更新成了Mk.21（核弹头为W87）。

⊖ SICBM：Small Inter Continental Ballistic Missile 的首字母缩写。

第4章 弹道导弹　147

18 美国的 ICBM（3）

阿特拉斯导弹与发射井

美国首枚 ICBM 阿特拉斯导弹在 1959 年 10 月进行实战列装。实战列装的型号是 D、E 和 F 型，E 型搭载着也用在泰坦Ⅰ导弹上的 INS 和高精度再入飞行器（RV）等。从 F 型开始采用地下发射井发射方式，但阿

● 导弹的发射方式

从发射井发射导弹的方式大致分为热发射和冷发射。前者会导致火药燃气损伤地下发射井，再次使用虽然需要时间但操作也容易。泰坦Ⅱ和民兵导弹是热发射式，和平卫士导弹则是冷发射式。

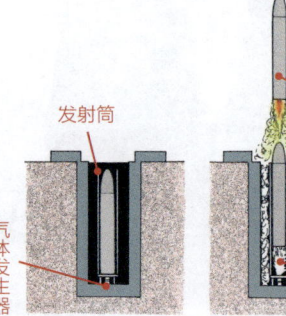

热发射式

发射井内导弹第一级助推器点火，自行飞出

冷发射式

导弹利用高压气体射出发射井外后，第一级助推器点火

利用高压气体射出

发射筒

气体发生器

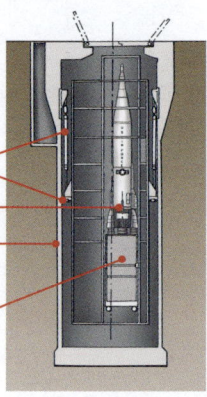

▼ 装在地下发射井中的阿特拉斯导弹

缓冲装置

导弹

地下发射井壁

发射平台（通过电梯升降导弹）

导弹运输车

Ballistic Missiles

特拉斯 F 导弹由于推进剂的问题，必须要通过电梯离开发射井再发射，发射准备时间至少需要 30 分钟。

在 F 型以前，阿特拉斯导弹采用的都是棺式发射器。这种发射器设置在丘陵背光处，由混凝土与钢架组成，导弹水平收纳在发射装置中，发射时竖直兼做顶盖的发射器盖，垂直竖起导弹并发射出去。

● 阿特拉斯导弹发射用地下发射井设施

阿特拉斯导弹的推进剂使用的燃料是煤油，氧化剂是液态氧。因为液态氧无法在常温中预先填充进导弹弹体内的储箱中保存，所以需要在发射前注入液态氧。而注入需要时间，无法立即发射导弹。导弹在距离发射至少 30 分钟以上时被运出地下发射井，会有图中的车辆跟随作业。在这期间，导弹处于无防御状态。阿特拉斯导弹的发射方式为早期的热发射式。

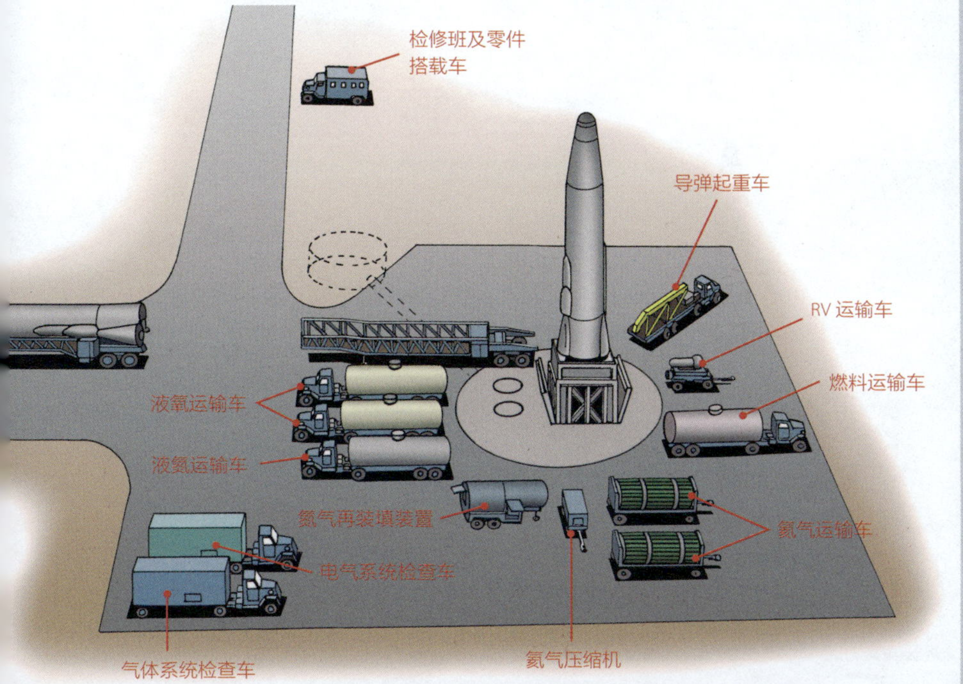

- 检修班及零件搭载车
- 导弹起重车
- RV 运输车
- 燃料运输车
- 液氧运输车
- 液氢运输车
- 氮气再装填装置
- 电气系统检查车
- 氮气运输车
- 气体系统检查车
- 氦气压缩机

第 4 章 弹道导弹　149

19 美国的 ICBM（4）
拥有超强破坏力的泰坦导弹

泰坦导弹是美国第 2 代 ICBM，由马丁·玛丽埃塔公司研发而成，有Ⅰ和Ⅱ两种型号。泰坦Ⅰ导弹是首枚使用了液态燃料的两级弹道导弹，弹头部位搭载了与阿特拉斯导弹相同的 Mk.4 再入飞行器（RV）和 3.75 兆吨 TNT 当量的 W38 核弹头，于 1962 年实战列装。

泰坦Ⅰ导弹的推进剂是煤油和液态氧，但泰坦Ⅱ的燃料则是用了肼的混合物（偏二甲肼），氧化剂用了四氧化二氮，首次做到了可以在常温下保存推进剂，也能预先将推进剂填充进导弹内，使在地下发射井内发射导弹变得可行，这才是真正意义上的地下发射井发射方式。

泰坦Ⅱ导弹强化了火箭发动机，将第二级发动机调整成了与第一级相同的直径。虽然因此发射重量增加了约 50%，但射程也增大到了 1.5 倍。弹头部位 Mk.6 RV 的核弹头更是强化成了 9 兆吨 TNT 当量的 W-53，威力大大增强，成了美国持有的历代 ICBM 中破坏力最大的导弹。泰坦Ⅱ从 1963 年开始实战列装。

地下发射井发射出的泰坦Ⅱ导弹。泰坦Ⅱ从 1963 年开始列装，最早的泰坦Ⅱ中队完成部队编制后，于同年 6 月在美国戴维斯蒙山空军基地完成实战列装。这之后，泰坦Ⅱ导弹列装于美国小石城空军基地、麦康奈尔空军基地、戴维斯蒙山空军基地，并服役到 1987 年。在各基地使用泰坦Ⅱ的是战略导弹联队（SMW⊖），一个 SMW 由两个战略导弹中队和一个战略导弹检修队构成。一个战略导弹中队负责 9 枚导弹，一个基地配备有 18 枚，三个基地定额实战列装 54 枚导弹。

⊖ SMW：Strategic Missile Wing 的首字母缩写。

Ballistic Missiles

▼泰坦 II 导弹的构造

❶ 氧化剂箱前端圆罩 ❷ 储箱注入口孔盖 ❸ 自动气压调整线 ❹ 爆破口 ❺ 氧化剂外导管 ❻ 氧化剂箱 ❼ 氧化剂箱后端圆罩 ❽ 燃料箱前端圆罩 ❾ 燃料箱 ❿ 外部结构材料 ⓫ 燃料箱后端圆罩 ⓬ 发动机（第一级：LR87AJ-5）⓭ 检修窗口孔盖 ⓮ 滚转控制装置 ⓯ 发动机（第二级：LR91AJ-5）

导弹最大直径 3.05 米（第一级与第二级直径相同），全长 31.3 米，发射重量约 149.7 吨，射程约 15000 千米。

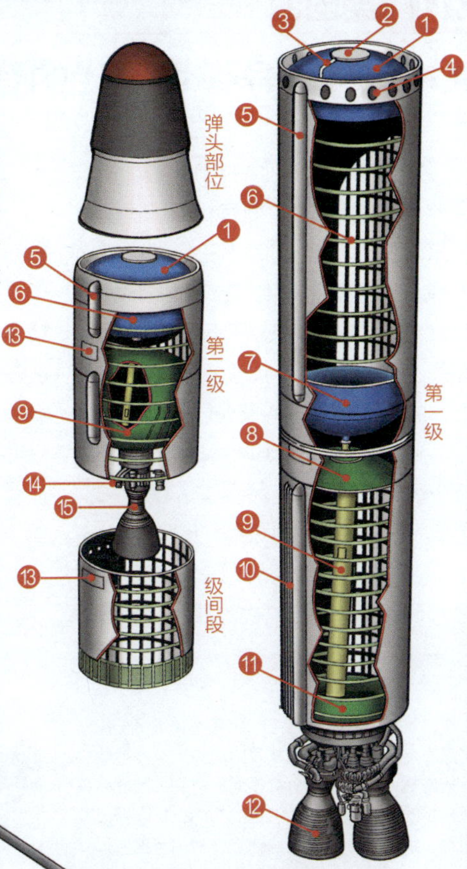

❶ 发动机框 ❷ 燃料供给管 ❸ 氧化剂供给管 ❹ 氧化剂排出管 ❺ 燃料排出管 ❻ 压力调整阀 ❼ 燃烧室 ❽ 热交换器 ❾ 涡轮机构造（利用燃料的火药燃气进行驱动，对燃料进行加压并输送至燃烧室）❿ 涡轮发动机 ⓫ 涡轮机排气管

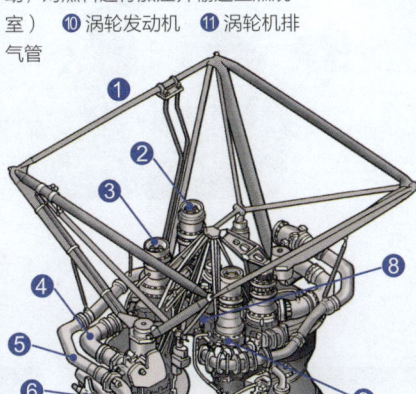

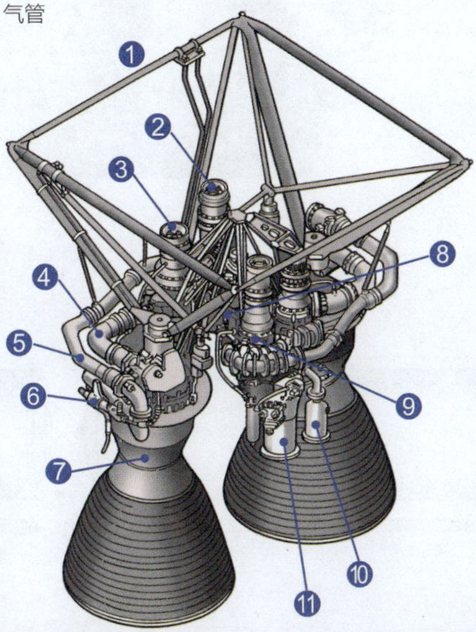

◀ LR87AJ-5 液体火箭发动机

泰坦 II 导弹的液体火箭发动机的涡轮泵（燃料供给管部位和氧化剂供给管部位各自安装着燃料泵和氧化剂泵），利用燃料燃烧后释放的高温高压火药燃气来驱动涡轮机转动，并将燃料和氧化剂送入燃烧室。通过这种方式向燃料施加压力，可以提高燃烧效率。液体火箭有图中那样的涡轮驱动泵方式和压力供给方式（将氮气或氦气等高压气体送入燃料箱，通过气体的压力将燃料送入燃烧室的方式），不过更多是使用前者的方式。

第 4 章 弹道导弹　151

20 美国的 ICBM（5）

ICBM 民兵导弹划时代的登场

接替泰坦 Ⅱ 导弹的民兵导弹有民兵 Ⅰ 至民兵 Ⅲ 的型号，是美国首枚采用固体燃料火箭（三级式）的导弹。这样不但可以减少对发射命令做出反应的时间，而且在减小导弹弹体体积之后，几乎不再需要进行加强推进剂储藏的整备了。

民兵 Ⅰ 导弹（LGM-A/B）分为全长 16.45 米的 30A（民兵 Ⅰ A 型）和全长 17 米的 30B（民兵 Ⅰ B 型⊖）。于 1962 年初进入实战列装状态，直到 1969 年被民兵 Ⅱ 导弹接替后退役。

民兵 Ⅱ 导弹（LGM-30F）直径 1.8 米，全长 18.2 米，弹头搭载再入飞行器 Mk.11。射程延长至 12500 千米（Ⅰ型的射程为 1 万千米），命中精度也有所提高。因此发射重量也从 Ⅰ 型的约 29.5 吨增加到了 31.7 吨。实战列装从 1966 年 4 月开始分两阶段进行。

1970 年 12 月实战列装的是民兵 Ⅲ 导弹（LGM-30G）。Ⅲ 型与 Ⅰ、

工作人员对装在发射井中的民兵导弹进行检修。民兵导弹的发射方式是从发射筒内点火发射的热发射方式，发射筒自身有很大的空间，因此后来增设了改装过的名为发射箱的内筒，从而得以发射冷发射式的和平卫士导弹。发射箱可配合导弹的大小改变直径，因此可提高发射导弹的高压气体的效果。

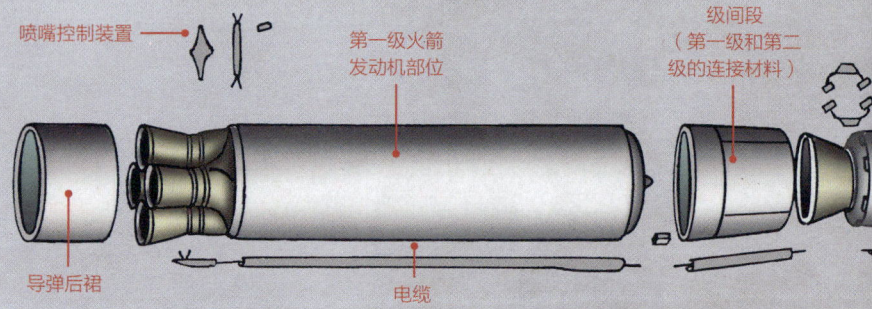

⊖ 民兵 Ⅰ B 型：再入飞行器换成 Mk.11，变更第二级的结构材料金属以强化机体。

Ballistic Missiles

Ⅱ型大不相同的是弹头采用了分导式多弹头（MIRV），拥有 3 个 RV 的弹头⊖可攻击多个目标，破坏力得到了强化，还装备了诱饵（气球等诱饵形式的 12V）和箔条作为反弹道导弹（ABM）的对抗手段，提高了生存能力。民兵Ⅲ导弹全长 18.2 米，直径 1.85 米，发射重量约 34.5 吨，射程为 13000 千米，约有 550 枚列装。虽然由于《第二阶段削减战略武器条约》（START⊖Ⅱ）受到了数量削减，但目前仍在服役状态。

▼民兵Ⅲ导弹的第一级火箭发动机部位

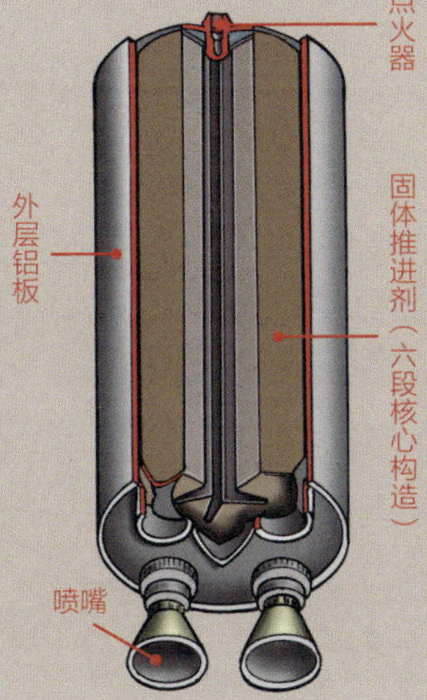

点火器
外层铝板
固体推进剂（六段核心构造）
喷嘴

民兵Ⅲ导弹和和平卫士导弹都是采用固体燃料火箭推进方式。固体火箭由被叫作药柱的固体推进剂、燃烧室（兼做药柱填充容器和燃烧室的一体化空间）点火装置等组成。因为固体燃料火箭的构造非常简单，所以可以比液体火箭的结构小很多。

▼民兵Ⅲ导弹的制导装置部位（NS-50）

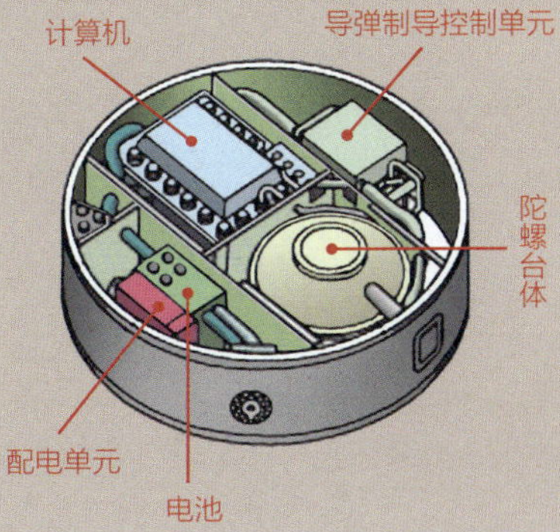

计算机
导弹制导控制单元
陀螺台体
配电单元
电池

▼民兵Ⅲ导弹的整体构造

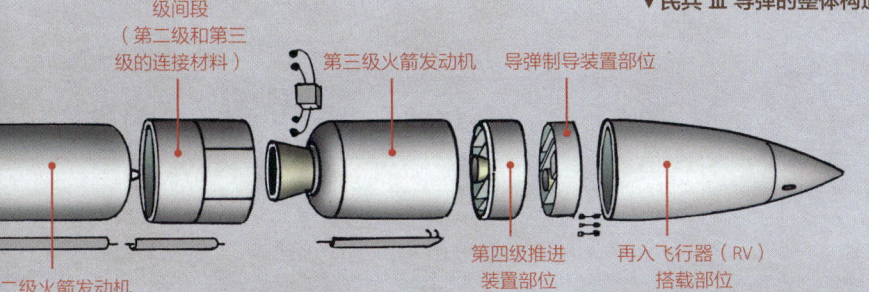

级间段（第二级和第三级的连接材料）
第二级火箭发动机
第三级火箭发动机
导弹制导装置部位
第四级推进装置部位
再入飞行器（RV）搭载部位

⊖ 弹头：搭载了 Mk.12A 再入飞行器的核弹头 W-78 拥有 335 千吨 TNT 当量的破坏力。
⊖ START：Strategic Arms Reduction Treaty 的缩写。

第 4 章 弹道导弹

21 美国的 ICBM（6）

由于条约而退役的和平卫士导弹

和平卫士导弹（LGM-118）是为了接替民兵导弹而研发的。和平卫士导弹直径 2.34 米，全长 21.6 米，属于三级固体燃料导弹，射程为 9600 千米。弹头部位有机动段（PBV），以 MIRV 方式搭载了 10 个 Mk.21 再入飞行器（W-87 核弹头）。

1972 年研发时，被命名为 MX⊖（试验用导弹）的和平卫士导弹是集结了美国此前积累起来的 ICBM 研发技术的高精度导弹，研究人员计划其拥有的威力要能够攻击破坏坚固的苏联 ICBM 地下发射井⊖，因此需要给予导弹较高生存能力。一开始，为了提高导弹生存能力，研究人员曾讨论过是否不采用容易受到敌

进行地下井发射实验的 MX（后来的和平卫士导弹）。图中的白烟是用于将导弹射出发射井的高压气体。导弹上贴有在导弹射出发射井时保护导弹本体的防护瓷砖（图中可见本体中部的黑色方形物体）。导弹离开地面点燃第一级助推器后，防护瓷砖剥落以免增大飞行阻力。

▼ 和平卫士导弹的整体构造

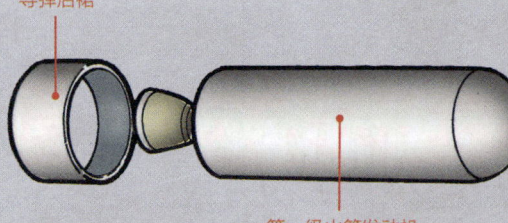

导弹后裙　　第一级火箭发动机部位　　级间段（第一级和第二级的连接材料）　　第二级火箭发动机部位

⊖ MX：Missile Experimental 的缩写。
⊖ 苏联 ICBM 地下发射井：美国的地下发射井强化方式是在直径 6 米的钢铁筒周围用强化混凝土和其他材料进行加固，美国推测苏联的地下发射井也是以同样的强化方式。

Ballistic Missiles

人攻击的固定式地下发射井发射式，而是采用从移动式发射台发射的方法，即利用铁路或研发特殊车辆搭载此种导弹。但最终还是选择改造强化民兵导弹的发射井。1986年6月开始列装的和平卫士导弹根据《第二阶段削减战略武器条约》在2003年全部退役。

拥有MIRV式弹头的ICBM最大特征是拥有可向多个目标投放再入飞行器（RV）的机动段（PBV）。插图中为和平卫士导弹的PBV，位于导弹的第四级。和平卫士导弹是使用固体燃料的导弹，但它的PBV使用的是液体火箭。为了使多个RV飞向不同目标，需要使PBV的姿态按照程序进行正确变更。而液体火箭可以中断燃烧或再次点火从而进行推力的调整，可控性较强（构造也更复杂了）。民兵Ⅲ同样使用了MIRV方式。

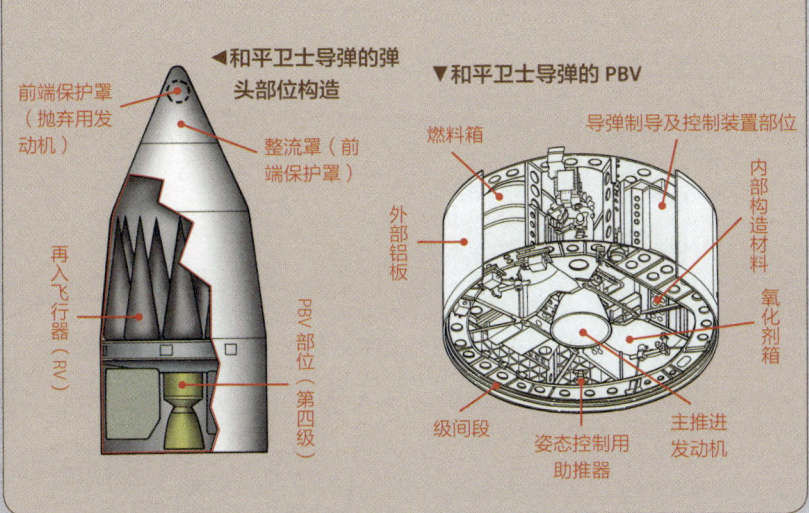

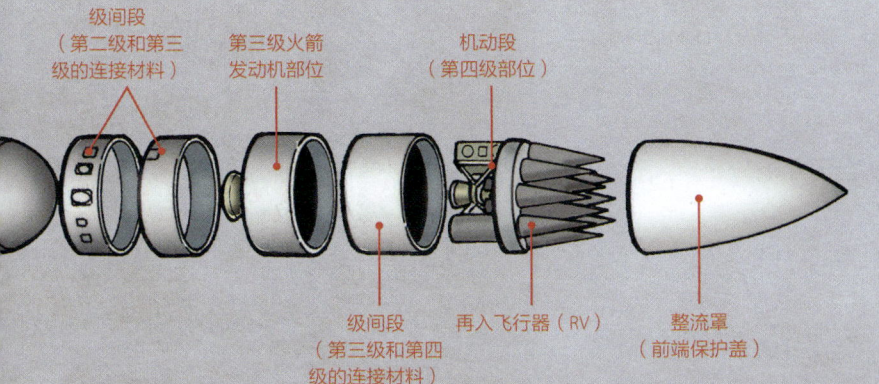

第4章 弹道导弹　155

CHAPTER 4

22 泰坦Ⅱ导弹的发射设备

指挥所和发射井相连的发射设备

泰坦Ⅱ导弹的基地设施中心的发射设备中，装了一枚导弹的地下发射井与联络塔、发射控制及指挥所通过各自的地下隧道相连。从等级 2~9 的各级设置着导弹的推进剂填充设备或管理设备、导弹的发射设备、发射时的缓冲装置、防止事故发生的储水箱⊖等。地下井自身被厚厚的混凝土所覆盖，盖着名为水泥板的地下发射井盖⊖。

导弹发射设备的建设是在全美国的空军基地中选择了地基稳定，可以为配置发射设备提供充足可用面积的场所。大型泰坦Ⅱ导弹就装在深 48 米的地下发射井中。

Ⓐ导弹发射井　Ⓑ出入口及联络塔　Ⓒ发射管制塔　❶水泥板　❷储水箱　❸泰坦Ⅱ导弹　❹燃料输送泵　❺通道　❻通气及紧急逃生通道　❼爆炸冲击波缓冲吸收装置　❽地下发射井出入口　❾电梯　❿防爆门（强光及辐射隔离门）　⓫防爆区（强光及辐射隔离区域）　⓬辐射清洗用淋浴间　⓭防爆门　⓮通道　⓯居住及休息区域（设有厨房及食堂、厕所及浴室、床等）　⓰发射控制区域（设有导弹发射控制单元、导弹发射指令装置、导弹发射控制台、动力控制台等）　⓱机械室（设有通信装置、导弹发射装置、空气净化装置等）　⓲减压阀　⓳紧急逃生口　⓴通气及紧急逃生通道　㉑外部通气口

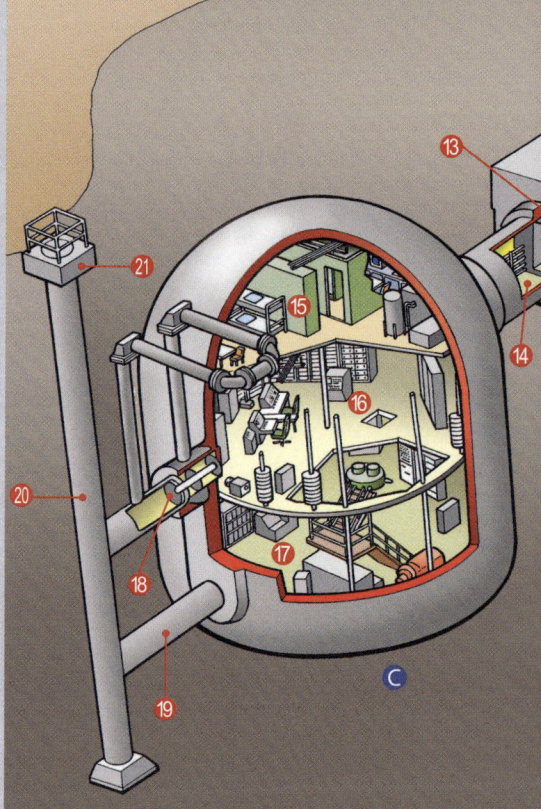

⊖ 储水箱：地下发射井内发生导弹推进剂泄漏即将引起爆炸时，向内部注水从而防止事故扩大的设备。
⊖ 地下发射井盖：这个盖子必须在发射管制及指挥所操作才能打开。

156

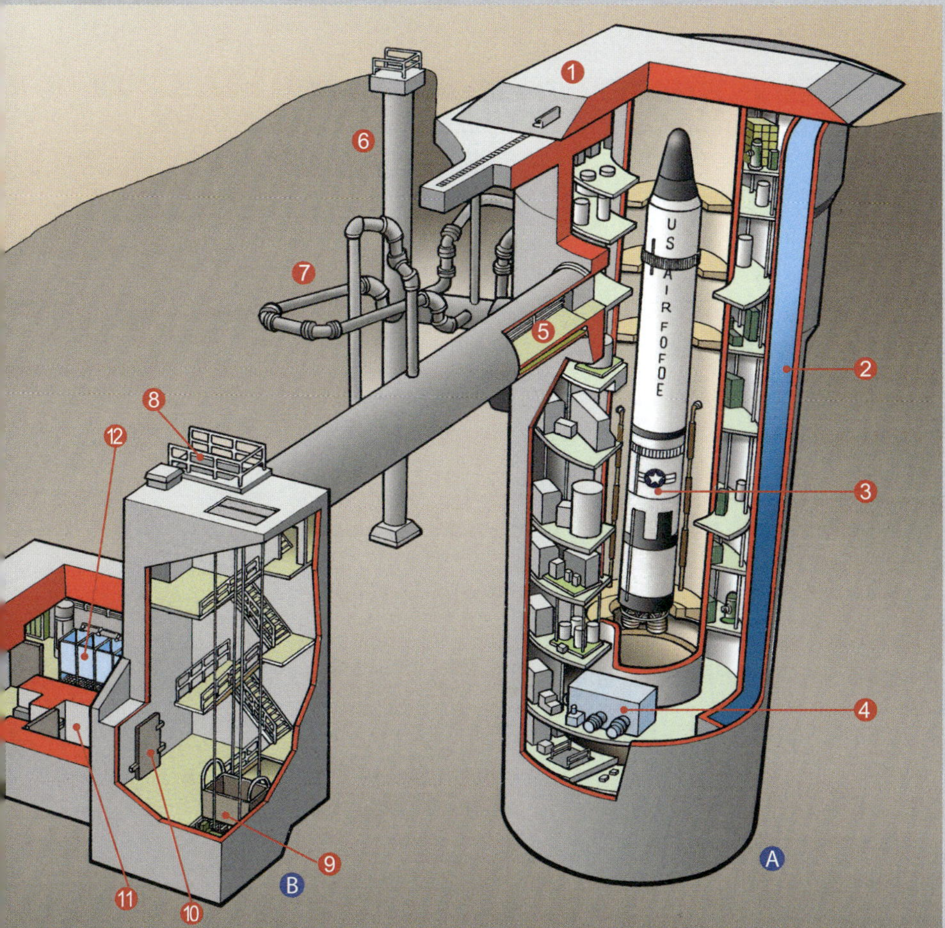

Ballistic Missiles

泰坦Ⅱ的发射控制需要2名军官、2名士兵共4名发射人员。20世纪60年代前半段完成的发射设备虽然投入了当时的最新技术，但因为都是模拟装置，所以需要大量人员。他们以4人为一队进行48小时待命任务。图中左侧是军官在操作发射控制台，右侧是士兵按照军官的指示操作发射控制单元。

第 4 章 弹道导弹 157

23 民兵导弹的发射设施

将控制中心和地下发射井分开设置

使用民兵导弹的部队的一个中队负责 50 枚民兵导弹,组成 5 个设施,设施占地总面积为 3200 平方英里(1 平方英里 ≈2.6 平方千米)。一个设施由发射控制中心、发射控制支援设施、导弹地下发射井等构成,可使用 10 枚导弹。在设施中执

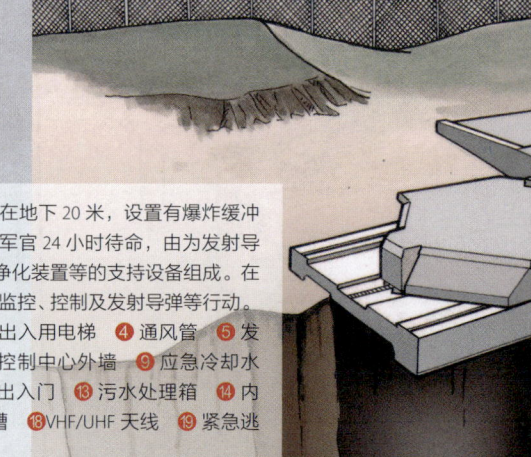

发射控制中心被混凝土覆盖着,位于被深埋在地下 20 米、设置有爆炸缓冲装置的胶囊型建筑中。那里有 2 名发射控制军官 24 小时待命,由为发射导弹做准备的中枢设施和设置了发电机及空气净化装置等的支持设备组成。在一个发射控制中心内进行 10 座地下发射井的监控、控制及发射导弹等行动。
❶ 发射控制支持设施 ❷ LH 收发天线 ❸ 出入用电梯 ❹ 通风管 ❺ 发射控制显示屏 ❻ 床 ❼ 隔音板 ❽ 发射控制中心外墙 ❾ 应急冷却水箱 ❿ 机械材料柜 ⓫ 冲击吸收装置 ⓬ 出入门 ⓭ 污水处理箱 ⓮ 内燃机燃料箱 ⓯ 通风管 ⓰ 通气筒 ⓱ 水槽 ⓲ VHF/UHF 天线 ⓳ 紧急逃生通道

▼民兵导弹发射控制中心

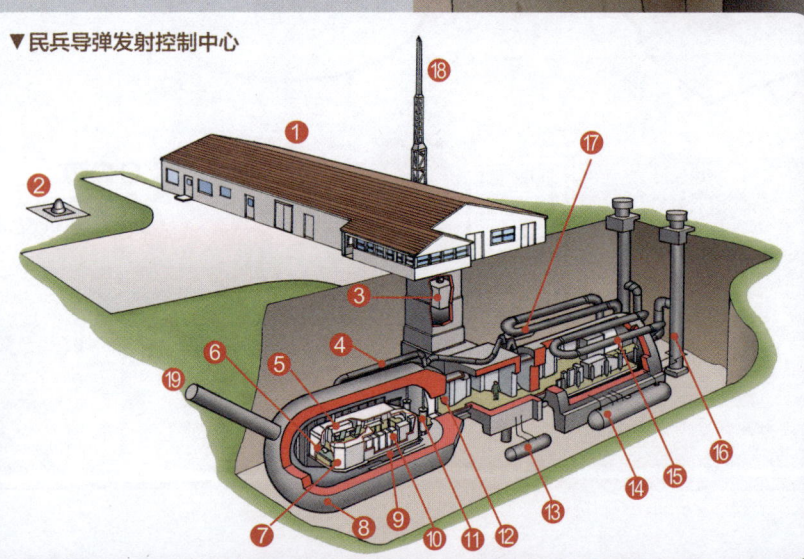

Ballistic Missiles

勤的有管理军官、发射控制军官（战斗人员）、导弹及发射设施的维修及管理人员、保安人员。

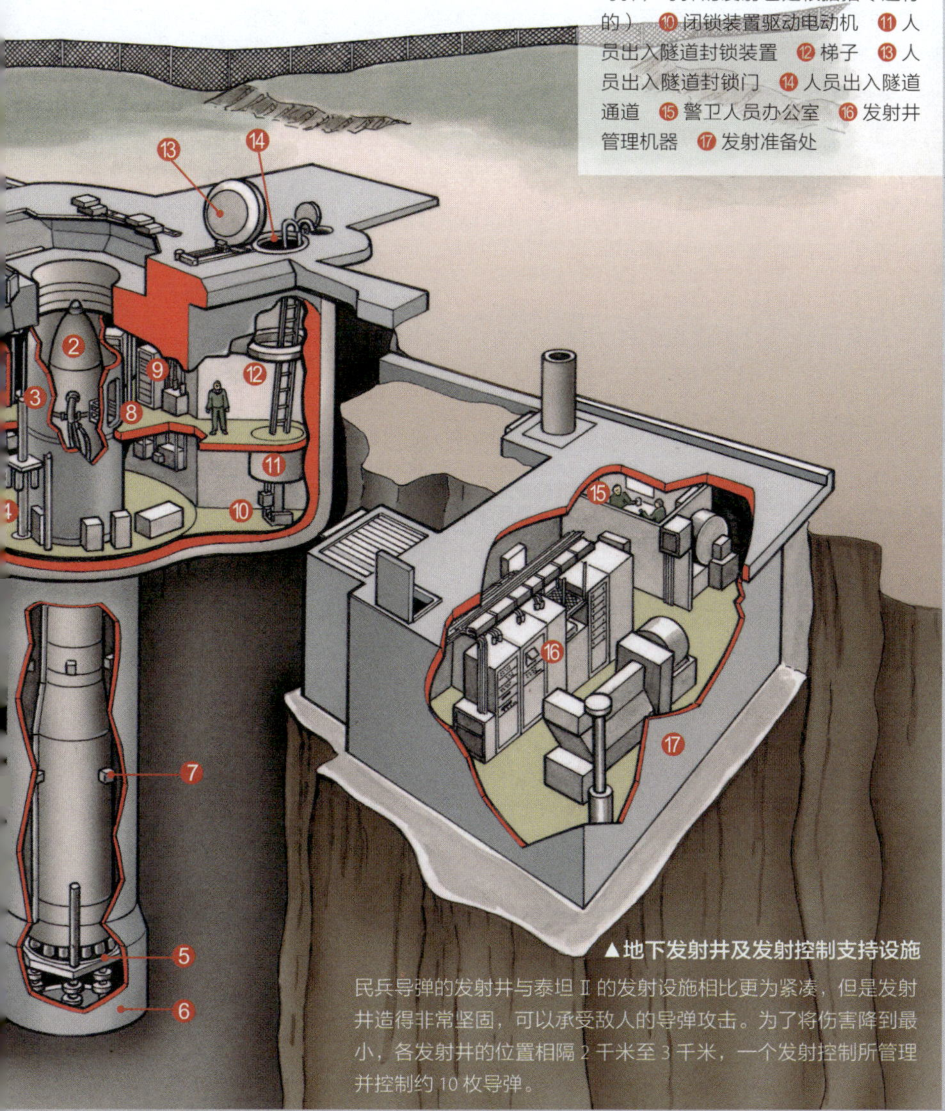

❶ 水泥板（井盖） ❷ 民兵 Ⅲ 导弹 ❸ 发射筒（在发射筒内进行助推器点火发射的热发射式） ❹ 地下二层机械室 ❺ 发射台 ❻ 发射筒 ❼ 自准直仪（导弹陀螺轴的垂直轴修正镜） ❽ 导弹维修用发射筒出入口和维修台 ❾ 地下一层计算机室（自动管理导弹，导弹的发射也是根据指令进行的） ❿ 闭锁装置驱动电动机 ⓫ 人员出入隧道封锁装置 ⓬ 梯子 ⓭ 人员出入隧道封锁门 ⓮ 人员出入隧道通道 ⓯ 警卫人员办公室 ⓰ 发射井管理机器 ⓱ 发射准备处

▲地下发射井及发射控制支持设施

民兵导弹的发射井与泰坦 Ⅱ 的发射设施相比更为紧凑，但是发射井造得非常坚固，可以承受敌人的导弹攻击。为了将伤害降到最小，各发射井的位置相隔 2 千米至 3 千米，一个发射控制所管理并控制约 10 枚导弹。

第 4 章 弹道导弹　159

CHAPTER 4

24 导弹发射人员
在封闭空间内等待发射命令

在20世纪50年代后半段苏联与美国实战列装了ICBM后，美国空军洲际弹道导弹部队就一直在负责导弹的运用。部队中有关人员随时在岗，紧急状况时可以立即发射导弹，其中顶着巨大压力负责重要任务的是发射控制官。

比如在民兵导弹的使用部队中，发射控制中心就有2名发射控制官24小时轮班值勤。军官一旦进入内部，建筑就会关上防止攻击的大型结实的门，从而将建筑与外界隔绝开来。2位军官在执勤中会一直为总统可能的发射命令做准备，目的是命令下达时能够立即发射导弹。他们需要做的工作很多，不只是等待命令，还有监控导弹和发射设备维持发射状态（可发射状态），安全管理，确认发射步骤等。他们即使吃饭和小憩也是坐在发射控制台前的椅子上进行的。

【上图】负责可能会毁灭世界的ICBM的发射，在这样高度紧张的情绪下被关在狭窄空间里的警戒任务会给人很大的压力，因此1977年警戒态势开始发生变化。在那之前是以2名发射控制官为一组，采用24小时轮班制在中心值勤，之后执勤制度就变更成了一人36小时的制度，其中12小时在中心值勤，然后在地面的发射控制支持设施中休息12小时，然后再次进入12小时的值勤状态。虽然12小时的轮班中会更换一个人，但发射控制中心可以保证一直有2名军官在值班。照片中的支持设施中设有厨房，擅长做菜的士兵逐渐研究出了各种在设施中烹饪的独特料理，值班的士兵们也得以享受到热腾腾的食物，消解压力。

【左图】20世纪60年代的民兵导弹发射控制中心。内部设有导弹发射控制用计算机等，仅需2名发射人员即可发射导弹。2名发射人员的操作台相距3~4米，使一人无法同时转动分别插在两个操作台上的发射钥匙。另外，为了预防入侵者占领发射中心的情况，发射控制中心里还设置了能够将内部人员置于死地的化学武器。

Ballistic Missiles

民兵 Ⅲ 导弹的操作台虽然一直是为了让单人无法同时转动发射钥匙的操作而分开设置的，但为了便于沟通，提高作业效率，渐渐也改成了放在一起的形式（上方照片为 20 世纪 90 年代的民兵 Ⅲ 导弹发射控制中心）。配合着操作台的变化，发射控制中心内部的布局也有了若干变化，还设置了休息用的床铺。

冷战期间，为了防止因敌人的核攻击导致地面司令部和通信设备失去工作能力而准备的空中发射控制中心（ALCC⊖）一直处于服役状态。控制中心是改造了 C-135 运输机而来的 EC-135A 及 EC135G 飞机，拥有核攻击指示权限的军官及其下属 24 小时空中待命，可从飞机上对 ICBM 进行发射控制。空中发射控制中心一直被用到了 1992 年。

⊖ ALCC：Airborne Launch Control Center 的首字母缩写。

第 4 章 弹道导弹　161

25 苏联／俄罗斯的 ICBM（1）

苏联也采用二战德国的火箭作为原型

苏联也和美国一样从二战德国接收了 A4 火箭和材料、技术资料等，并将部分科学家和工程师带回了苏联让他们协助火箭研发。R-1 火箭就是以 A4 火箭为原型研发出来的，并于 1954 年成功发射。而作为弹道导弹投入实际使用的则是 R-5，R-5 搭载核弹头后成为苏联最早的 IRBM。

下面将从世界首枚 ICBM——R-7 开始，解说 20 世纪 60 年代苏联的 ICBM。

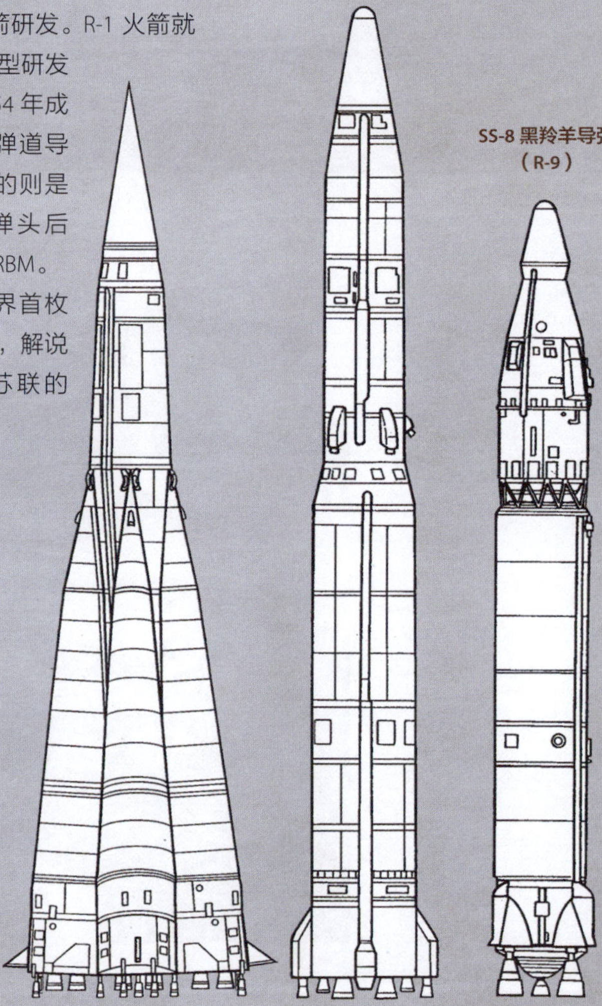

SS-7 鞍工导弹
（R-16）

SS-8 黑羚羊导弹
（R-9）

SS-6 警棍导弹
（R-7）

Ballistic Missiles

SS-9 悬崖导弹
（R-36）

SS-X-10 瘦子导弹

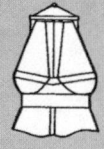
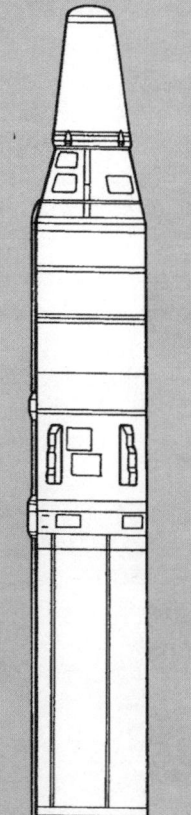
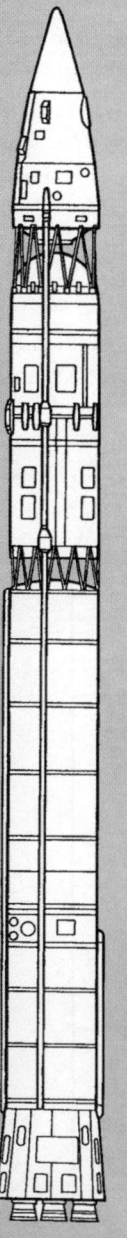

SS-6 警棍导弹（R-7）：苏联持有的世界首枚 ICBM，于 1959 年实战列装。SS-6 是将发射世界首颗人造卫星伴侣号的 R-7 火箭当作核弹头的运载方式改装而成的导弹。导弹最大直径约 10 米，全长 28 米。燃料使用的是煤油，氧化剂使用的是液态氧。

SS-7 鞍工导弹（R-16）：正式实战列装的 ICBM。导弹最大直径 3 米，全长 30.25 米，推进方式为两级式液体燃料推进，是搭载了 5 兆吨 TNT 当量核弹头的单弹头式导弹。射程约为 11500 千米。初期通过无线电指令进行制导，后来改为惯性制导方式。

SS-8 黑羚羊导弹（R-9）：根据搭载的核弹头分为普通型和重量型两种。普通型（重 1.7 吨，搭载 5 兆吨 TNT 当量的核弹头）的射程约为 12500 千米。重量型射程为 10300 千米，但可搭载更重的有效载荷。导弹最大直径 2.68 米，全长 24.2 米，推进方式为两级式液体燃料推进。在 1964 年的莫斯科红场阅兵式中首次公开。

SS-9 悬崖导弹（R-36）：第 3 代 ICBM，三级式液体燃料推进，存在四种样式。基本型为 1 型和 2 型，搭载 25 兆吨 TNT 当量核弹头，射程为 12000 千米。导弹直径 3 米，全长 35 米，发射重量约 190 吨。4 型搭载 4.5 兆吨 TNT 当量的弹头（搭载了 3 个核弹头的 MRV 式），是为了攻击美国的民兵导弹地下发射井而研发的导弹。于 1967 年开始实战列装。

SS-X-10 瘦子导弹：在 1965 年 5 月的红场阅兵式上首次公开，但并没有进行实战列装。导弹射程约为 8000 千米，直径为 3 米，全长 37 米，推进方式为三级液体燃料推进。首次在第一级导弹中采用了万向喷嘴㊀。

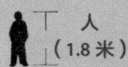
人（1.8 米）

㊀ 万向喷嘴：将火箭发动机整体向左或右转向从而改变推力方向以控制导弹飞行方向的装置。

26 苏联/俄罗斯的ICBM（2）

冷战结束后也没有放弃核导弹

SS-18 撒旦导弹（RS-20Zh-15）

SS-19 匕首导弹（RS-18）

SS-17 疾行者导弹（RS-16）

SS-20 军刀导弹（RSD-10，MIRV搭载的射程延长型导弹）

SS-17 疾行者导弹（RS-16）：两级式液体燃料导弹。兼做第三级的弹头部位拥有 MIRV 式 PBV。导弹根据弹头的种类和搭载方式分为三种型号。1 型与 3 型为破坏力 200 千吨 TNT 当量的 MIRV 式，2 型为装备了 3.6 兆吨 TNT 当量核弹头的单弹头形式。所有型号的射程都为 1 万千米。导弹最大直径为 2.25 米，全长 33.9 米，发射方式为冷发射，于 1978 年开始实战列装。

SS-18 撒旦导弹（RS-20Zh-15）：接替 SS-8 导弹的重型弹道导弹，苏联的第四代 ICBM。两级式固体燃料助推器，弹头根据型号不同分为最多装备 8~10 个核弹头的 MIRV 式和单弹头式。导弹直径 3.2 米，全长 36.5 米。1975 年 1 型开始列装，20 世纪 80 年代后半段开始列装 5 型和 6 型。

SS-19 匕首导弹（RS-18）：两级式液体助推器上搭载了拥有 PBV 功能的弹头。导弹直径 2.5 米，全长 27 米。拥有三种型号，1 型和 3 型为 MIRV 式，弹头破坏力为 500 千吨 TNT 当量。2 型为 5 兆吨 TNT 当量弹头的单弹头式（PBV 上搭载一个核弹头）。射程

Ballistic Missiles

1万千米，发射方式为热发射。1974年1型导弹列装，1977年2型导弹列装，1979年3型导弹列装。

SS-24 手术刀导弹（RS-22）：第五代ICBM，三级式固体燃料助推器上搭载了拥有PBV功能的MIRV式弹头。弹头部位装备了10个核弹头，据传破坏力为300千吨至500千吨TNT当量。导弹可使用的发射方式除了地下发射井发射，还有利用铁路的移动发射台发射方式。导弹直径为2.4米，全长为24米，射程为11000千米，CEP为200米。1987年开始列装1型导弹，1989年开始列装2型导弹。

SS-25 镰刀导弹（RT-2PM）：助推器为三级式固体燃料推进式。单弹头式导弹，弹头拥有PBV功能，在PBV上装备了550千吨级TNT当量核弹头。用于攻击强化目标，射程为10500千米。导弹最大直径1.8米，全长21.5米，属于公路机动部署型的ICBM，搭载在TEL上进行移动和发射。1985年开始实战列装。

SS-X-26 导弹：苏联解体后，俄罗斯研发的ICBM。SS-X-26为小型机动发射式导弹，相当于美国的SICBM侏儒导弹。

SS-27 镰刀B导弹（RT-2PM2）：RT-2PM（白杨M）的改进型，于1997年列装部队。拥有反拦截的机动变轨功能（仅限于太空及高层大气），拥有对辐射及电磁脉冲的屏蔽能力。三级式固体燃料导弹，是拥有PBV功能的单弹头式导弹。导弹最大直径1.86米，全长22.7米，射程11000千米。

RS-24 亚尔斯导弹：2010年开始实战列装的最新型ICBM。这是俄罗斯为了牵制部署在东欧的美国导弹防御系统而研发的导弹。三级式固体燃料导弹，弹头为搭载四个核弹头的MIRV式弹头。导弹最大直径为2米，全长为20.9米，射程为12000千米。

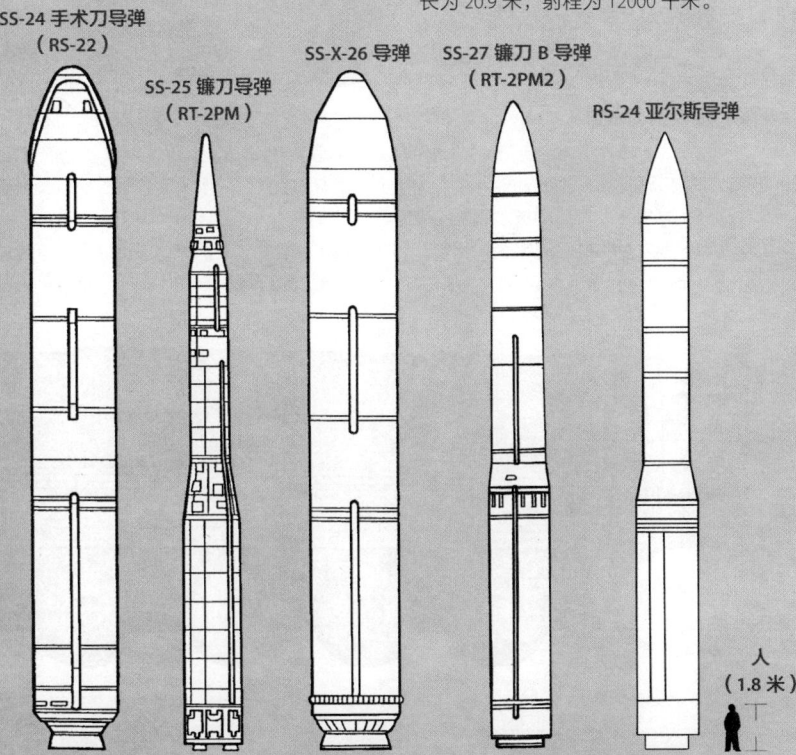

SS-24 手术刀导弹（RS-22）　　SS-25 镰刀导弹（RT-2PM）　　SS-X-26 导弹　　SS-27 镰刀B导弹（RT-2PM2）　　RS-24 亚尔斯导弹　　人（1.8米）

第4章 弹道导弹

CHAPTER 4

27　朝鲜的弹道导弹

将飞毛腿导弹当作起点的弹道导弹

朝鲜的弹道导弹研发也和伊朗及巴基斯坦等国家一样，是从苏联研发的飞毛腿导弹开始的。获得了 20 世纪 80 年代初期的飞毛腿 B 导弹的朝鲜对导弹进行了逆向分析○，并以此为基础发展了新技术，从而在 20 世纪 90 年代研发出据说最大射程为 1500 千米的芦洞导弹，接下来又在芦洞导弹之后研发了大浦洞 1 号导弹。这个导弹是在芦洞 1 号的基础上叠加了飞毛腿导弹而成的，1998 年朝鲜向日本海发射的那次就是唯一一次发射实验（一般认为当时发射的是为了发射人造卫星光明星 1 号而在第三段安上固体燃料火箭的大浦洞 1 号导弹）。

大浦洞 1 号之后的大浦洞 2 号是中程弹道导弹，使用两级式液体燃料火箭。第一级的火箭助推器采用的并非是像之前的导弹那样从飞毛腿导弹发展出来的技术，而是新技术。2006 年的发射试验证实了大浦洞 2 号的存在。

▼ KN-08 及移动发射车

KN-08 是在 2012 年 4 月庆祝金日成 100 周年诞辰的阅兵式中首次出场的 ICBM。如图所示，导弹装载在移动发射车（中国产 WS-51200）上。据说 KN-08 是应用了从苏联的潜射弹道导弹 R-27 改进成舞水端导弹的技术研发出来的导弹，使用三级式固体燃料火箭（也有观点认为舞水端导弹是液体燃料式火箭，所以 KN-08 应该也一样）。导弹最大直径 1.8 米，全长约 18 米，最大射程可能有 6000 千米以上。但即使射程有 6000 千米以上，是否具有搭载核弹头进行再入大气层并破坏目标的能力就要另当别论了。

○ 逆向分析：分解其他公司的产品并分析其构造，从而研究调查该产品的设计和制造方法。

Ballistic Missiles

●朝鲜的弹道导弹

芦洞导弹：朝鲜最早研发出的射程超过 1000 千米的 MRBM。芦洞导弹是以朝鲜在 20 世纪 80 年代获得的飞毛腿导弹为原型研发出的单段式液体燃料火箭，机动发射式单弹头导弹。导弹最大直径 1.35 米，全长约 16 米，最大重量 16250 千克。射程 1300~1500 千米，CEP 为 190 米⊖。

大浦洞 1 号导弹：两级式液体燃料火箭，第一段使用了芦洞导弹，第二段使用了化城 6 导弹的 IRBM。导弹最大直径为 1.3 米，全长约为 25.8 米，最大重量约 33000 千克，射程为 2000~2200 千米。

白头山 1 号火箭（NKSL-1）：1998 年 8 月朝鲜向日本方向发射的火箭，据说这次试验是为了发射光明星 1 号人造卫星。白头山 1 号火箭是卸了大浦洞导弹的弹头，再搭载上发射人造卫星用的第三级固体燃料火箭而成的。

大浦洞 2 号导弹：因 2006 年的试射而出名的大浦洞 1 号导弹的改进型。两级式液体燃料火箭，第一级为新设计的火箭助推器，第二级使用了芦洞导弹。导弹

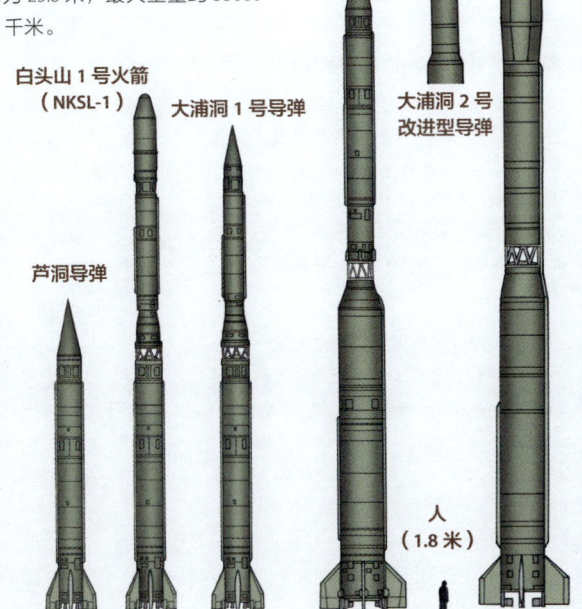

最大直径约 2.2 米，全长约 32 米，射程为 3500~4300 千米。

大浦洞 2 号改进型导弹：大浦洞 2 号导弹的改进型，是在两级式液体燃料火箭上搭载了固体燃料火箭。

NKSL-X-2 导弹：详细情况不明，据说是朝鲜想要研发的大浦洞 2 号导弹的衍生型 ICBM。

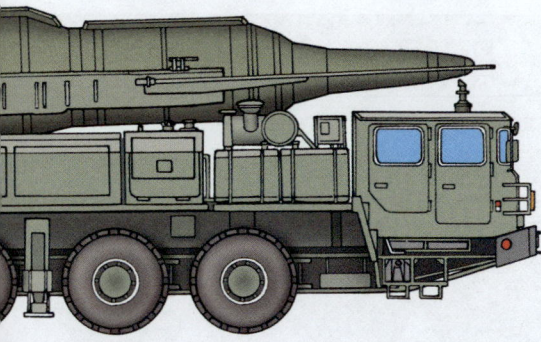

⊖ CEP 为 190 米：这个值是最乐观的推测值。也有观点认为是 3000 米。

第 4 章 弹道导弹　167

CHAPTER 4

28 印度和巴基斯坦的弹道导弹

印巴两国都持有弹道导弹

印度装备了 SRBM 的大地系列导弹和 IRBM 烈火系列导弹。而从 1947 年建国开始就与邻国印度处于对立关系的巴基斯坦，则在 1998 年成功进行了核试验。

●印度和巴基斯坦的弹道导弹

烈火 1 导弹：印度借用了民用人造卫星发射用火箭 SLV-3 推进系统的单级式固体燃料导弹。导弹是射程 500～700 千米的 SRBM，直径 1 米，全长 15 米，重量约 12000 千克。采用惯性制导方式，有效载荷约 1000 千克，搭载 HE（高爆弹头）和核弹头。

烈火 2 导弹：将烈火 1 导弹作为第一级，大地导弹作为第二级组合起来的两级式固体燃料导弹。导弹是射程 3000～5500 千米的 IRBM，直径 2 米，全长 17 米，重量约 5500 千克。搭载有附带通过 GPS 进行末制导功能的惯性制导装置，据说这样可以将 CEP 提高到 40 米左右。两级式固体燃料火箭，搭载 HE 及核弹头。

沙欣 1 导弹：巴基斯坦单段式固体燃料导弹。导弹最大射程约 750 千米，直径为 1 米，全长 12 米，重量约 9500 千克，有效载荷为 250～500 千克。利用 TEL 的机动发射式导弹，于 2003 年实战列装。

沙欣 2 导弹：两级式固体燃料导弹，1999 年进行首次试射。导弹射程约 2500 千米，直径 1.4 米，全长 17.5 米（也有说法是 19 米），重量约 25000 千克。据说有效载荷为 1050 千克（再入飞行器的重量），CEP 为 50 米。和沙欣 1 导弹一样，是利用 TEL 的机动发射式导弹，2004 年列装。

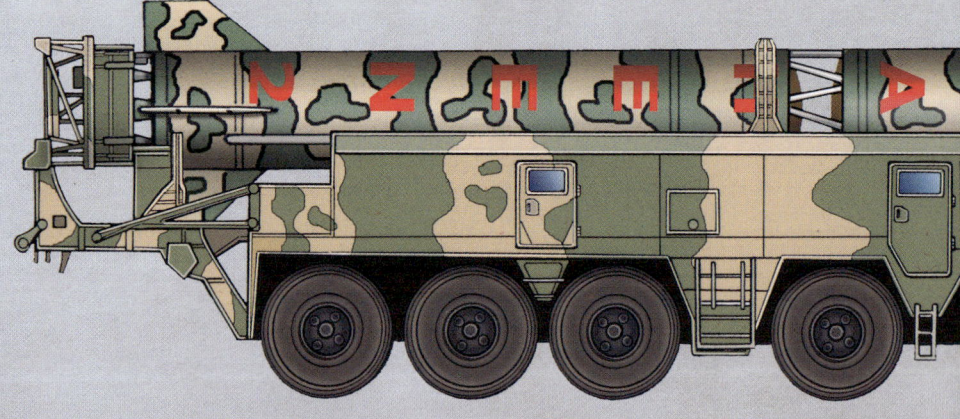

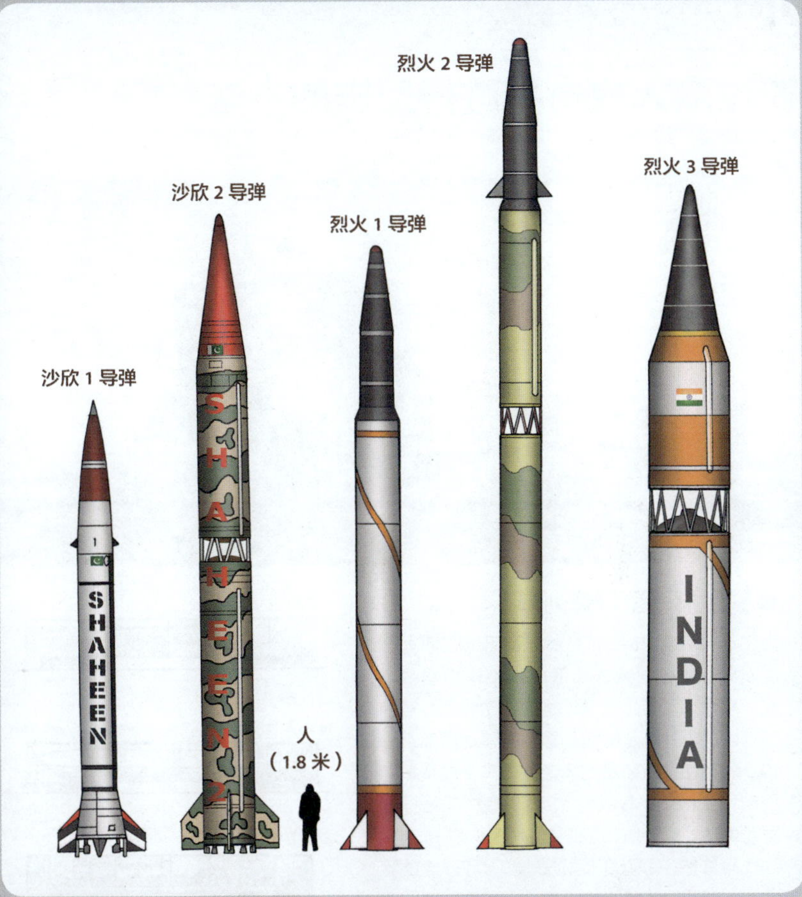

Ballistic Missiles

烈火 2 导弹

沙欣 2 导弹

烈火 3 导弹

沙欣 1 导弹

烈火 1 导弹

SHAHEEN

人（1.8 米）

INDIA

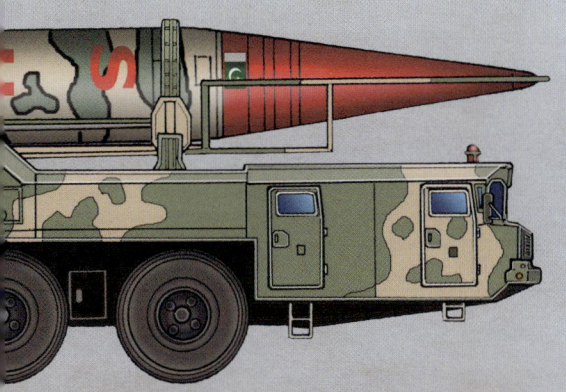

● **搭载沙欣 2 导弹的 TEL**

巴基斯坦的 IRBM 沙欣 2 导弹是搭载在如图所示的 12 轮专用前轮驱动式 TEL 上使用的，因此受地形限制较少。发射时为了不给导弹增加负担引起破损，将发射台兼支架连同导弹一起竖起发射。2000 年 3 月，沙欣 2 导弹在巴基斯坦首都伊斯兰堡举行的阅兵式上首次公开，于 2004 年开始实战列装。

第 4 章 弹道导弹　169

29 ICBM 发射车

躲过敌人攻击并进行反击的方法

●铁路机动型导弹列车

为了让民兵Ⅲ与和平卫士导弹无论在哪里都能发射，美国研究人员考虑采用铁路发射方式，从而有了使用普通铁路的移动式民兵导弹计划。这个计划是将民兵导弹的移动用集装箱和3辆兼任发射装置的导弹发射车，以及发射控制和支援用车等共计11辆车变成战略导弹发射中队，3个中队组成航空联队（第4062移动式导弹航空联队）。1960年12月开始试验性地在部队里使用，1962年2月停止。下图为和平卫士导弹列车的组成。虽然预计要以这样的组成进行使用，但最终只停留在计划阶段。苏联也研发了同样的导弹列车。

发射控制车
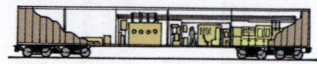

导弹发射车
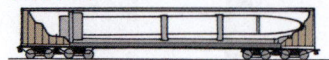

安保车

维修/材料车
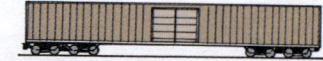

①②火车头
③燃料车
④维修/材料车
⑤安保车
⑥⑦⑧⑩导弹发射车
⑨发射控制车
⑪安保车

Ballistic Missiles

冷战时期，ICBM 的发射方式是在地下发射井内的固定发射式。如果最后导弹的命中精度和威力增大到可以只攻击发射井的程度，如何躲开敌人的攻击并反击就成了一个大问题，毕竟敌人会首先攻击发射设施。

美国为了给 ICBM 提供高生存能力，研究了在铁路或车辆上的移动式发射台进行发射的办法。

就这样，美国确实研发了铁路机动型导弹列车⊖和机动式导弹发射车，但这两种都没有进行实战列装。

●机动式导弹发射车 HML⊖

搭载小型洲际导弹（SICBM）侏儒的机动发射装置兼运送车 HML。虽然研发出了样车，但随着冷战结束的战略方针调整而被取消了研发计划。

牵引车

导弹发射架部位

波音公司和通用动力公司虽然都研发了 HML，但美军最终采用的是前者的产品，车辆结构是利用油压和气压使导弹发射架部位上下动作来保持发射时的稳定。

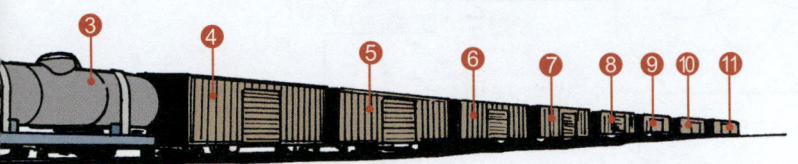

⊖ 铁路机动型导弹列车：曾经也有过很宏大的构想，就是在美国犹他州和内华达州挖掘将近 5000 米的掩体兼地下隧道，并在内部铺上轨道，这样就可以运行搭载了导弹的列车并隐藏列车位置，发射时就除去隧道上方的沙土并发射导弹，但由于花费过高而终止计划。

⊖ HML：Hardened Mobile Launcher 的首字母缩写。

第 4 章 弹道导弹　171

30 核武器（1）
原子弹的构造

如果真的将核武器用于现实中，不仅人类会灭亡，地球很可能也会遭到破坏。核武器就是拥有这样强大的威力。核武器的形态多样，从导弹到炮弹都有，威力大小也各有不同，不过按照构造可以大致分为原子弹、氢弹、中子弹三种。这三种核武器都利用了构成物质的原子核（由质子和中子构成）的结构。

原子弹利用了核裂变原理。一个核物质（铀或钚）的原子被中子撞击后分裂成两个，这时就会释放两个中子和能量。释放出的中子再与其他原子发生碰撞并重复相同的反应，通过反应的连锁重复发生会释放巨大的能量。这种反应叫作核裂变链式反应，反应在一百万分之一秒的短时间内发生，0.45 千克铀 -235 释放的能量能达到 36 兆瓦以上。

铀和钚有着在特定条件下聚集到一定量后就会自动发生核裂变的性质，到达反应临界点的量称为临界质量。核弹就是利用了这种性质，将核物质分成几份填入炸弹中，使用时再用炸药使这些核物质急速聚集在一起到达临界质量，从而发生核裂变。

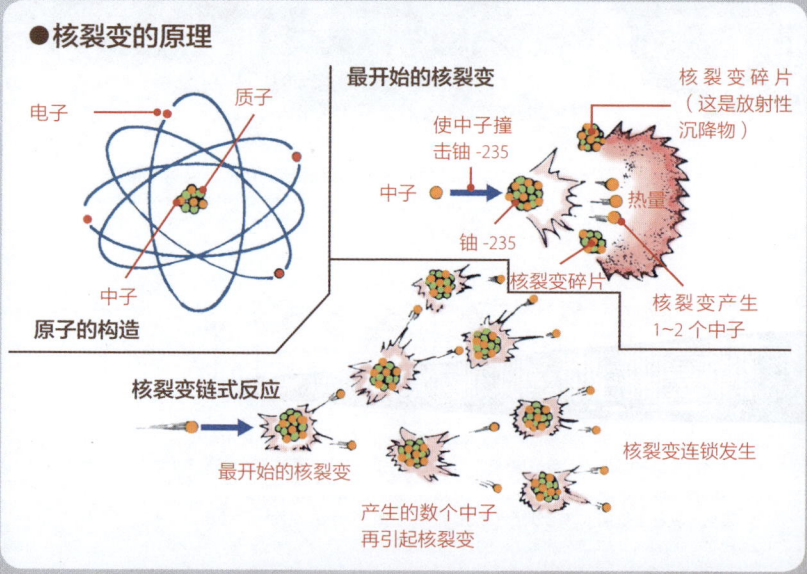

●核裂变的原理

● 原子弹的构造

枪式结构：小男孩原子弹

使用铀-235 的简单结构原子弹。原子弹内部的炮管状圆筒中分开装着一半临界质量的铀-235，通过 TNT 炸药的爆炸使两者瞬间合拢并发生核裂变。这枚铀原子弹被投到了日本广岛。

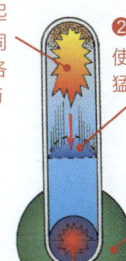

❶ 利用起爆装置同时引爆各点的炸药

❷ 通过爆炸使铀核装药猛烈合拢

❸ 命中后铀物质成块并达到临界点。内部的引爆源通过原子核反应产生的中子开启链式反应，引起核爆炸。

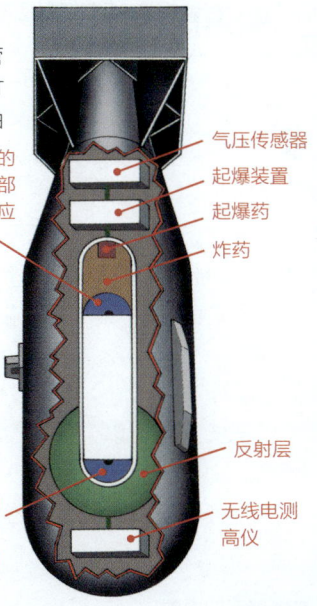

未到临界质量的铀核装药（内部有起动链式反应的铍引爆源）

未达临界值的铀核装药（内部有起动链式反应的钋引爆源）

气压传感器
起爆装置
起爆药
炸药
反射层
无线电测高仪

内爆型：胖子原子弹

使用钚-239 的内爆型原子弹。其构造是将中空的钚-239 球体置于中心，周围包裹球状铀反射层，其外围再包裹一层 TNT 炸药，同时引爆它们，利用冲击波将反射层和核装药急速向内压缩，使核装药到达临界质量并发生核裂变。这枚钚原子弹被投放到日本长崎。

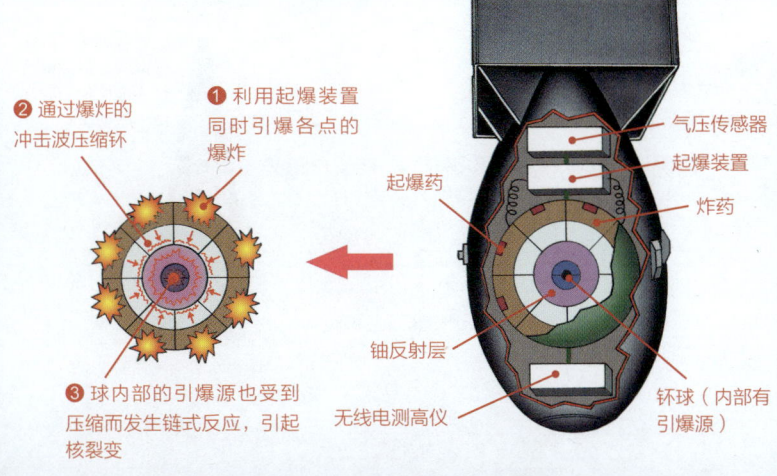

❶ 利用起爆装置同时引爆各点的爆炸

❷ 通过爆炸的冲击波压缩钚

❸ 球内部的引爆源也受到压缩而发生链式反应，引起核裂变

气压传感器
起爆装置
起爆药
炸药
铀反射层
无线电测高仪
钚球（内部有引爆源）

31 核武器（2）

氢弹的威力比原子弹更大

原子弹利用了核裂变，氢弹⊖则利用了核聚变，因此又称为聚变弹。核聚变指的是较轻的元素原子核们，在一定条件下结合成较重原子核，并释放巨大能量的过程。

核聚变有多种方法，其中被认为最容易、实用性较高的是使用重氢（氘）和超重氢（氚）（D-T反应），除了用于氢弹制造以外，也被认为可以用于核聚变反应堆。D-T反应释放的能量虽然小于核裂变，但因为原子自身较小，所以能够释放相当于等量的核裂变物质释放能量总和数倍的能量，反应中释放的中子也拥有与铀-238的原子核裂变能量一样多的能量。核聚变反应还有一个优点，就是它没有核裂变那种临界质量相关的危险。

如今，ICBM弹头上搭载的是氢弹，将氢弹投入实际应用的只有少数国家。

▼ 核聚变的原理

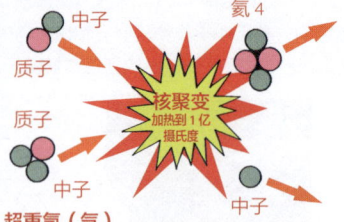

重氢（氘）
中子
质子
质子
中子
核聚变
加热到1亿摄氏度
氦4
中子
超重氢（氚）

想要引发核聚变就需要1亿摄氏度这样的超高温，为了到达这个温度需要使用原子弹。原子弹核裂变反应产生的放射线（X射线和γ射线）、超高温、超高压会诱发重氢的核聚变反应。1克重氢和超重氢的核聚变反应产生的能量，相当于约8吨石油燃烧时释放出的热量。

▼ W88 核弹头

W88核弹头是洛斯·阿拉莫斯实验室研发出的热核弹头（氢弹），用作三叉戟导弹的核弹头，最大TNT当量为475千吨。核弹头的构造没有被公开，本插图为想象图。W88的直径0.55米，全长1.75米，重量不到360千克。

- 辐射包壳（做成花生形状，将X射线从初级核弹反射向次级核弹）
- 初级核弹
- 高爆炸药透镜
- 通道填充（塑料泡沫）
- 次级核弹（核聚变）
- 增压气罐
- 钚-239弹芯
- 氘和氚
- 铀-235（火花塞）
- 铀-235推进层（反射层）
- 铀-238包壳

⊖ 氢弹：这里的氢指的是重氢，而非普通的氢元素。氢弹利用的是重氢的热核反应，因此也叫作热核弹（热核武器）。

●氢弹的构造

图为泰勒 - 乌拉姆构型（将原子弹的放射能量用于核聚变燃料的压缩和加热的方式）下的氢弹 Mark 15mod 的结构。泰勒 - 乌拉姆构型也是 Mark 39 的基础，Mark 39 是作为美国在 20 世纪 50 年代研发的早期氢弹红石弹道导弹和 SM-62 蛇鲨巡航导弹的弹头而列装的。

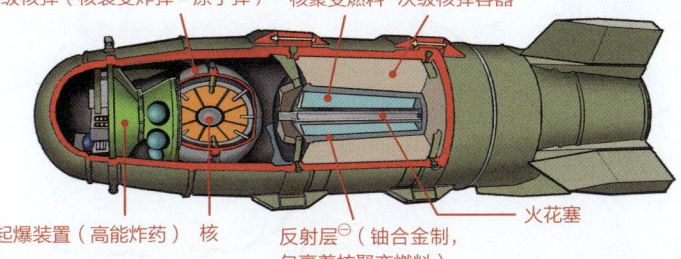

初级核弹（核裂变炸弹＝原子弹） 核聚变燃料 次级核弹容器

起爆装置（高能炸药） 核 反射层（铀合金制，包裹着核聚变燃料） 火花塞

1. 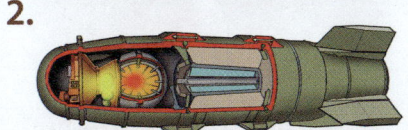 起爆装置（高能炸药）爆炸，压缩初级核弹（核裂变弹）的核（钚等）

2. 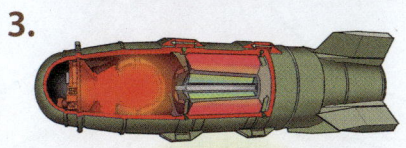 初级核弹的核被压缩到临界点后开始发生核裂变反应

3. 初级核弹的核温度到达数百万摄氏度，核裂变放出 γ 射线和强烈的 X 射线，对次级核弹（核聚变燃料）的外层容器和反射层进行加热

4. 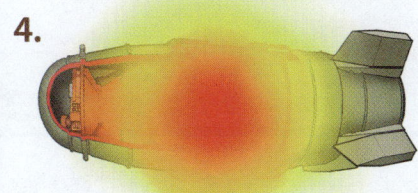 次级核弹的外层由于高温而发生蒸发膨胀，压缩核聚变燃料和火花塞部位。最后，火花塞开始发生核裂变。核聚变燃料由此开始发生核聚变，生成火球并使炸弹爆炸

⊖ 反射层：氢弹的核当量（威力）的大部分都是通过反射层的核裂变能量得来的。这部分由于临界质量的问题而限制了炸弹的大小，但目前能够用超过临界质量的核物质做成反射层，因此氢弹的破坏力也增强了。

32 核武器（3）
核爆炸的破坏力有多大呢？

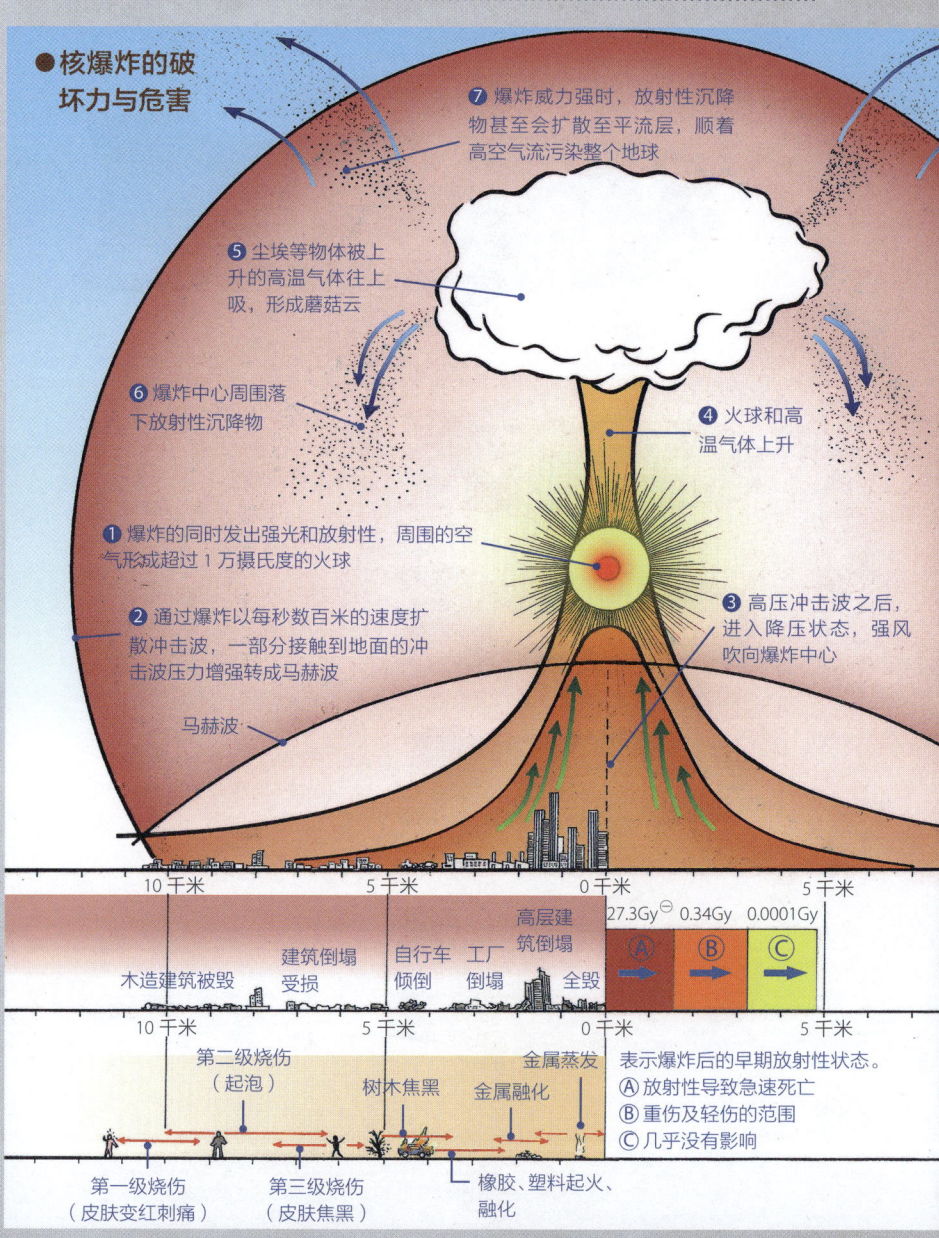

●核爆炸的破坏力与危害

Ballistic Missiles

核爆炸的威力非常骇人，连二战末期在日本广岛和长崎投下的原子弹[二]带来了惨重的伤亡。二战后，由于氢弹的研发，核武器的破坏力有了飞跃般的提升，TNT 当量达到了兆吨级。核武器一旦被使用，其带来的危害是不可估量的。

图中表示的是 200 千吨级 TNT 当量的核武器在某个城市上空爆炸时的伤害情况。即使是在现代核武器里破坏力不算大的 200 千吨级 TNT 当量，预计也能带来这么大的危害。而从千吨到兆吨，数字上虽然是扩大了 1000 倍，但爆炸是在立体空间内发生的，因此需要将核武器的破坏力开立方，得到的结果是扩大了 10 倍。但哪怕是 10 倍也是很了不得了，而且核武器还拥有红外线（利用高温蒸发燃烧物体）、冲击波（利用冲击波带来破坏）、放射性（利用放射性伤害破坏生物组织）三大杀伤力。

※ 左图表示的是 200 千吨级 TNT 当量（相当于美国的北极星 A-3 或苏联的 SS-N-18、SS-17 核导弹）核武器爆炸的情况。

美国的核爆炸试验中升起的蘑菇云，中心的黄色部分是火球和高温气体正在上升的部分。

⊖ Gy（戈瑞）：表示吸收放射能总量的单位。当 1 千克物质被放射线照射，吸收 1 焦耳能量时的吸收剂量为 1 戈瑞。

⊇ 在日本广岛和长崎投下的原子弹：1 千吨级相当于 1 千吨 TNT 炸药的破坏力。比如在广岛投下的原子弹的破坏力相当于 12500 吨 TNT 炸药，因此就是 12.5 千吨 TNT 当量。

第 4 章 弹道导弹　177

33 核武器（4）

中子弹是怎样的核武器？

处于核武器初级阶段的原子弹虽然拥有强大的破坏力，但同时也因为核裂变的碎片会变成放射性沉降物[一]四处扩散得很远，并不容易使用。而氢弹就是以保留（或提升）核弹的破坏力并减少放射性沉降物为目的而研发出来的。由于为了引发核聚变而使用了原子弹，所以也会产生一定的放射性沉降物。但是，因为使用了这些核弹的地区全部被

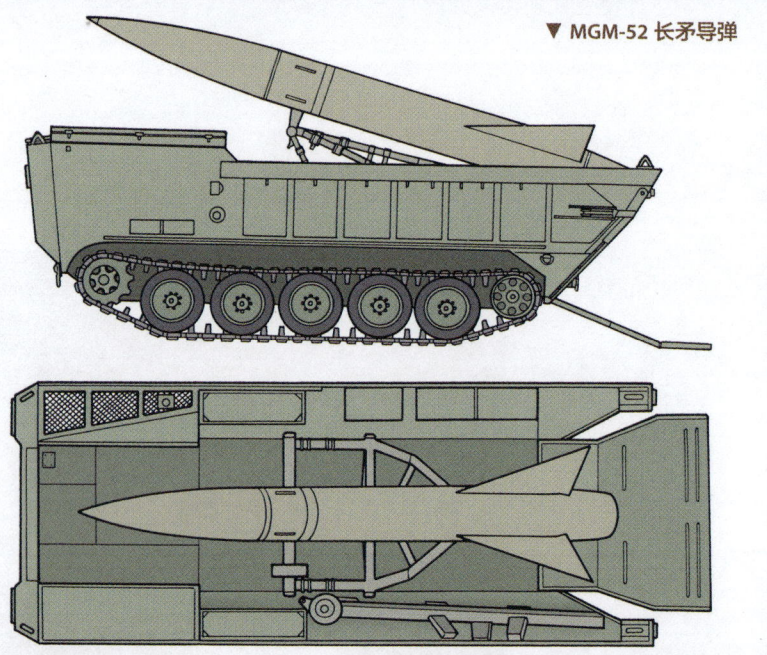

▼ MGM-52 长矛导弹

MGM-52 长矛导弹是美国陆军从 20 世纪 70 年代一直用到 20 世纪 90 年代前半段的液体燃料式短程弹道导弹（SRBM），可搭载 W70 核弹头。W70 核弹头为增强辐射弹头（ER[二]弹头），也就是中子弹。长矛导弹有 A 型（早期型号）、B 型（增程型）、C 型（生产型）。C 型的直径 0.56 米，全长 6.1 米，发射重量 1290 千克，射程 125 千米。

一 放射性沉降物：核武器或核能发电事故中产生的含有放射性物质的尘埃。
二 ER：Enhanced Radiation 的首字母缩写。

不仅是弹道导弹，将中子弹装载在核弹头上的核炮弹 W79 也在研发中。W79 核炮弹用于 203 毫米（8 英寸）榴炮弹，作为限制了威力的地面发射式战术核武器在 1982 年至 1992 年列装。右图是 1953 年 5 月在内达华州核试验场进行的核炮弹试射场景，当时是用 280 毫米的 M65 加农炮发射了 W9 核炮弹（核裂变弹头）。发射核炮弹的实验只进行过这一次，中子弹头 W79 并未实际发射过。

破坏殆尽，长期残留着放射性物质，所以爆炸之后的地区无法使用或进驻军队。因此，要尽量减弱爆炸对建筑物的破坏，只致人类伤亡，放射性也只短时间残留。中子弹就是以此为目的而研发出的核武器。

中子弹为了减小破坏力和缩短放射性残留的时间，使用临界质量尽可能少的核物质来发生核裂变，从而融合氢化物。并且去除了通常核弹都有的反射层（实际使用了铬或镍等，减少了中子的反射），使核聚变释放的中子直接飞入大气中，提高对生物的杀伤力。中子弹的冲击波和热辐射为全部能量的 20% 左右，但中子辐射达到了 80%（因此也能称之为辐射强化型核弹）。通过释放大量穿透力强的中子射线来引起人类的死伤，而中子很快就会被大气吸收，因此会在爆炸后的短时间内扩散，残留的放射性少。也

就是说，使用中子弹的地区在短时间内就能再次使用。中子弹在 20 世纪 80 至 90 年代作为"干净的核武器"备受瞩目。中子弹虽然是作为 SRBM 和核弹部署的，但目前没有列装中子弹的国家。

那么，中子弹的威力有多大呢？有一个说法是，1 千吨级中子弹（相当于 1 千吨 TNT 炸药的威力）在离地面 120 米处爆炸时，可以完全破坏爆炸中心半径 120 米以内的生物和建筑（人类当场死亡，而距离更远的建筑物则不会被破坏）。半径 800 米内的人类会在 5 分钟内死亡。在半径 800~900 米处虽然能多活 5 分钟以上，但会出现机能障碍，最迟会在一周内死亡。距离 1200 米内虽然会有幸存者，但大部分人都会由于机能障碍而死亡。但据说半径 2000 米以上时，人虽然会受到一定的伤害，但不会危及性命。

CHAPTER 4

34 太空中的战斗

战略防御计划（SDI）改变形态继续存在

20世纪80年代，虽然共同毁灭原则（MAD㊀）保证了核武力的平衡，但当时的美国总统罗纳德·里根并不满意，发布了对美国更有利的战略防御计划（SDI㊁），通称星球大战计划。SDI的内容是，在静止卫星轨道上装备导弹卫星、激光卫星和早期预警卫星等，将这些卫星与地面装备的拦截系统联合起来，在敌方弹道导弹（ICBM）发射后的各个飞行阶段进行拦截，从而保护美国本土。

SDI的构想是如图中所示的各种拦截和攻击系统。SDI计划着要利用电磁炮和X激光射线来攻击导弹和敌卫星等，并进行了相关研发和实验。如果SDI实现了的话，太空就会成为战场。不过由于技术上的问题，SDI还无法实际使用。不过，SDI还是在当时起到了使苏联放弃军事扩张，结束冷战的效果。

如今SDI也没有消失，而是在海湾战争弹道导弹的威胁提高后，转变成了防御有限攻击的全球保护系统（GPALS㊂），在克林顿任美国总统时期变成了战区导弹防御系统（TMD）。目前提出的是综合了TMD㊃和国家

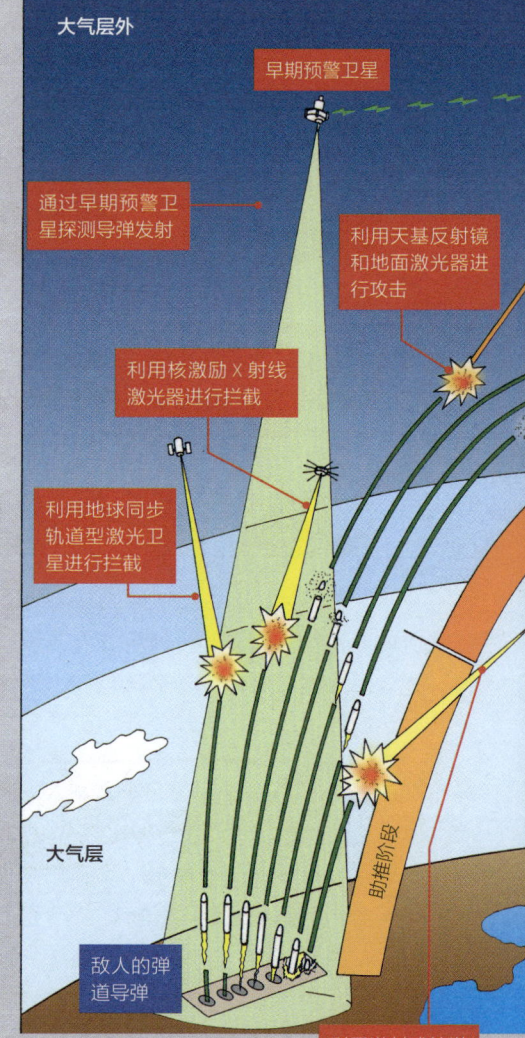

㊀ MAD：Mutual Assured Destruction 的首字母缩写。
㊁ SDI：Strategic Defense Initiative 的首字母缩写。
㊂ GPALS：Global Protection Against Limited Strike 的首字母缩写。
㊃ TMD：Theater Missile Defense 的首字母缩写。

Ballistic Missiles

导弹防御系统（NMD⊖）的多层级导弹防御构想，简称导弹防御系统（MD）。另外，日本版弹道导弹防御系统（BMD⊖）也是以此为基础研发出来的。

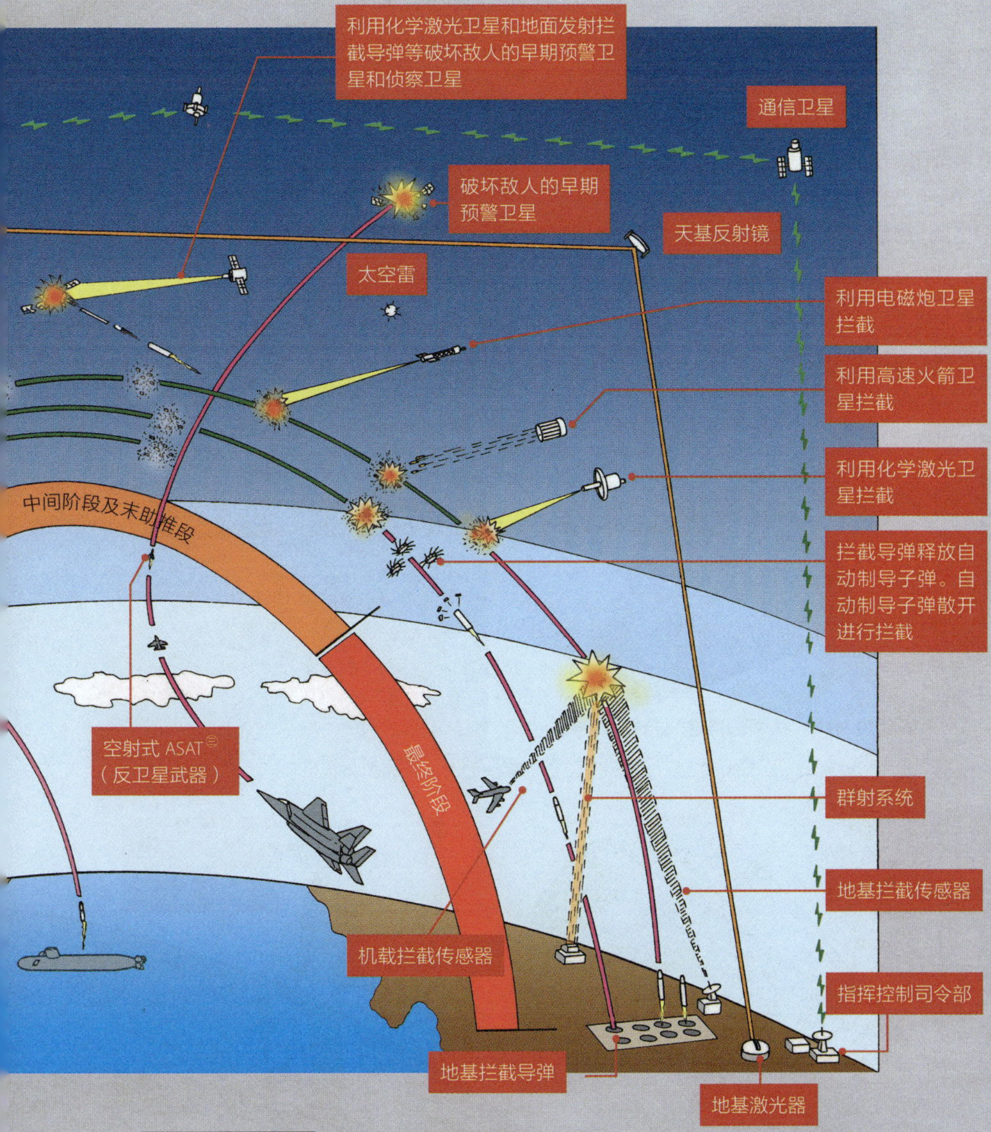

- 利用化学激光卫星和地面发射拦截导弹等破坏敌人的早期预警卫星和侦察卫星
- 破坏敌人的早期预警卫星
- 通信卫星
- 太空雷
- 天基反射镜
- 利用电磁炮卫星拦截
- 利用高速火箭卫星拦截
- 利用化学激光卫星拦截
- 拦截导弹释放自动制导子弹。自动制导子弹散开进行拦截
- 中间阶段及末助推段
- 空射式 ASAT⊖（反卫星武器）
- 最终阶段
- 群射系统
- 机载拦截传感器
- 地基拦截传感器
- 指挥控制司令部
- 地基拦截导弹
- 地基激光器

⊖ NMD：National Missile Defense 的首字母缩写。
⊖ BMD：Ballistic Missile Defense 的首字母缩写。
⊖ ASAT：Anti-SATellite weapon 的缩写，也叫作卫星攻击武器。

CHAPTER 4

35 高超声速飞行器

PGS 能否超越 ICBM 呢？

从冷战时期到现在，核武器（特别是 ICBM）在各国安全保障战略中起到的作用非常大，假如根据美国和俄罗斯重复签订多次的削减战略武器条约来减少核武器的话，之后要用什么来代替核武器呢？

目前美国正在研发的是名为即时全球打击系统（PGS⊖）的新型武器，研发目标是要使 PGS 像 ICBM 那样拥有能够在一小时内到达地球上任何地方的能力。

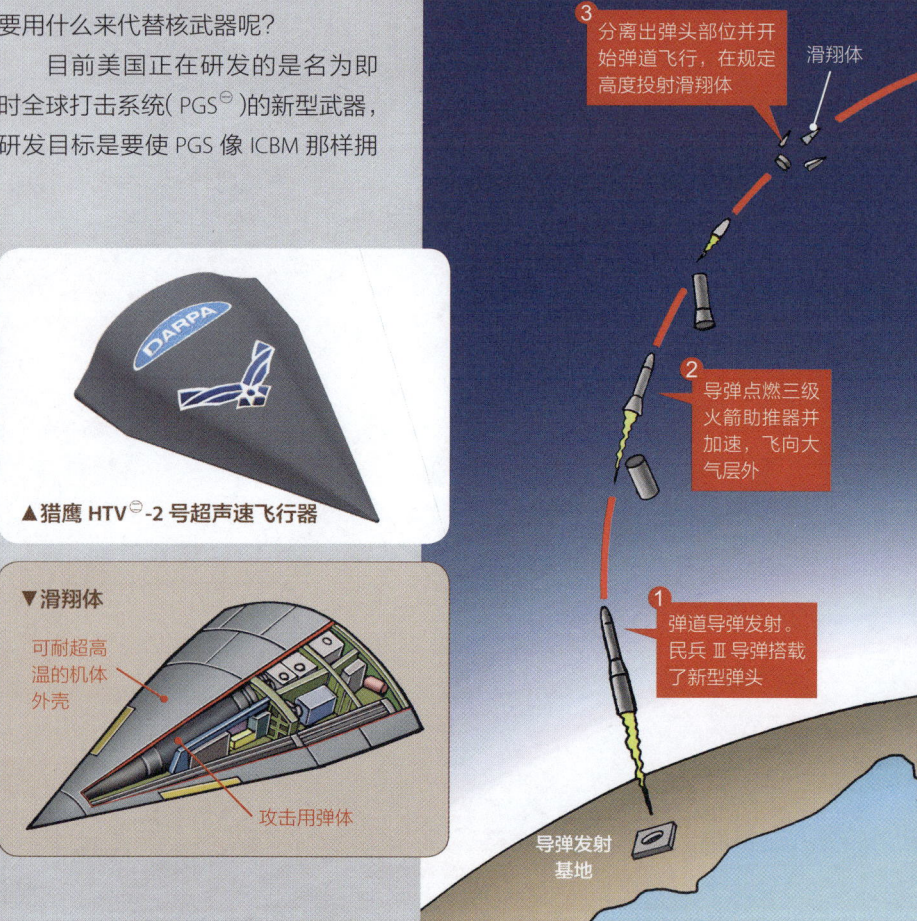

▲猎鹰 HTV⊖-2 号超声速飞行器

▼滑翔体
- 可耐超高温的机体外壳
- 攻击用弹体

③ 分离出弹头部位并开始弹道飞行，在规定高度投射滑翔体 — 滑翔体

② 导弹点燃三级火箭助推器并加速，飞向大气层外

① 弹道导弹发射。民兵Ⅲ导弹搭载了新型弹头

导弹发射基地

⊖ PGS：Prompt Global Strike 的首字母缩写。
⊖ HTV：Hypersonic Technology Vehicle 的首字母缩写。

Ballistic Missiles

超声速巡航导弹随着 PGS 一同备受瞩目。B-52 轰炸机将超声速巡航导弹运输到指定地点并发射，通过火箭助推器加速到 5 马赫左右，之后超声速燃烧冲压式喷气发动机（冲压式喷气发动机的一种）点火，导弹以 6 马赫以上难以拦截的高速飞行。导弹用 10 分钟飞行 1000 千米，可进行对目标的定点攻击。照片中的波音 X-51 是为超声速巡航导弹研发而准备的验证飞行器。飞行器全长 7.9 米，搭载了两台使用 JP-7 喷气燃料的超声速燃烧冲压发动机。

● 即时全球打击系统（PGS）

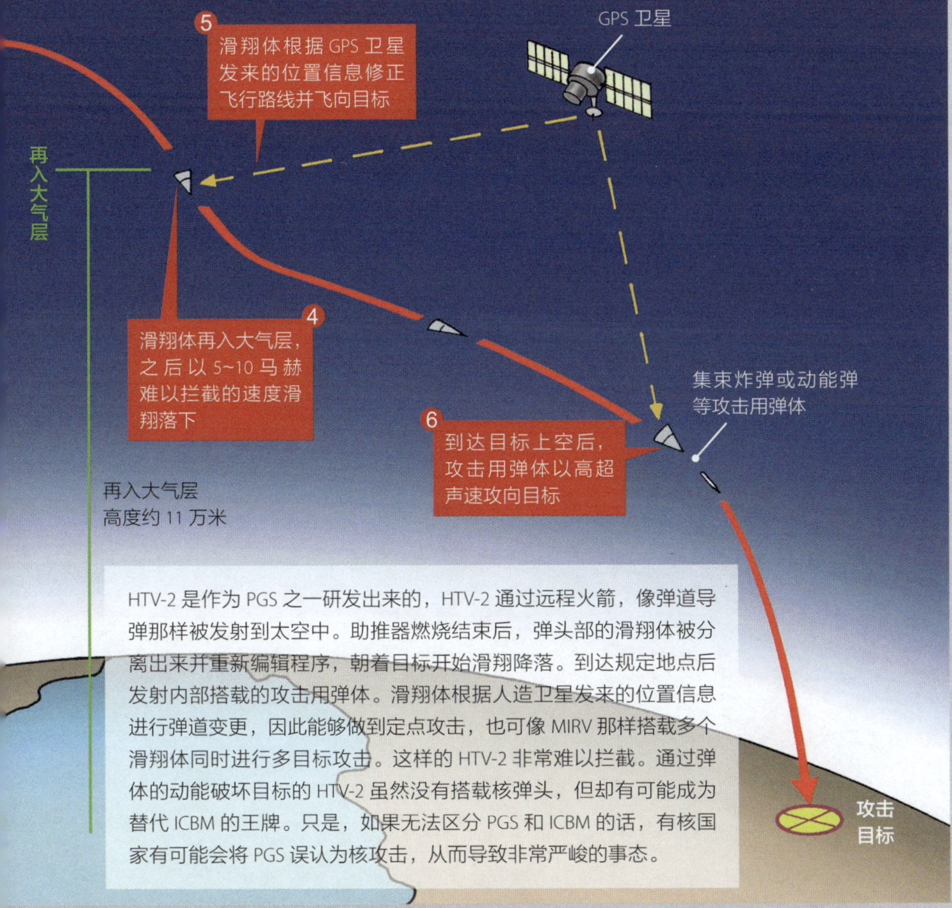

GPS 卫星

⑤ 滑翔体根据 GPS 卫星发来的位置信息修正飞行路线并飞向目标

再入大气层

④ 滑翔体再入大气层，之后以 5~10 马赫难以拦截的速度滑翔落下

再入大气层 高度约 11 万米

集束炸弹或动能弹等攻击用弹体

⑥ 到达目标上空后，攻击用弹体以高超声速攻向目标

攻击目标

HTV-2 是作为 PGS 之一研发出来的，HTV-2 通过远程火箭，像弹道导弹那样被发射到太空中。助推器燃烧结束后，弹头部的滑翔体被分离出来并重新编辑程序，朝着目标开始滑翔降落。到达规定地点后发射内部搭载的攻击用弹体。滑翔体根据人造卫星发来的位置信息进行弹道变更，因此能够做到定点攻击，也可像 MIRV 那样搭载多个滑翔体同时进行多目标攻击。这样的 HTV-2 非常难以拦截。通过弹体的动能破坏目标的 HTV-2 虽然没有搭载核弹头，但却有可能成为替代 ICBM 的王牌。只是，如果无法区分 PGS 和 ICBM 的话，有核国家有可能会将 PGS 误认为核攻击，从而导致非常严峻的事态。

CHAPTER 5
Submarine Launched Ballistic Missiles

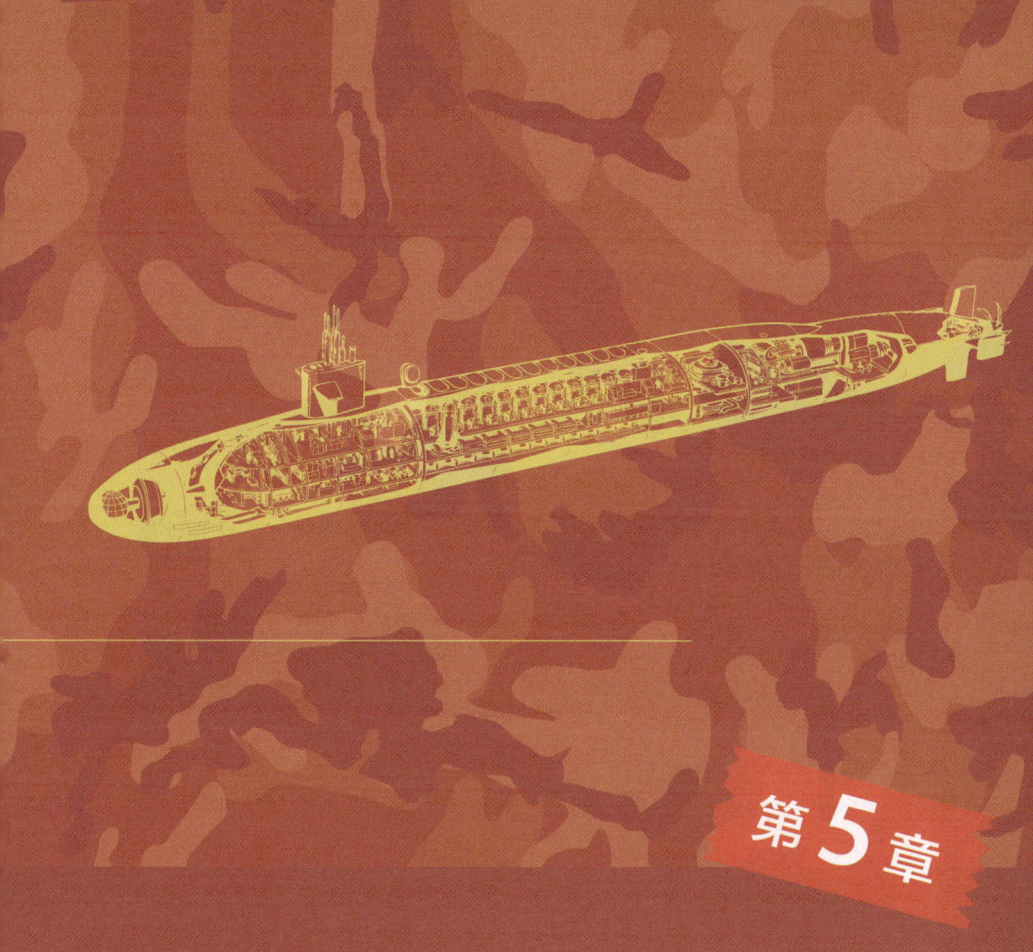

第 5 章

潜射弹道导弹

潜伏海中隐匿性超高的核潜艇与搭载了核弹头的弹道导弹结合起来的时候，几乎就是世界最强的武器出现了，这就是主导核战略的战略弹核潜艇。一起通过本章来了解潜射弹道导弹的实际情况与导弹的模拟发射吧。

01 潜射弹道导弹（1）
将潜艇当作发射平台

潜射弹道导弹（SLBM[⊖]）顾名思义，是将潜艇作为发射平台的弹道导弹。可在海中长时间潜行、行踪难测的核潜艇和射程远又搭载了威力巨大的核弹头的弹道导弹组合，就是最强武器。而且比起放在地下发射井中的洲际弹道导弹（ICBM）来说，SLBM 的生存能力要高得多。因此，SLBM 是肩负起了冷战时期的美苏核战略的重要角色。

二战中，德国曾有通过潜艇发射火箭的想法，也就是用德国的U艇拖拽着装了 A4 火箭的集装箱，从海面上发射火箭。这个想法虽然只停留在计划阶段，但二战后美国和苏联从潜艇上成功发射了收缴到的 A4 火箭。不过，弹道导弹发射需要时间，还使用了危险的液体燃料，实在不适用于实战。

出于这样的理由，美国海军将有翼式巡航导弹搭载并运用到潜艇上，研发了天狮星Ⅰ/Ⅱ导弹。天狮星导弹虽然在 1954 年进行了实战列装，但没能从海中进行发射。由于天狮星导弹有着海面上的发射准备时间过长，即时反应能力不高等问题，美国又再次进行了潜射式弹道导弹的研发。

从美国海军的核潜艇 SSGN-587 大比目鱼号发射的天狮星巡航导弹。导弹直径 140 厘米，全长 10.1 米，重量为 4670 千克，射程为 925 千米，弹头为 W5 或 W27 核弹头。虽然美国也研发了改良速度和射程的天狮星Ⅱ导弹，但随着北极星导弹的完成，天狮星Ⅱ导弹的研发就被取消了。

⊖ SLBM：Submarine Launched Ballistic Missile 的首字母缩写。

Submarine Launched Ballistic Missiles

从核潜艇 SSBN-601 罗伯特·E. 李号发射的北极星 A-3 导弹，美国海军称之为舰队弹道导弹（FBM）。北极星导弹被提供给英国海军，一直到 20 世纪 90 年代中期为止都用在决心级弹道导弹核潜艇上。

　　1955 年，美国国防部长下达指示，要求海陆军共同开发新型中程弹道导弹朱庇特，海军打算将这种使用液体燃料的导弹搭载在当时最先进的核潜艇上。不过，由于各种原因，这个计划最终变成了海军单独研发固体燃料火箭，这促使了美国海军第一枚潜射弹道导弹北极星的诞生。由洛克希德·马丁公司研发，1960 年 4 月，北极星 A-1[一]原型导弹 AX 潜射试射成功。

　　那么，在潜艇上使用弹道导弹需要怎样的条件呢？首先，导弹最好使用固体燃料。液体燃料危险且操作麻烦，总是需要先将燃料填充进导弹。另外，从潜艇上发射导弹时，导弹在发射管内点燃助推器，这点很容易引起事故，非常危险。因此，需要通过某种方法，使导弹飞出发射管后再使助推器点火。

　　再次，因为要在毫无标识物的海上发射，较高的射程和正确的导航系统就成了必需品。而使用弹道导弹的潜艇也必须能够进行长时间的潜航，想要做到这一点，核潜艇是不可或缺的。解决了这些条件，SLBM 就成了生存能力最高、威力最强的武器。

[一] 北极星 A-1：1959 年 12 月开始服役的乔治·华盛顿级核潜艇虽然原本预定要搭载该导弹，但由于导弹研发没有赶上日程，当时核潜艇上并没有装备北极星 A-1 导弹。

第 5 章 潜射弹道导弹　187

02 潜射弹道导弹（2）

配合SLBM，美国核潜艇也逐渐大型化

美国海军最早装备的SLBM为北极星A-1。导弹上搭载了MIT/GE/休斯公司共同研发的惯性导航系统，潜艇上装备了GE公司制造的Mk.80火炮控制装置。北极星A-1导弹被搭载在5艘乔治·华盛顿级核潜艇上。1962年6月又列装了延长射程、威力更强的北极星A-2，并搭载在美国第二代战略导弹核潜艇伊桑·艾伦号上。伊桑·艾伦级核潜艇一开始就是作为战略导弹核潜艇而研发出来的，而乔治·华盛顿级核潜艇则是为了搭载弹道导弹而紧急从鲣鱼级攻击核潜艇改造而来的。

美国继北极星A-2后又研发出了A-3，以及作为接替者的海神C-3导弹。20世纪70年代，将射程一口气提升到了3000千米以上的三叉戟C-4导弹登场。之后，为了搭载三叉戟C-4导弹，美国核潜艇中体型最大的俄亥俄级战略导弹核潜艇被建造出来，并从1981年开始搭载了三叉戟C-4执行作战任务。从1990年开始，同等级核潜艇（第9艘以后）搭载的都是实战列装的三叉戟D-5导弹。三叉戟D-5的射程被增加到12000米，命中精度也提高了，圆概率误差为90米。

● 美国的弹道导弹核潜艇

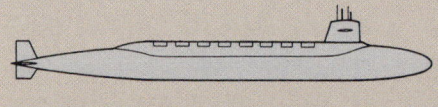

乔治·华盛顿级（598级）
全长为116.3米，全宽为10.1米，水下排水量为5959吨

拉法耶特级核潜艇
全长为129.5米，全宽为10米，水下排水量为7250吨
伊桑·艾伦级的次型

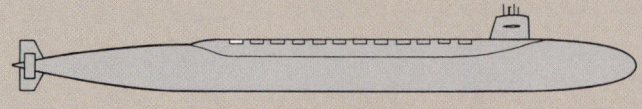

俄亥俄级（726级）
全长170.67米，全宽12.8米，水下排水量18750吨

Submarine Launched Ballistic Missiles

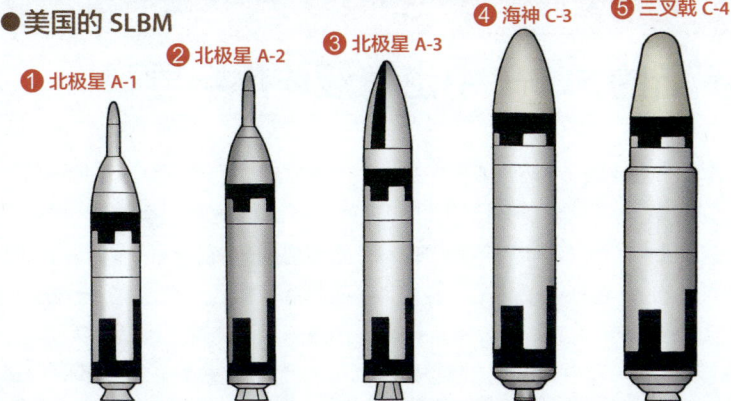

● 美国的 SLBM
① 北极星 A-1
② 北极星 A-2
③ 北极星 A-3
④ 海神 C-3
⑤ 三叉戟 C-4
⑥ 三叉戟 D-5

① **北极星A-1**：两级式固体燃料导弹，弹头是搭载了Mk.1型再入飞行器的W-74-Y1单弹头式氢弹，600千吨TNT当量。导弹直径137厘米，全长8.7米，重量13100千克，射程约2200千米。北极星A-1搭载在5艘乔治·华盛顿级潜艇上，但是列装时间较短。

② **北极星A-2**：A-1的次型，两级式固体燃料导弹。搭载了800千吨TNT当量的W-74-Y2弹头的单弹头式导弹，CEP为1200米。射程延长至2800千米，全长也延长至9.45米。重量14700千克。

③ **北极星 A-3**：导弹体型更小，装备了高精度惯性导航装置，有效载荷增加，装备多个弹头（3个装有 200 千吨 TNT 当量W58 弹头的 Mk 型 RV）。弹头并非 MIRV，而是在目标周围散开的 MRV。射程极大地延长，达到 4630 千米，CEP 为 900 米。

④ **海神 C-3（UGM-73）**：直径比北极星导弹粗了50厘米，因此连同发射管一起更换。射程最大为 5930 千米，与北极星 A-3 并没有相差很多，但 CEP 提高到了 550 米。弹头采用了 MIRV，搭载 10 枚装备了 50 千吨TNT 当量的 W68 核弹头的 Mk.3 型再入飞行器。导弹直径 188 厘米，全长 10.39 米，重量 29200 千克。

⑤ **三叉戟 C-4（UGM-96A）**：为延长海神 C-3导弹的射程而研发的导弹，于 1979 年列装。制导装置采用了拥有恒星天文导航功能的惯性制导装置。三级固体燃料式导弹，射程延长至 7400 千米，CEP 也提高至 380 米。

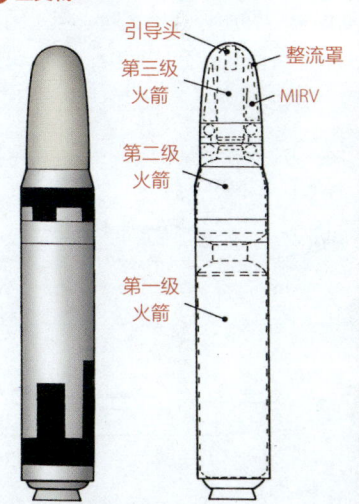

导弹全长 10.36 米，直径 188 厘米，重量为 33113 千克。

⑥ **三叉戟 D-5（UGM-133A）**：研发目的为C-4 的增程和提高命中精度，1990 年实战列装。三级固体燃料导弹，最大射程约 12000千米，CEP 为 90 米上下，破坏力相当于能够破坏苏联的导弹发射井的程度。虽然导弹可装备 14 枚 475 千吨 TNT 当量 W88 核弹头，但根据 2002 年的莫斯科条约，核弹头数量被限制到 4~5 枚。导弹全长 13.41 米，直径 211 厘米，重量为 58968 千克。常规弹头型三叉戟导弹的研发正在计划中。

CHAPTER 5

03 潜射弹道导弹（3）

俄罗斯的 SLBM 中也有液体燃料导弹

俄罗斯（苏联）的 SLBM 研发是从中程弹道导弹（IRBM）开始的。由机动发射式中程弹道导弹飞毛腿改良而成的 SS-N-4（R-11M），就是最初的成品。1959 年，高尔夫级常规潜艇搭载了 SS-N-4 导弹，之后旅馆级核潜艇也搭载了 SS-N-4 导弹，成了俄罗斯最早的弹道导弹核潜艇。但是因为 SS-N-4 只能从水面上发射，因此可以在水中发射的 SS-N-5 导弹被研发了出来。这之后，俄罗斯又接连研发了一系列弹道导弹。美国的 SLBM 只有固体燃料导弹，而俄罗斯的 SLBM 中还包括了被认为难以运用于潜艇的液体燃料导弹，这点倒是很有趣。

俄罗斯海军虽然在苏联解体后一直萎靡不振，但他们拥有着相当于第四代的新型战略导弹潜艇，新型导弹 R-30 也在 2003 年开始了部署。

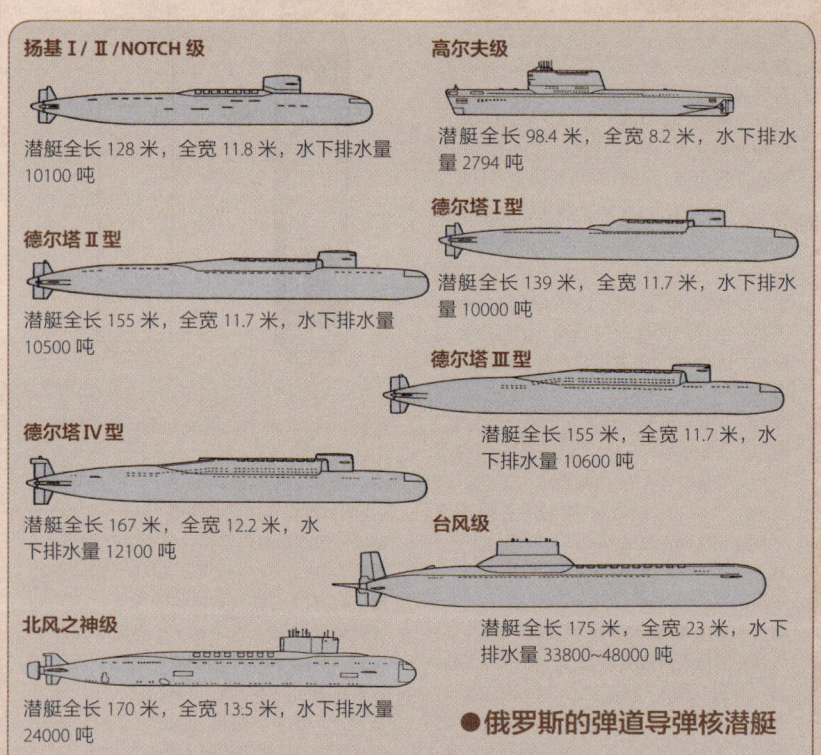

扬基 I / II / NOTCH 级
潜艇全长 128 米，全宽 11.8 米，水下排水量 10100 吨

高尔夫级
潜艇全长 98.4 米，全宽 8.2 米，水下排水量 2794 吨

德尔塔 II 型
潜艇全长 155 米，全宽 11.7 米，水下排水量 10500 吨

德尔塔 I 型
潜艇全长 139 米，全宽 11.7 米，水下排水量 10000 吨

德尔塔 III 型
潜艇全长 155 米，全宽 11.7 米，水下排水量 10600 吨

德尔塔 IV 型
潜艇全长 167 米，全宽 12.2 米，水下排水量 12100 吨

台风级
潜艇全长 175 米，全宽 23 米，水下排水量 33800~48000 吨

北风之神级
潜艇全长 170 米，全宽 13.5 米，水下排水量 24000 吨

● 俄罗斯的弹道导弹核潜艇

Submarine Launched Ballistic Missiles

●俄罗斯的潜射弹道导弹

❶ **SS-N-6 赛尔布（R-27）导弹**：第3代 SLBM，根据弹头部位的再入飞行器和射程的不同分为 1-3 型，攻击目标为机场等软目标。导弹全长 9.65 米，最大射程 3000 千米。

❷ **SS-N-8 索弗莱（R-29）导弹**：苏联最早采用拥有恒星天文导航功能的惯性制导系统的 SLBM。两级式液体燃料导弹，导弹全长 14.2 米，射程 7800 千米（1型），9100 千米（2型）。搭载于德尔塔Ⅰ/Ⅱ型潜艇。

❸ **SS-N-17 沙锥（R-45）导弹**：使用固体燃料，苏联最早在弹头部位搭载 PBV 的 SLBM。导弹全长 11.06 米，射程 3900 千米。搭载于扬基Ⅱ级潜艇。

❹ **SS-N-18 黄貂鱼（R-29R）导弹**：第五代 SLBM，配置了苏联最早的 MIRV 弹头。导弹搭载在德尔塔Ⅲ型潜艇上。导弹全长 15.6 米，射程 6500 千米（1、3型），8000 千米（2型）。

❺ **SS-N-20 鲟鱼（R-39）导弹**：装备于台风级潜艇的第六代 SLBM，配置有 MIRV 弹头。导弹全长 18.0 米，射程 8300 千米。

❻ **SS-N-23 轻舟（R-29RM）导弹**：苏联最早的三级式液体燃料 SLBM，配置有 MIRV 弹头。导弹全长 16.8 米，射程 8300 千米。1985 年开始列装，装备于德尔塔Ⅳ型潜艇。

❼ **SS-N-30 布拉瓦（R-30）导弹**：RT-2PM2 白杨 M 改进的最新型导弹。制导上使用了恒星天文导航和俄罗斯版卫星导航系统（GLONASS〇）。三级式固体燃料导弹，全长 11.5 米（不含弹头部位），射程 8000~10000 千米。装备于 2013 年服役的北风之神级新型导弹核潜艇。

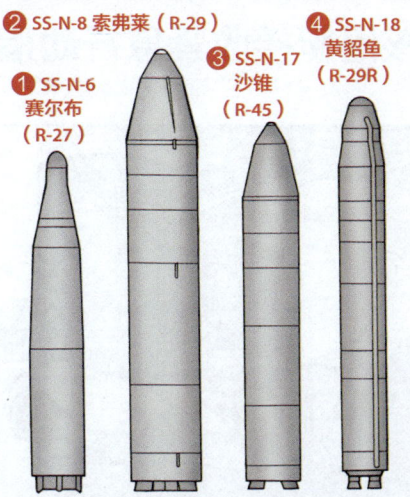

❶ SS-N-6 赛尔布（R-27）
❷ SS-N-8 索弗莱（R-29）
❸ SS-N-17 沙锥（R-45）
❹ SS-N-18 黄貂鱼（R-29R）

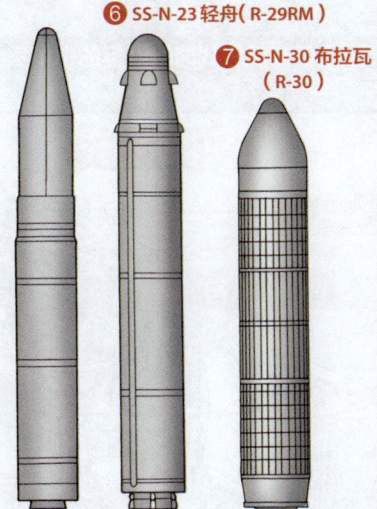

❺ SS-N-20 鲟鱼（R-39）
❻ SS-N-23 轻舟（R-29RM）
❼ SS-N-30 布拉瓦（R-30）

〇 GLONASS：Global Navigation Satellite System 的缩写。

04 发射 SLBM（1）
核潜艇接收紧急行动指令

美国战略核潜艇及艇员被赋予的任务是使战略导弹时刻保持可发射状态，潜伏海中以防被敌人探测到位置，等待发射命令。一旦接收到发射命令，就毫不犹豫地发射。图中是战略核潜艇的中枢部位——艇长指挥室。

【1】俄亥俄级战略核潜艇的指挥室

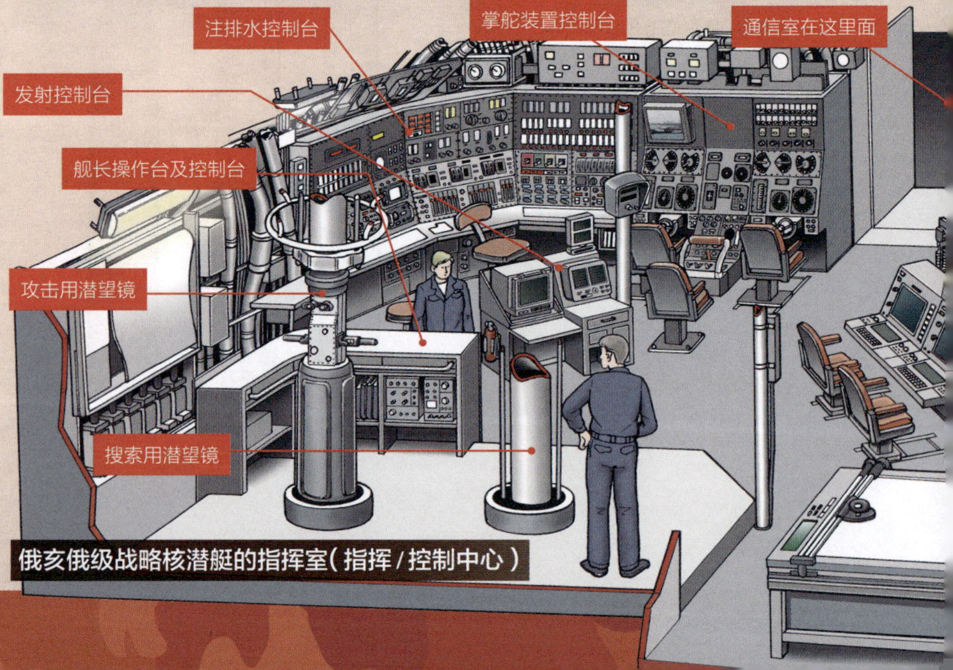

- 注排水控制台
- 掌舵装置控制台
- 通信室在这里面
- 发射控制台
- 舰长操作台及控制台
- 攻击用潜望镜
- 搜索用潜望镜

俄亥俄级战略核潜艇的指挥室（指挥/控制中心）

Submarine Launched Ballistic Missiles

【2】拖拽着 ELF 天线航行

战略核潜艇所潜航的地方为海面下 300 米或更深。在这样的深度下，普通潜艇用来通信的甚低频（VLF⊖）是无法使用的，因此核潜艇使用的是极低频（ELF⊖）。然而一旦深度超过 300 米，潜艇的通信就会变得难以通畅。

【3】通信室，接收紧急行动指令

负责警戒任务的战略核导弹通信室收到了司令部发来的通信（通常情况下，通信是只有本国司令部发来的单方通信形式，潜艇为了不将自己的位置暴露给敌国，并不会进行信息交换）。通信为紧急行动指令（EAM⊖），在舰内直接展开一级发射命令时，为可以在最短时间内发射而建立的制度。

通信室的保险柜

使用的用于破译密码的密码表保存在保险柜中。保险柜采用了两重安全系统，必须要两位责任军官将各自知道的号码合在一起才能打开。

【4】破译加密过的通信

发送过来的通信内容会被打印出来，由通信官交给负责破译密码的军官（为了防止通信被监听而进行了加密）。通信内容的破译由两位负责军官进行。

⊖ VLF：Very Low Frequency 的首字母缩写。波段为 3 千赫兹至 30 千赫兹的电磁波。
⊖ ELF：Extremely Low Frequency 的首字母缩写。波段为 3 赫兹至 30 赫兹的电磁波。
⊖ EAM：Emergency Action Message 的首字母缩写。

05 发射 SLBM（2）
核潜艇进入发射准备状态

【5】发射命令是真的吗？由负责军官进行确认

负责军官破译密码后，由指挥室的舰长在操作台上进行确认真伪（冷战时期在隔壁的特殊房间进行确认）。确认动作由舰长、副舰长、两名密码破译负责军官共4名人员进行。这是为了不误发导弹而进行的多人确认。

由于在接收信号时需要花费时间，因此利用极低频（ELF）发来的信息是由数字和字母组合起来的简短内容。另外，破解后的通信内容也是编码形式，发射命令为各舰固有的编码。确认动作是通过对照通信内容里的编码和预先放置在舰内特殊房间内的命令文书的编码是否一致来进行的。

【6】舰内战斗部署命令下达

确认过发射命令的真伪之后，舰长携带导弹的发射钥匙，向船员说明已收到战略导弹的发射命令并向全舰下达战斗部署。船员在各自负责岗位就位，各部负责人到指挥室集合，听取舰长的情况说明。另外，舰内利用隔水门封闭隔离各区域，以防止意外事故。

战斗部署下达后，开始为导弹的发射做准备。导弹发射控制中心和发射管控制室中的导弹兵们进行发射准备，如向导弹输入数据，并使发射管进入可发射状态等动作，消防班及维修班为发射时的意外事故做准备。舰长对照着操作手册进行发射准备。这时，副舰长需要正确复述并传达舰长命令。按照规定，导弹的发射需要作为舰最高负责人的舰长和副舰长的同意，复述行为被视为是两人意见达成一致。

【7】舰长根据操作手册下达发射准备命令

Submarine Launched Ballistic Missiles

【8】导弹控制监视面板

在发射管中的导弹必须保持随时可发射的状态，因此发射管内通过空调装置来保持一定的温度和湿度，防止导弹品质劣化。发射管控制室中设置的导弹控制监视面板，由两人一组的小队进行日常监视。

【9】在导弹发射管控制室进行的发射准备

导弹发射管由两个技术兵小队（两个4人一组的管理班）进行管理。一个小队负责保管并点检12架发射管，导弹发射时虽然只是通过电力操作来监控被控制的发射管气压和压缩空气的压力等，但紧急时刻他们也会通过手动操作进行控制。

战略导弹的发射通常在深度为30米左右的海中进行。因此，在潜艇上浮到发射深度准备射击为止都需要保持潜艇的水平。

❶ 方向舵手（使潜艇左右转向）❷ 升降舵手（使潜艇上浮或下沉）❸ 航海长（做出潜航指示）❹ 航海长（操作注排水控制台）

【10】使潜艇上浮至导弹发射深度

第 5 章 潜射弹道导弹　195

06 发射 SLBM（3）

核潜艇发射导弹

【11】导弹发射控制中心，进入准备工作

导弹发射控制中心听从舰长命令进行发射准备。操作发射控制台的是导弹兵（下士/士兵），指挥监督他们的是导弹控制军官（配备有两名）。他们通过操作台来调整发射管状态并对导弹输入坐标等数据，同时向指挥室报告准备情况。按下导弹的发射扳机也是他们的工作。从输入数据到导弹的陀螺仪稳定下来进入可发射状态，需要 15~20 分钟。

【12】导弹发射控制台

导弹发射控制中心的主要装置是发射控制台。控制台由 ❶ 导弹发射管控制台和 ❷ 导弹控制台组成。❶ 上有使导弹进入可发射状态的发射管起动按钮，必须插入各个发射管的发射钥匙才能起动。❸ 收有导弹发射扳机的保险柜。

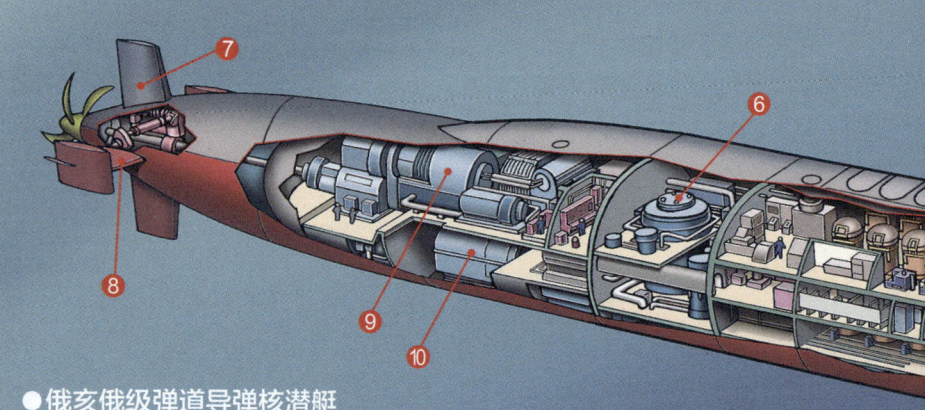

● 俄亥俄级弹道导弹核潜艇

水下排水量 18750 吨，全长 170.6 米，全宽 12.8 米，水中最大速度 20 节，船员有 155 名。
❶ 声呐室及通信室 ❷ 指挥室 ❸ 导航中心 ❹ 导弹发射管舱盖 ❺ 导弹控制装置 ❻ 核反应堆 ❼ 方向舵 ❽ 升降舵 ❾ 发电机 ❿ 涡轮机及减速机 ⓫ 导弹发射管 ⓬ SLBM（三叉戟 D-5）⓭ 导弹发射控制中心

Submarine Launched Ballistic Missiles

【13】从保险柜中取出导弹发射管钥匙

发射导弹需要有发射钥匙。钥匙有两种,分别是确认发射命令后舰长随身携带的发射控制台用钥匙,以及导弹发射控制中心的发射控制台用钥匙(这种钥匙与1~24号发射管一一配对)。前者放在特殊房间的保险柜里,后者放在发射控制中心的保险柜里。后者的保险柜号码只有配备的导弹控制军官知道,在两人共同在场的前提下从保险柜取出钥匙。

发射导弹需要有控制发射电路的发射扳机,也被收在发射控制中心的保险柜里(与钥匙不是一个保险柜)。

【14】导弹发射扳机

发射控制中心和各部门发来准备完毕的报告后,舰长将发射钥匙插入用于起动导弹发射电路的发射控制台。这样一来,战略核导弹的发射准备就完成了。

【15】舰长将钥匙插入发射控制台

【16】听到"发射"的命令后扣下扳机

导弹控制军官配合指挥室传来的发射命令扣下扳机,将导弹发射出去。

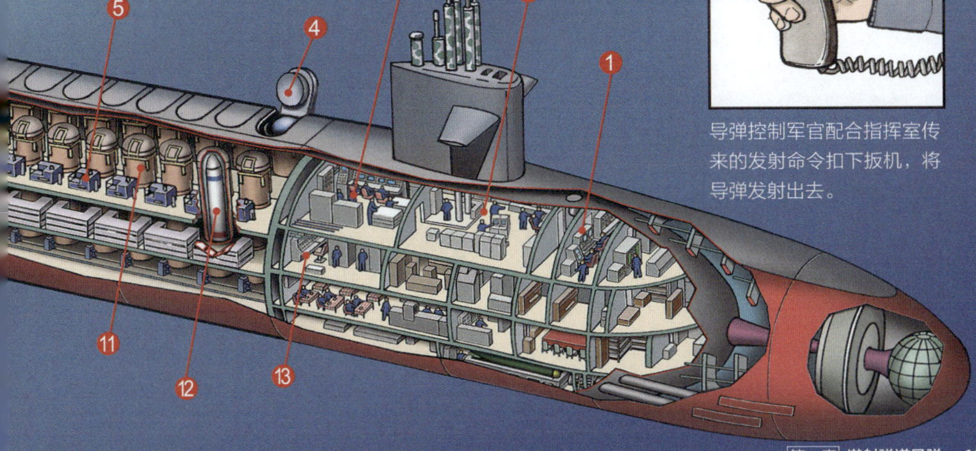

第5章 潜射弹道导弹　197

07 发射 SLBM（4）
导弹从核潜艇射出

【17】掌握着导弹命中关键的导航中心

对于长时间潜航在海中的战略导弹潜艇来说，掌握自己的位置非常重要，进行这项工作的就是导航中心。俄亥俄级潜艇上装备的各种导航装置进行了数字化（搭载 D-5 系统）改造，工作能力大幅提高。过去的船舶综合惯性导航系统（SINS⊖）总是会有误差，因此研究人员就导入了 GPS 等导航系统，以增加导航精度。现在能够更加准确地了解到自己的位置，也就能够向导弹输入正确的位置数据，命中精度也得以提高。

【18】待命的消防班

导弹发射时，为了防止艇内（特别是发射管室）发生意外事故导致火灾或漏水，消防班和维修班会保持待命状态。消防班穿戴氧气罩和防火服，以备不时之需。他们戴着的氧气罩是 OBA⊖氧气供给系统（虽然可以用于普通的烟雾等环境，但无法用于强毒性气体环境）。在艇内发生火灾时，其他艇员们也会使用这种装置。

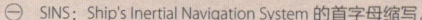

⊖ SINS：Ship's Inertial Navigation System 的首字母缩写。
⊖ OBA：Oxygen Breathing Apparatus 的首字母缩写。

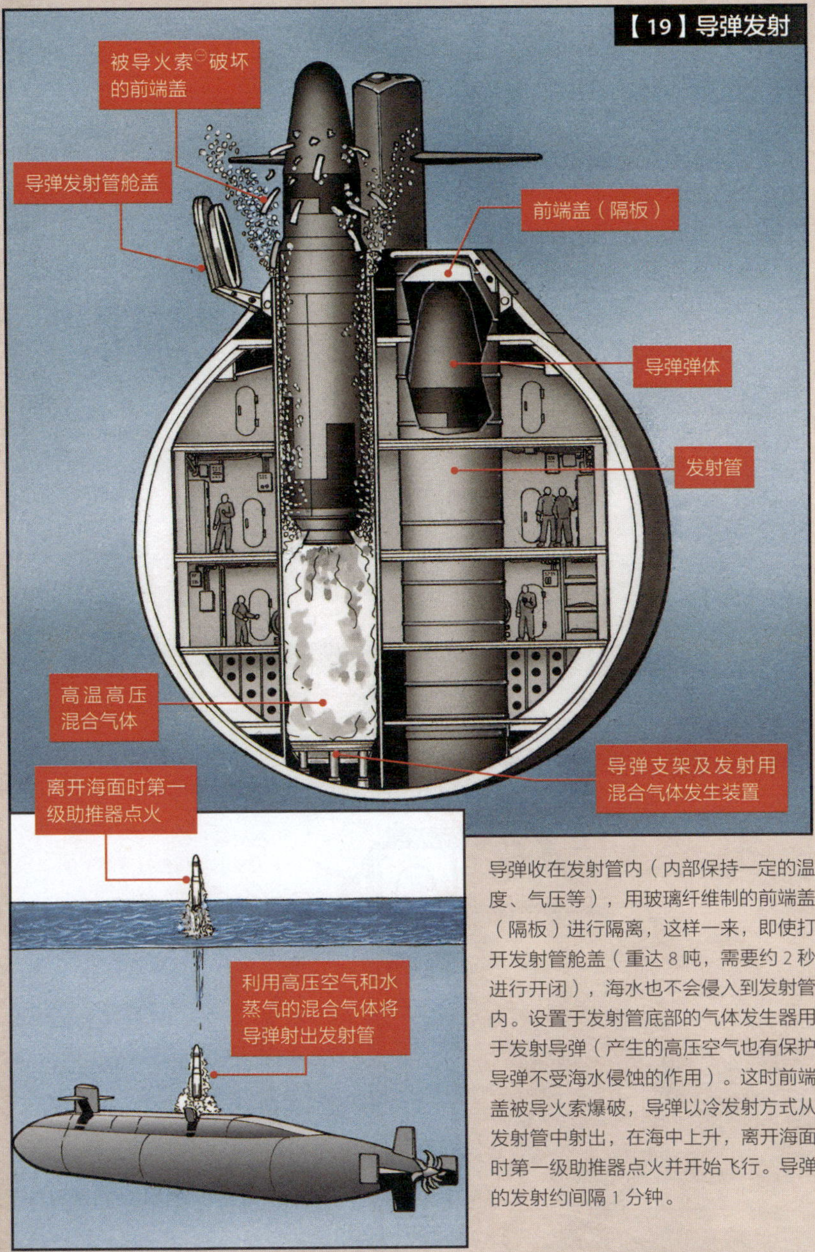

Submarine Launched Ballistic Missiles

【19】导弹发射

- 被导火索破坏的前端盖
- 导弹发射管舱盖
- 前端盖（隔板）
- 导弹弹体
- 发射管
- 高温高压混合气体
- 导弹支架及发射用混合气体发生装置
- 离开海面时第一级助推器点火
- 利用高压空气和水蒸气的混合气体将导弹射出发射管

导弹收在发射管内（内部保持一定的温度、气压等），用玻璃纤维制的前端盖（隔板）进行隔离，这样一来，即使打开发射管舱盖（重达8吨，需要约2秒进行开闭），海水也不会侵入到发射管内。设置于发射管底部的气体发生器用于发射导弹（产生的高压空气也有保护导弹不受海水侵蚀的作用）。这时前端盖被导火索爆破，导弹以冷发射方式从发射管中射出，在海中上升，离开海面时第一级助推器点火并开始飞行。导弹的发射约间隔1分钟。

○ 导火索：置入炸药的电缆。

第5章 潜射弹道导弹　199

08 发射 SLBM（5）
导弹飞出海面

潜航中的战略导弹核潜艇发射弹道导弹时，为避免弄坏发射管，都要采用冷发射方式，发射时要使用压缩空气，这是一种共识。不过，实际上要如何使用压缩空气射出导弹呢？现在还说不清楚。本节会说明战略导弹核潜艇的发射原理。

俄亥俄级核潜艇发射出的三叉戟 D-5 导弹。离开海面后第一级助推器点火，导弹开始升空。

● 潜艇的导弹发射系统

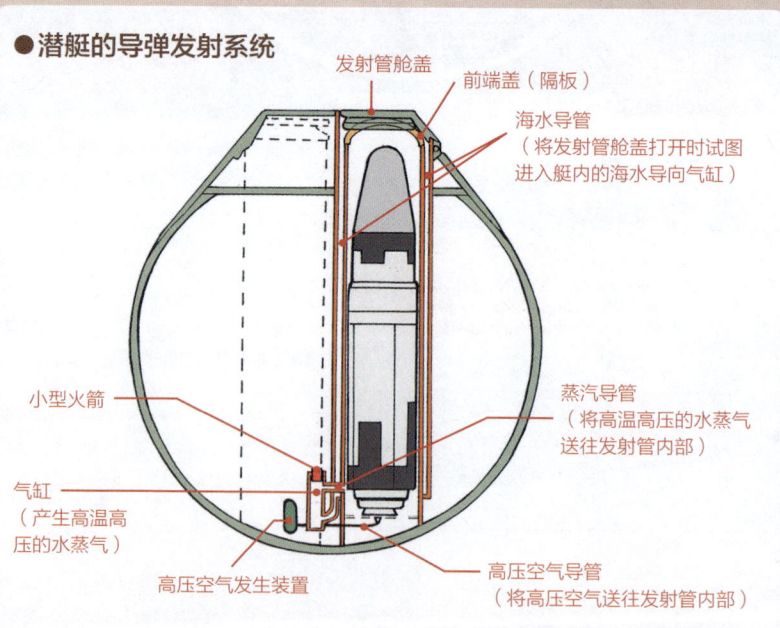

Submarine Launched Ballistic Missiles

● **导弹的发射**

导弹利用发射管舱盖打开时进入的海水和高压空气发生装置里的压缩空气从发射管飞出

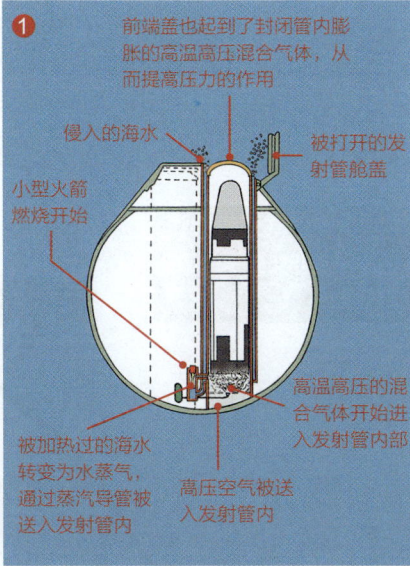

① 前端盖也起到了封闭管内膨胀的高温高压混合气体,从而提高压力的作用
- 侵入的海水
- 被打开的发射管舱盖
- 小型火箭燃烧开始
- 高温高压的混合气体开始进入发射管内部
- 被加热过的海水转变为水蒸气,通过蒸汽导管被送入发射管内
- 高压空气被送入发射管内

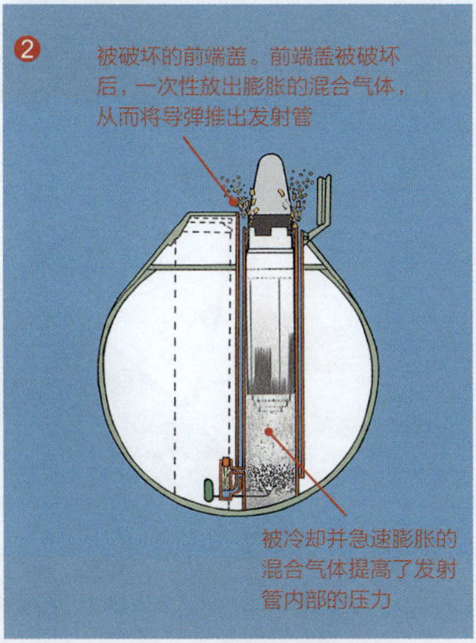

② 被破坏的前端盖。前端盖被破坏后,一次性放出膨胀的混合气体,从而将导弹推出发射管
- 被冷却并急速膨胀的混合气体提高了发射管内部的压力

③ 离开海面时第一级助推器点火。导弹以此点燃搭载的火箭发动机,从而上升至规定高度

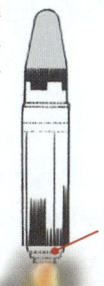

- 第一级助推器点火

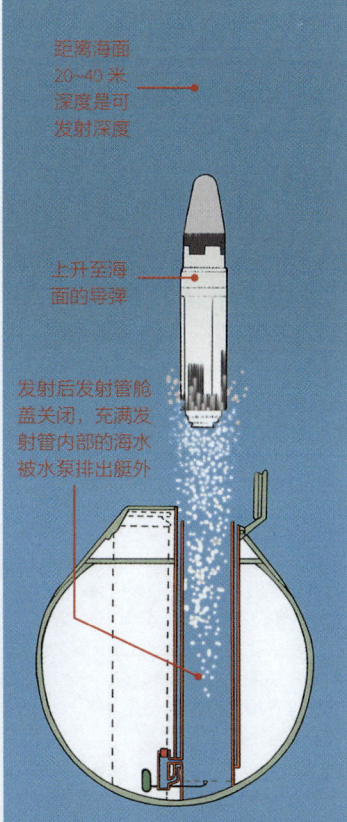

- 距离海面20~40米深度是可发射深度
- 上升至海面的导弹
- 发射后发射管舱盖关闭,充满发射管内部的海水被水泵排出艇外

第 5 章 潜射弹道导弹

09 发射 SLBM（6）
导弹朝着目标飞去

俄亥俄级潜艇配备的导弹为三叉戟 D-4 或 D-5 导弹。这两种导弹都是三级式固体燃料导弹，MIRV 式弹头装备有 8 个左右的核弹头。导弹以惯性制导方式飞行，但是其搭载的系统带有根据天体进行位置确认的天文导航功能。

天文导航是通过名为星体跟踪器的装置在飞行中观测特定的星体，并根据星体展现的方向和角度计算出导弹目前的位置，并与惯性导航装置（INS）计算出的位置对照比较。如果两者的值不同，就以星体跟踪器算出的目前位置为其他修正 INS 的位置数据，从而提高命中精度。据称美国的 SLBM 就是通过这种办法，使命中精度比地面发射的 ICBM 更高。

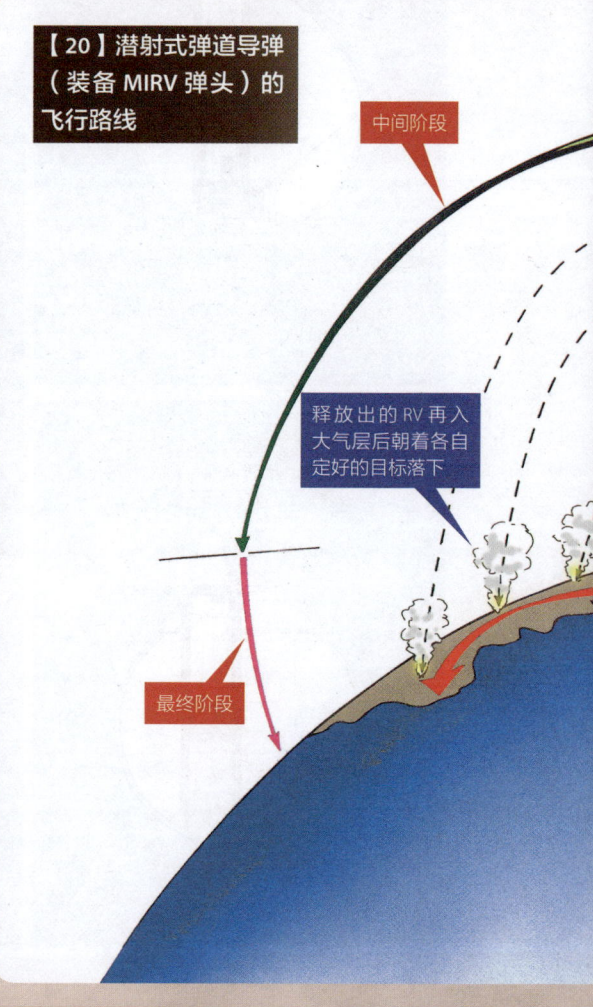

【20】潜射式弹道导弹（装备 MIRV 弹头）的飞行路线

中间阶段

释放出的 RV 再入大气层后朝着各自定好的目标落下

最终阶段

核潜艇与装备了核弹头的弹道导弹的组合是最强的，发射出的导弹可以到达大气层外，再入的弹头以 20 马赫以上的超高速落下，因此几乎不可能被拦截。插图中为 SLBM 代表的三叉戟 D-5 导弹的飞行线路。据说三叉戟 D-5 导弹利用恒星天文导航功能，CEP 为 90 米左右。为了使命中精度更进一步，GPS 的配置也在计划中，但目前还未投入实际使用。

Submarine Launched Ballistic Missiles

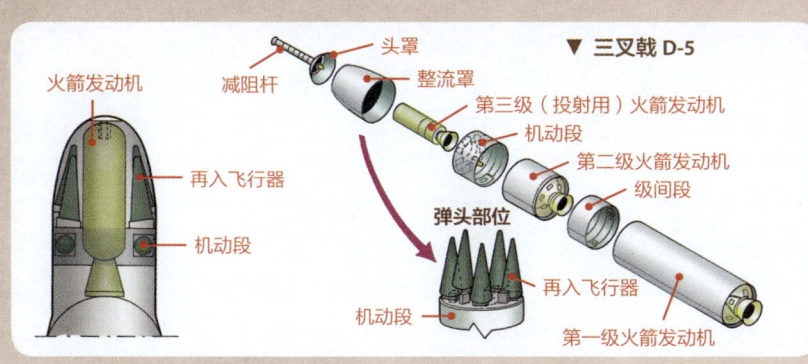

▼ 三叉戟 D-5

- 火箭发动机
- 再入飞行器
- 机动段
- 减阻杆
- 头罩
- 整流罩
- 第三级（投射用）火箭发动机
- 机动段
- 第二级火箭发动机
- 级间段
- 弹头部位
- 机动段
- 再入飞行器
- 第一级火箭发动机

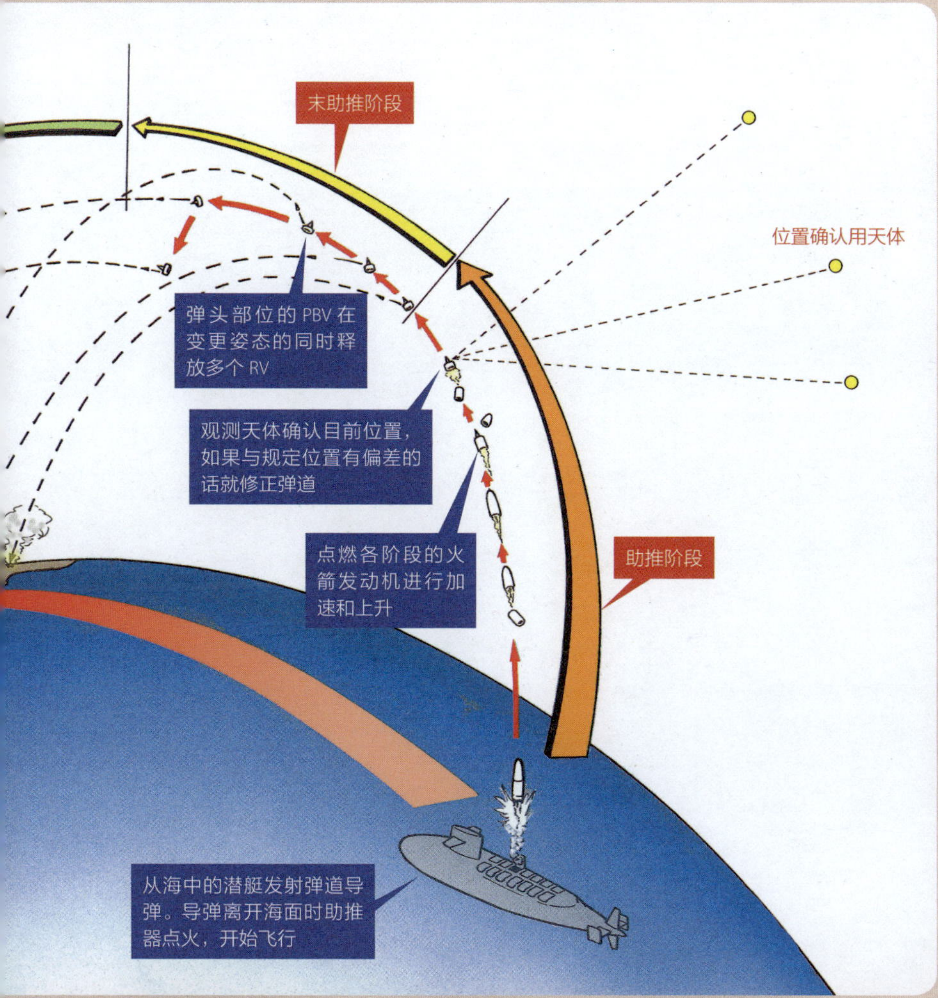

- 末助推阶段
- 位置确认用天体
- 弹头部位的 PBV 在变更姿态的同时释放多个 RV
- 观测天体确认目前位置，如果与规定位置有偏差的话就修正弹道
- 点燃各阶段的火箭发动机进行加速和上升
- 助推阶段
- 从海中的潜艇发射弹道导弹。导弹离开海面时助推器点火，开始飞行

第 5 章 潜射弹道导弹